아무도
본 적 없던 바다

아무도
본 적 없던 바다

해양생물학자의
경이로운
심해 생물 탐사기

에디스 위더 지음
김보영 옮김

타인의사유

데이비드를 위해

차례

3부 이해한다는 것

: 빛의 세계를 만나다

잠수정 우현 쪽에서 고음의 끽끽거리는 소리가 들렸다. 잠수정 탐사를 하면서 내가 배운 것 중 하나는 뭔가 평소와 다른 것이 있으면 예의주시해야 한다는 것이다. 내가 타고 있던 '딥 로버'는 1인승 잠수정이었으므로, "저 소리 들려?"라고 물어볼 상대가 없었다. 나는 홀로 수심 약 107m 지점을 막 지난 참이었고, 눈에 보이는 것은 온통 물뿐이었으며, 어둠을 향해 내려가는 중이었다. 정화통 팬이 돌아가는 소리에 거의 묻혀 있던 그 소리는 점점 더 커졌다. 걱정이 된 나는 그 소리가 정확히 어디에서 나는지 확인해 보려고 오른쪽으로 몸을 숙였다. 그 순간 신발을 신지 않은 발이 미끄러지면서 결코 만나지 말아야 할 것에 닿았다. 바닷물이었다. 그냥 물기가 있는 수준이 아니라 철벅거릴 정도였다.

뭔가 잘못되었다. 나는 절망적인 공포감에 휩싸였다. 확실히 그럴 만한 상황이었다. 다행히 살기 위해 할 수 있는 일을 시작할 만큼의 정신은 남아 있었다. 소리가 나는 곳을 찾는 것이 첫 번째 단계였다. 여기까지는 문제가 없었다. 물은 좌석 밑의 우현 쪽 열린 밸브를 통해 흘러들어 오고 있었다. 그렇다면 다음 단계는 그것을 멈추는 것이다. 그런데 여기서 큰 문제가 생겼다. 밸브 손잡이가 없었다! 손잡이가 없으니 공기 주입구를 잠글 길이 없었다. 작은 구멍으로 물이 계속 들어왔다. 끽끽거리는 소리가 점점 고조된다는 것은 수위가 올라가면서 잠수정이 짐짐 더 무거워지고 더 빨리 가라앉고 있다는 것을 알려 주는 신호였다. 나는 평형수 탱크에 공기를 불어넣은 후 수직 추진기에 장착했는데, 그러는 동안 여러 생각이 머릿속을 스쳤다. 너무 늦은 걸까? 이미 돌아갈 기회를 놓친 것은 아닐까?

내가 지금 이 책을 쓰고 있는 것을 보면 알겠지만, 다행히 너무 늦지 않았다. 나는 수면으로 올라왔고 안전하게 구조되었다. 그러나 이 일은 내 예상보다 더 끔찍했고, 그 기억이 오랫동안 나를 괴롭혔다는 사실은 부정할 수 없다. 게다가 이 사건이 끝이 아니다. 해양과학자로 일하는 동안 나는 수백 번 잠수정을 탔는데, 좋지 않은 상황도 드물지 않게 찾아왔다. 그럼에도 불구하고 나는 왜 이 일을 그만두지 못하는 걸까?

1984년 와스프Wasp라는 금속 잠수복을 처음 입었던 그때부터 나는 이 일에 구제불능으로 중독되었다. 심해 생물발광을 내 눈으로 본 그 짜릿한 첫 경험은 샌타바버라 해안에서 일어났다. 나는 수심 240m에서 케이블 끝에 매달려 있었다. 금속제 보호장비 바깥의 수압은 24기압이었다. 내가 그곳까지 내려간 것은 지구 최대의 서식 공간인 해양 중층수에 사는 생명체들을 탐사하기 위해서였다. 생물발광을 보고 싶었으므로 조명은 껐다. 그 결과는 나를 실망시키지 않았다. 실망은커녕 너무나 눈부셔서 그 경험이 내 진로를 바꾸었을 정도다.

탁 트인 바다는 환상처럼 기이하고 멋진 장소다. 확실한 은신처가 없는 이 세계에서는 매일 생사를 가르는 숨바꼭질이 벌어진다. 성공적인 전략 중 하나는 낮 동안에 우리가 '어둠의 가장자리(바닷속 햇빛이 닿는 끝부분)'라고 부르는 곳 너머 깊은 공간에 숨어 있다가, 밤이 되어 그 가장자리가 수면 쪽으로 이동하면 먹이가 풍부한 위쪽으로 올라오는 것이다. 이것은 은신처 부재 문제를 해결하는 통상적인 방법으로, 지구에서 가장 큰 규모의 동물 이동 패턴이 바로 이런 이유로 만들어진다.

해양동물들의 수직 이동은 모든 바다에서 날마다 일어나며, 동물들이 한꺼번에 올라오면서 빽빽한 층을 형성한다. 해 질 녘에 음파탐지기로 바닷속을 살펴보던 선장들이 곧 좌초될 것 같다고 생각했을 정도다. 이 생존 전략을 택한 수많은 해양 서식자는 암흑과 가까운 곳에서 생의 대부분을 보낸다. 대신에 대다수가 자체적으로 빛을 만든다.

전 세계 어디서든 어둠의 가장자리 너머 더 깊은 바다에서 그물을 끌어 올리면, 채집망에 걸린 대부분의 동물이 빛을 내는 것을 볼 수 있다. 지구상에서 바다가 차지하는 면적과 지구 최대의 생태계가 존재하는 광대한 수역을 생각하면, 이 세계는 빛을 내는 생물로 가득 차 있다고 해도 과언이 아니다. 단세포 세균부터 남극하트지느러미오징어[가장 큰 오징어로 알려져 있다-옮긴이]에 이르기까지 해양동물 대부분이 발광생물이라면, 지구에 사는 생물 대부분이 우리가 이해하지 못하는 빛의 언어로 소통하고 있는 셈이다.

운 좋게 생물발광을 직접 본 사람들의 경험담을 들어 보면 마음을 사로잡는 생물발광의 매력을 확실히 알 수 있다. 가장 자주 언급되는 표현은 '마법 같다'는 말이다. 살아 있는 빛이라는 순수한 마법은 어린 시절의 환상을 소환한다. 신비한 동굴과 마법사들의 소굴, 유니콘, 요정의 손짓과 무지개색 불꽃 같은 환상 말이다. 간혹 현실에서 그 마법이 일어날 때도 있다. 따뜻한 여름밤 반딧불이를 쫓는 아이들, 손잡고 밤의 해변을 거닐다 바닷물이 모래에 찍힌 발자국을 에메랄드빛으로 물들이는 모습을 본 연인, 달도 없는 깜깜한 밤에 카약을 타다가 노를 저을 때마다 푸른색 빛이 흩뿌려지는 것을 경험한 사람들이 바로 그 마법의 목격자다. 이 소수의 운 좋은 사람들에게 생물발광은 베일에 싸인 미지의 기현상이 아니라 소중하고 길이 남을 기억이 된다.

하지만 바닷속 깊이, 칠흑 같은 어둠 속까지 내려가면 이보다 훨씬 더 멋진 장관이 펼쳐진다. 내가 심해 잠수를 시작했을 무렵에는 그 멋진 조명 쇼가 거의 알려져 있지 않았다. 조도계 측정 결과나 그물에 걸려 나온 생물의 발광기관을 봤을 때, 생물발광이 존재한다는 과학적 증거는 넘쳐났지만, 직접 눈으로 본 사람은 거의 없었다. 내가 본 것 같은 장관을 목격한 사람은 더더욱 없었다. 그것은 내가 상상할 수 있는 그 어떤 화려함과도 비교할 수 없는 빛의 향연이었다. 훗날 내가 본 것을 묘사해 달라는 요청을 받았을 때 내 입에서 튀어나온 말은 "독립기념일의 불꽃놀이를 위에서 내려다보는 느낌"이었다. 이 비과학적인 묘사가 지역신문에 그대로 인용되는 바람에 동료들의 놀림을 실컷 받기도 했다. 그러나 그 후 잠수정 잠수에 다른 사람들을 데려갈 기회가 있을 때마다 그들의 입에서 "독립기념일 불꽃놀이 같았다"는 탄성을 셀 수 없이 들었다.

불꽃놀이는 밤하늘이라는 검은 캔버스에 빛으로 그림을 그리는 독특한 예술이다. 빛 입자로 이루어진 붓질 하나하나가 각각의 색채와 모양을 그려 내고, 저마다의 시공간을 갖는다. 검은 벨벳에 그려진 이 장관에서 천박한 느낌을 지워 버리는 것은 덧없음이다. 빛은 불현듯 나타나 위로 솟구쳐 꽃처럼 피어났다가 폭포처럼 떨어지며 시시각각으로 변하고, 그 찬란함은 이내 어둠 속으로 사라진다. 불꽃은 여러 형체를 띤다. 그중 이전 것과 동일한 것은 아무것도 없으며 한 번 지나가면 다시는 똑같은 형상을 볼 수 없다. 반복은 시각적 메아리를 만든다. 그것은 가벼운 재즈처럼, 그러나 음악적이 아니라 회화적으로 구현되는 주제의 변주다.

단 한 장의 사진 때문에 사진집을 구입한 적이 있다. 그것은 파블로 피카소가 빛으로 그림을 그리는 순간을 포착한 〈라이프〉 잡지의 사진기자 욘 밀리의 사진이었다. 그전에 밀리는 작은 조명이 달린 스케이트를 신고 어둠 속에서 도약하는 스케이터의 사진을 찍는 방식으로 라이트페인팅 기법을 실험하고 있었다. 피카소는 유명 잡지에 사진이 실리는 데 흥미를 느끼는 사람이 아니었지만 밀리의 실험을 보고 마음이 동했다. 피카소는 이 새로운 기법의 잠재력에 무척 매료되어 다섯 번의 촬영에 임했고, 서른 점의 라이트페인팅 작품이 탄생했다. 그리고 내가 사진집을 사게 만든 한 장의 사진이 그중 가장 유명한 작품이다. 피카소의 스튜디오에서 촬영된 흑백 사진은 이 위대한 예술가가 카메라를 정면으로 응시하며 불이 켜진 작은 전구를 들고 있는 한순간을 담고 있다. 그는 이 전구로 어둠 속에서 켄타우로스를 그려 내는데, 그 앞에는 열려 있는 카메라 셔터가 있다. 그 결과 사진 속의 켄타우로스는 피카소와 카메라 사이 허공에 매달려 있다. 마치 환영처럼, 켄타우로스는 창조되는 바로 그 순간 사라지지만 필름 속에서 고스란히 보존된다.

불꽃놀이처럼 생물이 내는 빛도 일종의 라이트페인팅이다. 그러나 불꽃놀이가 고온의 백열과 인간의 독창성의 산물인 데 반해, 생물발광은 차가운 화학적 빛이다. 크리스털해파리, 짝눈오징어, 수염메기, 샤이닝튜브숄더, 신호등고기, 벨벳벨리랜턴상어 등 독특한 이름의 생명체들이 환상적인 빛을 발하게 된 것은 수백만 년에 걸친 진화의 결과다. 이 동물들은 온갖 종류의 발광포로 몸을 치장하고 있다. 몸에 달린 분출구에서 빛나는 푸른색 액체를 뿜어 내기도 하고, 외피가 보석으로 뒤덮인 것처럼 보이기도 한다. 말도 안 되게 정교한 발광기관 때문에 마치 조크 행성에서 온 외계 생명체의 추상적인 형상을 닮은 동물도 있다.

처음 와스프를 타고 잠수했을 때 나는 누가 내 눈앞의 눈부신 빛을 만들어 내고 있는 것인지 전혀 알지 못했다. 비현실적이고 다른 세상에 온 것 같은 장면이었다. 내 변변찮은 어휘력으로는 독립기념일 불꽃놀이 같다는 말밖에 찾아내지 못했지만, 사실 그런 표현으로는 턱없이 부족했다. 어둠 속에서 빛이 흩뿌려졌다가 덧없이 사라지고 때로는 소용돌이치거나 솟구치는 모습은 마치 불꽃으로 즉흥적인 재즈 음악을 연주하는 것 같았다. 그리고 나는 멀찍이 앉아 있는 수동적인 관람객이 아니었다. 나는 이 쇼의 한가운데 있었으며, 사실 그 쇼의 일부였다. 내 모든 동작이 방아쇠 역할을 한다는 것을 알아차리기까지는 오래 걸리지 않았다. 아주 작은 움직임 하나로 촉발된 자극이 아쿠아마린색 광채와 섬광을 사방으로 퍼뜨렸다. 여기에 와스프의 추진기까지 작동하면 반짝거리는 코발트블루색 액체의 소용돌이 속에서 성스러운 빛줄기가 뻗어 나왔다. 이 빛줄기는 불씨가 번져 나가듯 또 다른 소용돌이와 섞였다. 그러나 누가 이 빛을 만들고 있는지 궁금해서 투광 조명을 켜면 아무것도 보이지 않았다. 알아볼 수 있는 생명체 자체가 아예 없는 텅 빈 공간뿐이었다.

추측컨대, 너무 작거나 투명해서 투광 조명으로 볼 수 없는 생물이 이 빛을 만들어 낸 모양이었다. 생명체가 빛을 생성하려면 얼마나 많은 에너지가 필요한지 익히 알았으므로(정말 많이 필요하다!), 이것이 사소한 현상이 아니라는 것은 너무나도 분명했다. 많은 에너지를 소모한다는 것은 엄청나게 중요한 일이라는 뜻이다. 그러나 이 첫 번째 잠수에서는 그것이 무엇을 위한 것인지 전혀 알 수 없었다. 이 수수께끼는 대번에 나를 사로잡았고, 이때부터 나는 드넓은 바닷속에서 살아 있는 빛이 무슨 역할을 하는지에 관해 계속 파고들게 되었다.

자연계를 이해하려는 욕망은 누구에게나 있다. 이 세계가 어떻게 작동하는지에 관한 지식을 탐구하고 전달하는 것은 우리가 생존하는 데 가장 기초가 되는 일이다. 원시 인류에게 자연의 비밀을 밝히려는 욕구는 식량과 은신처를 찾거나 어떤 동물이 생명에 위협이 되는지, 어떤 음식이 안전한지 등 필수 생존 기술을 발전시킨 동력이었다. 현대에 와서는 우리의 탐험 욕구가 위대한 발견과 기발한 혁신, 그 밖의 여러 멋진 성취를 낳았다. 그런데 지구상에서 가장 넓은 생물 서식 공간인 심해가 대체 왜 아직 미지의 영역으로 남아 있는 것일까?

엄청난 수압 때문에 접근할 수 없다고? 물론 그것도 걸림돌이기는 하겠으나 인간에게 그 정도 문제는 충분히 극복할 수 있는 사안이다. 비용도 걸림돌일 수 있지만 수조 달러를 들여 달이나 화성 착륙도 한 마당에 금전적인 문제가 심해 탐사를 못할 유일한 이유일 수는 없다. 오히려 가장 큰 장애물은 지구에 더 이상 발견할 것이 남아 있지 않다는, 만연해 있는 오해일지도 모른다. 사람들은 이 행성의 모든 산을 등정했고, 모든 대륙과 바다를 횡단했으며, 모든 동굴을 탐험했으니 우주로 나갈 때가 되었다고 주장하곤 한다.

그러나 실상은 아직 가 보지 못한 바닷속의 광대한 영역이 지금까지 인류가 탐험한 모든 영토의 몇 배에 이른다. 우리는 심해가 얼마나 놀랍고 신비하고 경탄스러운 곳인지 몰라서 심해에 관심을 두지 않지만, 그곳을 탐험해 보지 않고서는 얼마나 경이로운 곳인지 알 수가 없다는 모순에 빠져 있다. 그 안에 무엇이 있는지 알지도 못한 채 바다를 파괴하고 있다는 사실 때문이라도, 이 상황을 더 두고 볼 수 없다.

인류는 늘 탐험에서 착취로 이어지는 패턴을 반복했는데, 바다에 관해서는 이 순서가 바뀌어 탐험도 해 보기 전에 대대적으로 자원을 착취해 왔다. 인간은 지난 60년 동안 그전 20만 년 동안 했던 것보다 더 많이 바다를 변화시켰다. 우리는 초대형 여객기 십여 대가 들어가는 그물로 대형 어종을 싹쓸이했으며, 해저 저인망 어선은 엄청난 무게의 그물로 바닥을 긁어 생명체들로 가득한 아름다운 해저 정원을 앞으로 수백 년 동안 생명이 숨 쉴 수 없는 황무지로 바꾸어 버렸다. 그렇게 어류, 새우, 오징어를 마지막 한 마리까지 남김없이 잡아 올린 인류는 플라스틱, 쓰레기, 독성물질로 바다를 채우고 있다. 2050년이 되면 바닷속의 플라스틱 무게가 물고기 무게를 초과할 것으로 추정될 정도다.

또한 바다는 지난 몇 세기 동안 우리가 화석연료를 꺼내 태움으로써 방출한 막대한 이산화탄소의 상당량을 흡수함으로써 탄소 순환의 균형을 유지하기 위해 애써 왔다. 그런데 이 과정은 바다를 산성화한다. 이산화탄소가 해수에 용해될 때 탄산이 발생하기 때문이다.

이산화탄소나 메탄 같은 온실가스의 대기 중 농도 증가는 지구 표면으로부터의 열복사를 방해하고, 그래서 여열이 예전처럼 쉽게 우주로 빠져나가지 못하고 축적되게 만드는데, 이 여열을 흡수하는 것도 바다다. 이러한 열 축적에는 여러 우려스러운 함의가 담겨 있다.

물이 따뜻해지고 얼음이 녹으면 멕시코 만류 같은 대규모 해류의 흐름이 바뀔 수 있다. 전 세계의 바닷물은 대양의 컨베이어 벨트라고 불리는 복잡한 패턴으로 순환하는데, 멕시코 만류도 이 컨베이어 벨트를 구성하는 큰 흐름 중 하나다. 차고 염분이 많은 수괴와 따뜻하고 염분이 적은 수괴의 밀도 차이 때문에 생기는 이 컨베이어 벨트는 전 세계에 열을 이동시키므로 날씨에도 큰 영향을 미친다. 가뭄, 홍수, 허리케인, 산불의 증가, 농업과 어업의 안정성 저하 등 인류가 겪고 있는 여러 고통이 해류 변화와 관련되어 있다.

여기서 끝이 아니다. 해저 및 육상 영구동토층 융해로 미생물이 유기물에 작용하여 다량의 온실가스가 방출되는 것도 문제다. 이른바 영구동토층 폭발이라는 사태가 벌어지면 딥 로버로 물이 들어올 때 내가 우려했던 악성 피드백 루프로 이어질 수 있다. 그 티핑 포인트를 넘어서면 돌아올 길은 없다.

암울한 미래를 경고하는 책, 과학 논문, 잡지 기사, 다큐멘터리, 소셜미디어 게시물이 수도 없이 나왔지만 소용이 없었다. 우리는 사실상 빈둥거리고 있고, 그러는 동안 이 행성은 불타고 있다. 이 같은 상황에는 두 가지 심리적 요인이 작용한다.

그 하나는 끓는 물속의 개구리 이야기로 잘 설명된다. 개구리를 끓고 있는 물에 집어넣으면 바로 튀어나오지만 따뜻한 물에 넣은 다음 천천히 가열하면 무슨 일이 일어나고 있는지 모른 채 꾸물거리다가 죽음을 맞이하게 된다. 나는 개인적으로 개구리가 그렇게 멍청하지 않을 것이라고 믿으며, 인간도 그럴 것이라고 믿고 싶다.

우리가 아무런 행동도 하지 않는 또 다른 이유는 파멸이 다가오고 있음을 알리는 시계 소리가 무력감을 일으켜 사람들로 하여금 귀를 막고 눈을 가리고 싶어지게 만든다는 사실에 있다. 사람들은 탄소세를 부과한다든지 화석연료를 태양광, 풍력, 수력, 지열, 원자력 등의 대안 에너지로 바꾸면 적절한 견제와 균형이 이루어질 것이라고 기대하는데, 우리를 위험에서 벗어나게 해 줄 만큼의 효과는 단시간 안에 일어나지 않는다. 그러는 사이에 시계 소리는 점점 더 커지고 있다.

또 하나. 파멸의 경고음은 정반대의 효과를 낳을 때가 많다. 많은 사람들이 얘기하듯이, 마틴 루터 킹 주니어가 민권 운동을 독려한 연설은 "나에게는 꿈이 있습니다"이지 "나에게는 악몽이 있습니다"가 아니다. 그럼에도 불구하고, 최전선의 여러 환경보호론자들은 악몽을 강조한다. 우리는 우리의 약점이나 강점에 주목하는 새로운 시각을 가질 필요가 있다. 탐험은 늘 우리 생존의 열쇠였다. 내가 지금이 그 어느 때보다 탐험가가 필요한 시기라고 믿는 이유가 바로 거기에 있다. 탐험가는 반드시 낙관주의자라야 한다. 탐험가는 앞으로 나아갈 길을 찾기 위해 상상의 한계 너머를 보아야 하기 때문이다. 그들은 지도 가장자리를 지키고 있는 무시무시한 괴물을 밀어내면서 나아가고, 불가능해 보이는 확률에 맞서서 끈기 있게 해법을 찾아낸다. 그들의 집요함은 충만한 용기에서 나온다기보다 끝없는 호기심으로부터 나올 때가 더 많다.

환상적인 발견이 이루어질 것 같은 미개척지는 어릴 때부터 우리의 상상력을 자극해 왔다. 어린아이를 매료시키는 이야기 중에는 보물이 가득한 고대 무덤 입구를 찾아내거나 비밀의 정원으로 이어지는 숨겨진 문을 발견하거나 토끼를 따라 굴로 들어가는 등 다른 세계로 가는 문을 발견하는 내용이 많다. 우리가 밟아 보지 못한 미지의 장소에는 우리를 잡아끄는 힘이 있다. 그런데 사람들은 지구상의 대부분 영역이 우리가 밟아 보지 못한 미지의 상태로 남아 있다는 사실을 깨닫지 못한다. 바다의 심연에는 지구에 사는 생명체들에 관한 가장 멋진 비밀들과 우리가 물어볼 생각조차 하지 못했던 질문에 대한 답이 있다.

플로리다 해안이 내다보이는 내 연구실 창문 옆에는 다음과 같은 문구가 붙어 있다. "이 세상에서 경이로운 일이 사라지는 일은 없을 것이다. 다만 사람들이 더 이상 그 경이로움을 알아보지 못해 몰락을 자초할 뿐이다." 이 행성에서 우리가 살아남으려면 살아 있는 생명체들의 세계와 교감하는 능력을 키워야 하며 경이로움은 그 교감을 형성하는 열쇠다. 대부분 사람은 지구상에서 생명을 가능케 하는 것이 무엇인지에 관해 알지 못하고, 그래서 관심도 별로 없다. 그런데 생물발광은 보이지 않는 세계의 경이로움을 우리에게 알려 준다. 인간을 인간이게 하는 핵심은 상상력과 타고난 호기심이며, 생물발광은 상상력을 자극하고 호기심에 불을 붙일 수 있는 불꽃이다. 나는 그 불꽃이 다음 세대 탐험가들의 상상력을 점화하고 그들이 지구 생명체들의 미래에 희망의 등대가 되어 주기를 바란다.

1부

깊이
보기

진정한 발견을 위한 항해이자 영원한 젊음을 가져다줄
유일한 샘은 낯선 땅을 방문하는 것이 아니라 다른 이
의 눈을 갖는 것이다.

– 마르셀 프루스트

1장

눈으로
본다는 것

◆◆◆

빛은 지구에 사는 대부분의 생명체에게 우리가 알고 있는 형태로 그들을 존재하게 해 주는 가장 중요한 자극이다. 녹색 식물은 빛에너지를 이용하여 이산화탄소와 물로 당을 합성하고, 그 과정의 부산물로 산소가 발생한다. 아무것도 없어 보이던 데서 양분과 호흡할 공기가 생겨나는 것은 마치 마술 같다. 심지어 이게 끝이 아니다. 가장 화려한 순간은 양분과 공기에서 눈부신 빛이 생성될 때다. 그것이 바로 '생물발광'의 마법이다. 물론 이 연금술이 발휘되려면 또 하나의 기적이 필요하다. 그것은 시각이다.

볼 수 있다는 것은 삶이라는 게임에서 엄청난 이점을 제공한다. 그것이 지구상의 모든 동물 종 중 95%가 눈을 가진 진화론적 이유다. 그중에는 지름이 머리카락의 10분의 1밖에 안 되는 단세포 조류의 눈도 있고, 인간의 머리만큼 큰 대왕오징어의 눈도 있다. 이처럼 제각각인 눈은 세상을 보는 방식도 서로 달라서, 그 방식을 살펴보면 해당 종의 생물학적 요구에 관해 많은 것을 알 수 있게 된다. 눈이 무엇을 보는 데 최적화되어 있는지 알아내는 것은 생명의 본질을 탐구하는 귀중한 도구로, 이 때문에 시각생태학이라는 연구 분야도 탄생했다.

어두운 심해에 사는 대왕오징어의 삶과 표층수에서 햇빛을 받으며 사는 플랑크톤의 삶을 상상해 보면 눈 크기가 왜 그렇게 다른지 이해할 수 있을 것이다. 눈이 클수록 더 많은 광자를 수집할 수 있으므로 어두침침한 환경에서 살아가기에 더 적합하다. 그렇다면 또 다른 심해 서식자인 짝눈오징어는 어떻게 설명할 수 있을까? 이 오징어의 이름은 말 그대로 두 눈이 서로 달라서 붙여진 명칭이다. 왼눈은 거대하고 툭 튀어나와 햇빛을 향해 위를 쳐다보는데 반해, 오른눈은 작고 움푹 들어가 있으며 칠흑 같은 바닷속을 내려다본다. 언뜻 기이해 보이지만, 오른눈을 눌러싼 발광기관의 존재를 알고 나면 비로소 이해가 간다. 큰 눈이 머리 위 납빛 같은 어둠 속 멀리 있는 먹잇감의 흐릿한 실루엣을 찾는 동안, 아래쪽 눈은 내장된 발광기로 더 가까이 있는 먹잇감을 조명할 수 있다. 분명한 것은 지구에서 가장 넓은 서식지에 사는 해양동물들의 시각생태학을 이해하려면, 눈의 본질과 기능뿐 아니라 생물발광의 본질과 기능에 대한 통찰도 필요하다는 점이다.

우리가 다른 동물이 무엇을 볼 수 있는지를 알아내려고 할 때는 우선 우리가 볼 수 있는 것과 연관 지어 유추하게 된다. 그런데 심해에는 중대한 걸림돌이 있다. 우리가 거기에 들어가는 순간 우리의 존재 자체가 시각적 환경을 바꾸어 버린다. 우리의 눈은 훨씬 더 밝은 대상에 적응되어 있으므로, 어둠 속을 탐색할 때는 아주 강력한 인공조명을 가져가야 한다. 그런데 이미 심해에 적응해 있는 심해 생물의 시각 시스템에게는 이 인공조명이 태양을 직접 바라보는 것만큼 밝게 느껴질 것이다. 이처럼 심해 동물을 방해하지 않고 관찰하기 힘든 까닭에, 그들의 삶에 대한 통찰을 얻는 최선의 방법 중 하나는 그들의 눈에 관해 가능한 한 많이 알아내는 것이다.

눈에 관해 물어야 할 가장 중요한 질문은 이것이다. 그 생물의 눈은 어떤 정보를 수용하고 어떤 정보를 배제하는가? 모든 눈은 필터처럼 작동한다. 즉, 외부 세계의 정보 중에서 자신의 생존 기회를 최적화하는 정보만 걸러서 받아들인다. 그 목적에 부합하지 않는 정보는 모두 불필요하다. 기껏 시간과 에너지를 들여 자외선 수용체를 만들었는데 자외선이 먹이, 동료, 포식자 같은 중요한 대상을 감지하는 데 유용한 역할을 하지 않는다면 자외선 수용체의 처리와 해석은 비생산적인 일이 된다.

눈에 관해, 눈이 무엇을 보고 무엇을 보지 않는지에 관해 생각하는 것은 사고를 유연하게 해 주는 일종의 두뇌 운동이다. 이 세계의 많은 것들을 우리는 보지 못한다. 생물학적 제약 때문이기도 하지만 훨씬 더 큰 이유는 단순히 우리가 보는 방법을 알지 못한다는 데 있다. 환경주의자 레이첼 카슨은 이렇게 말했다. "알지 못했던 아름다움에 눈을 뜨는 한 가지 방법은 자신에게 이렇게 묻는 것이다. 이것이 내가 이제까지 한 번도 보지 못했던 것이라면 어떨까? 이것을 다시 볼 수 없다는 것을 안다면?" 시각적 인식 능력을 키우는 가장 좋은 방법은 시력을 잃었다가 되찾는 것이다. 조니 미첼이 노래했듯이 "사라져 버리기 전에는 뭘 가졌는지도 모르는 법"이다.

◆ ◆ ◆

조니 미첼이 그 노래를 발표했을 때 나는 대학교 1학년이었다. 해양생물학자가 되고 싶었던 나는 1969년 가을 터프츠대학교 생물학과에 입학했는데, 첫 학기를 마치기도 전에 한 가지 사실이 분명해졌다. 의학의 도움 없이는 목표를 이룰 수 없으리라는 점이었다. 오래전부터 나는 왼쪽 다리 뒤쪽에 지속적인 통증이 있었다. 겨울이면 스키와 스케이트를 타고 여름에는 수상스키를 탔으므로, 근육이 결린 거라고 생각했다. 그러나 엑스레이 결과는 달랐다. 척추 골절이라고 했다. 의사는 두 주먹을 쌓아 올린 다음 두 손이 반쯤 엇갈리게 밀어 골절된 정도를 묘사했다. 뼈와 뼈 사이가 미끄러지면서 왼쪽 다리로 내려가는 신경을 눌러, 앉을 때마다 강렬하고 지속적인 통증이 발생한 것이었다.

골절이 언제 일어났는지는 짐작이 간다. 보스턴 외곽의 녹음이 우거진 시골 마을에서 자란 나는 많은 시간을 나무에 오르고 뛰어내리며 보냈다. 내가 가장 좋아하는 나무는 집 근처 연못(넓이가 40만m²나 되므로 연못이라기보다는 호수에 가깝지만)에 있던 기형 버드나무였다. 그 나무는 물에서 45도 각도로 나온 다음 둘로 갈라져 수평으로 뻗어 있었고, 양 갈래 줄기에서 나온 수직의 굵은 가지들은 2개의 분리된 '방'을 만들었다. 덕택에 해적선이나 트리하우스, 혹은 요새로 손색이 없었다. 양 갈래 줄기의 높이는 지면에서 2m쯤 되었다. 나에게 그 정도는 수백 번도 더 뛰어내려 본 편안한 높이

아무도 본 적 없던 바다

였다.

　내가 여덟 살 혹은 아홉 살이던 해 어느 일요일이었다. 교회에서 돌아온 나는 너풀거리는 원피스를 청바지로 갈아입고 싶었지만 어딘가 좋은 곳에 가야 한다고 해서 그러지 못했다. 그러나 옷을 더럽히지 않는다는 조건하에 외출할 시간이 될 때까지 밖에 나가서 노는 건 허락되었다. 나는 좀 돌아다니다가 버드나무에 올랐다. 그런데 뛰어내리려는 순간 옷을 더럽히지 않겠다는 약속이 생각났고, 흙바닥으로부터 옷을 지키려고 애쓰며 착지했다. 허리에 타는 듯한 고통이 느껴졌다. 한 번도 느껴 보지 못한 고통이었다. 하지만 오래가지는 않았고, 대수롭지 않게 생각했다.

　대학 입학 신체검사 때까지 나는 누구나 그 정도 요통은 있는 줄 알았다. 허리가 아프지 않았던 때는 까마득해서 기억도 안 났다. 하지만 대학 첫 학기에는 증상이 심해져 오래 서 있을 수 없었고, 다리의 통증 때문에 앉아 있어도 괴롭기는 마찬가지였다. 공부를 하려면 무릎에 베개를 괴고 누워서 책을 보는 방법밖에 없었다. 좋은 공부 습관은 아니었다. 나는 너무 자주 잠이 들었고, 두꺼운 책을 얼굴에 떨어뜨리곤 했으며, 그러다 보니 자연히 책을 멀리하게 되었다. 결국 2월 초에 척추유합 수술을 받기로 했다.

◆ ◆ ◆

　어번 사전에 따르면 '크럼핑crumping'이란 환자의 예후가 급격히 악화된다는 뜻이다. '천천히 죽어 간다'는 뜻인 '서클링 더 드레인 circling the drain' 항목을 참조하라는 조언도 덧붙여져 있다.

내가 바로 그런 상태였다. 척추유합 수술이 잘못된 것은 아니었다. 수술은 잘되었다. 문제가 터진 것은 회복실에서였다. 나는 순식간에 지옥으로 떨어졌다. 온갖 부위에서 출혈을 일으키며 부둣가에 내던져진 물고기처럼 침대에서 퍼덕거렸다. '파종성 혈관 내 응고'라고 했다. 원인은 알려져 있지 않지만 작은 혈관 안에 혈전을 만들어 중요한 기관으로의 혈류를 차단하는 질환이다. 심각한 경우 응고인자와 혈소판이 소진되어 출혈이 발생한다. 내 경우, 수술 부위는 물론 폐에서도 출혈이 일어나면서 공기가 부족해졌고, 그래서 물 밖에 나온 물고기 꼴이 된 것이다.

그러나 나는 살았다. 마운트 오번 병원에서 이 병을 이겨 내고 생존한 최초의 환자가 되었다. 내가 이 아마겟돈에서 살아남을 수 있었던 데는 두 요인이 함께 작용했다. 하나는 나를 담당한 정형외과 의사가 마침 최근에 미국의사협회가 개최한 관련 컨퍼런스에 참석했던 것이었다. 덕분에 그는 내 증상을 바로 알아볼 수 있었다.

두 번째 행운은 그날 마침 '심장 수술의 아버지'라 불릴 만큼 유명한 하켄 박사의 흉부외과 팀이 마운트 오번 병원에 있었다는 것이다. 흉부외과 팀이 맨 먼저 한 일은 멈춘 내 심장을 다시 뛰게 만드는 것이었다. 그다음에는 내 몸을 모로 뉘여 놓고 폐에서 혈액을 제거했다. 그러다 심장이 다시 멈추면 다시 나를 반듯이 눕혀 심장을 압박하고, 폐에 피가 고이면 다시 옆으로 돌려서 혈액을 제거했다. 심폐소생술은 세 번 반복되었다.

세 번의 소생술이 진행되는 동안 나는 단 한 번, 임사체험을 했다. 그때 나는 저 위에서 나를 내려다보는 유체이탈을 경험했다. 거기에는 나의 의식이 있었다. 물리적 실체가 없는 비육체적 존재로서의 나였다. 우리, 나의 의식과 육체는 현 상황의 끝을 결정해 보려고 했다. 내 기억에 따르면, 우리는 완전히 중립적이라고 느꼈다. 어느 쪽이든 괜찮다고. 임사체험을 해 본 사람으로서, 사람들이 영적인 힘으로 그것을 설명하고 싶은 유혹을 느끼는 것을 이해한다. 확실히 꿈과는 달랐다. 그것은 진짜였다. 그러나 나는 모호함을 수용하는 법을 배운 과학자이므로, 이 주제에 대해 열린 태도를 유지하기로 했다.

임사체험에서 가장 나의 흥미를 끄는 것은 여러 사람의 진술에서 공통적으로 나타나는 점이 있다는 것이다. 나중에 엘리자베스 퀴블러 로스의 『죽음과 죽어감』을 읽었을 때, 나는 나의 경험이 독특한 것이 아니었다는 사실을 알게 되었다. 자주 거론되는 특징 중 하나는 임사체험 동안 그리고 그 직후에 느껴지는 평온함이다. 시간이나 해야 할 일과 관련된 머릿속의 온갖 잡음이 사라진다. 나는 임사체험의 그 순간, 그때까지 한 번도 경험해 보지 못한 방식으로 현재를 온전히 느꼈다. 외따로 떨어진 느낌이 아니라 오히려 반대로 모든 것에 연결되어 하나가 된 느낌이었다. 그 덕분에 의식을 되찾았을 때 내가 처한 혼돈 상태를 알고도 당황하지 않을 수 있었다. 나의 온몸이 바늘꽂이가 된 듯 튜브와 전선 천지인 데다가 호흡 기계와 연결된 튜브가 목구멍에 꽂혀 있어 말도 할 수 없었음에도 말이다. 그리고 하나 더, 눈이 보이지 않았다.

돌이켜 보면 그 어느 것도 나를 전혀 괴롭히지 않았다는 사실이 이상하게 느껴진다. 의사 선생님과 부모님이 어떻게 된 것인지 설명해 주었을 때도 이미 알던 얘기처럼 들렸고, 다 이해할 수 있을 것 같았다. 왠지 마음이 평온해지기까지 했다. 실명을 너무나 순순히 받아들인 나머지 수술 후 며칠이 지나도록 아무에게도 앞이 보이지 않는다는 얘기를 하지 않을 정도였고, 이야기했을 때도 그 사실이 그렇게 중요하게 느껴지지 않았다.

그 평온함은 중환자실에서 보낸 일주일 동안 지속되었고, 같은 병원 옆 건물인 와이먼관 소아과 병동으로 옮겨진 후에도 며칠 더 이어졌다. 내가 만 열여덟 생일이 지났는데도 소아과 병동에 가게 된 것은 오로지 그곳에만 간호사가 고위험 환자를 지켜볼 수 있는 관찰실이 있기 때문이었다. 나는 거기서 4개월을 머물렀다.

중환자실에서 나온 후에는 가족 외의 병문안도 허락되었다. 친구들은 꽃을 가져왔다. 그중에서도 특히 아름다운 장미 꽃다발이 하나 있었는데, 병실에 들어오는 사람이 모두 한마디씩 했다. 어느 날 누군가가 아름다운 노란 장미라며 감탄했다. "잠시만요, 뭐라고 하셨어요? 노란 장미요?" 내 시력이 얼마나 안 좋아졌는지

아무도 본 적 없던 바다

갑자기 깨닫게 된 나는 충격의 아드레날린이 솟구쳤다. 누가 내 뺨을 때리기라도 한 것처럼 정신이 번쩍 들었다. 나는 그 장미꽃이 빨간색이라고 생각했는데, 그것은 내 짐작일 뿐이었다. 멎어 있던 뇌의 분석 능력에 시동이 걸렸고, 나는 내가 실제로 볼 수 있는 것이 무엇인지 얼른 가늠해 보았다. 답은 '별로 없다'는 것이었다. 나는 장미꽃을 볼 수 없었다. 그저 내 고정관념 속의 빨간 장미처럼 생겼으리라고 상상했을 뿐이었다. 병실 문도 볼 수 없었다. 사람들이 드나드는 소리의 방향에 따라 머릿속으로 그 자리에 문을 그려 넣었을 뿐이었다. 얼굴 앞에 들이민 내 손도 보이지 않았다. 내가 손을 든 것을 알고 있으므로 손이 거기에 있음을 아는 것뿐이었다.

나는 병문안 온 사람들을 보고 있다고 생각했지만, 그것이 상상의 날조임을 깨달았다. 매일 뻔질나게 드나드는 의사, 간호사, 치료사 중 그 누구의 얼굴도 기억하지 못하는 것이 그 증거였다. 빛과 그늘이 얼핏 느껴지기는 했지만 실질적인 시각적 정보라고 할 만한 것은 없었다.

◆◆◆

빛과 어둠은 그 극명한 차이 때문에 여러 창조 신화에서 중요한 역할을 담당한다. 어둠과 무無에서 빛과 유有가 나온다. 우리는 어둠을 혼돈에, 빛을 질서에 연관 짓는다. 그러나 그 질서를 질서라고 여기려면 빛이 드러내는 대상을 볼 수 있고 이해할 수 있어야 한다. 빛과 어둠을 감지하는 능력도 분명 없는 것보다는 낫지만, 진정한 시력이 주는 경이로운 이점에 비하면 보잘 것 없는 능력이다.

시각은 세 단계로 작동한다. 1단계는 눈에서 일어나며, 카메라처럼 대상의 이미지를 감광 표면에 포커싱하는 단계다. 카메라의 필름에 해당하는 우리 눈의 망막은 빛에 감응하는 1억 2,600만 개의 광수용체라는 세포로 이루어진다. 2단계는 빛에너지를 전기적 신호로 전환하는 단계다. 이 신호는 일련의 뉴런을 통해 뇌로 전달된다. 3단계에서는 뇌가 이 전기 신호를 해석하여 머릿속에 이미지를 만들어 낸다. 즉, 시각의 목적은 물리적 세계와 가장 중요한 중앙처리장치인 뇌를 연결하는 것이다. 생존 경쟁에서의 우위는 위협과 기회에 적절하게 대응할 수 있는 능력에서 비롯되며, 이 능력은 이미지를 인식하는 것보다 훨씬 더 큰 역량을 요구한다. 대상을 여러 각도에서 식별하고, 거리를 계측하며, 움직임과 궤적을 계산할 줄 알아야 한다. 그리고 이 모든 것이 이동 중에도 가능해야 한다. 고개를 기울일 때 세상이 기울어 보이지 않는다는 사실만으로도 우리의 뇌가 제공하는 엄청난 처리 능력을 알 수 있다.

망막에는 이 세계가 거꾸로 뒤집힌 이차원 이미지로 투사된다. 뇌가 이것을 가지고 삼차원인 세계를 이해하려면 해결해야 할 문제가 엄청나게 많다. 사실 어떤 망막상이든, 그것을 생성할 수 있는 삼차원 형태는 무한히 많다. 따라서 뇌는 빈약한 입력값으로부터 끊임없이 정보를 추론해 내야 한다.

뇌가 감각기관의 입력값을 해석하는 방법을 밝히고자 한 초기 연구자 중 한 명으로, 학습과 기억에 관한 연구를 진행했던 미국 심리학자 칼 래슐리가 있다. 래슐리는 편두통이 너무 심하면 눈에 보이는 게 없는 상태가 되곤 했다. 사실 실제로 눈이 안 보인 적도 있었다. 한번은 이 증상 때문에 신기한 일을 겪었다. 시야 중앙이 완전히 보이지 않게 되면서 앞에 있는 동료의 얼굴이 흐릿해졌는데, 얼굴이 있어야 할 곳이 검거나 하얘진 것이 아니라 머리가 투명해지기라도 한 것처럼 그 뒤에 있는 벽지의 세로 줄무늬가 보였다. 동료의 머리가 보였다면 벽지가 가려졌어야 하지만, 시야의 해당 부분의 실제 입력값이 없어지자 래슐리의 뇌가 그 주변의 시야에 근거하여 가장 그럴듯한 이미지로 대신 채운 것이다. 그것은 터무니없는 속임수이기도 하지만 이 속임수 덕분에 우리는 잠시 멈추고 우리가 보는 것이 얼마나 우리가 보기를 기대하는 것에 의해 편향되는지 질문을 던지게 된다.

◆ ◆ ◆

나의 실명은 1단계에서 일어난 문제였다. 빛이 들어오는 눈 앞쪽의 각막 및 수정체와 눈 뒤쪽의 망막 사이의 넓은 공간에 피가 고인 때문이었다. '유리체방'이라고 알려진 이 공간은 유리체액이라는 투명한 무색의 젤 성분 물질로 채워져 있는데, 유리체액의 주된 기능은 눈의 구형을 유지하는 것이며 빛은 이 부분을 통해 아무런 방해 없이 망막에 정확하게 전달된다.

시각 정보를 제대로 처리하려면 여러 방향에서 오는 광선들을 잘 비교할 수 있어야 한다. 성능을 결정짓는 두 가지 요인은 감도와 해상도다. 감도는 얼마나 많은 광자가 있어야 인식 가능한 신호가 생성되는지를 뜻한다. 해상도는 사진을 구성하는 픽셀의 수와 비슷하며, 구체적으로는 망막 면적당 광수용체 수를 말한다. 이에 따라 눈의 광학 장치에서 만들어진 이미지의 선명도가 달라진다.

내 안구에 스며든 피는 빛을 흡수하고 산란시켰으며, 결과적으로 감도와 해상도 모두를 떨어뜨렸다. 오른쪽 눈으로 약간의 빛을 분간할 수 있었지만 왼눈은 8번 당구공처럼 피가 완전히 꽉 차 빛이 들어올 여지가 전혀 없었다. 내가 보는 세상은 소용돌이치는 어둠이었고, 이따금 의미 없는 빛이 살짝 스쳐 지나갈 뿐이었다.

나의 예후에 관한 의사들의 어정쩡한 진단이 나를 더욱 괴롭혔다. 유리체액에 피가 너무 많이 고여 망막을 관찰할 수 없었는데, 그것은 망막이 분리되지 않았다고 확신할 수 없다는 뜻이었다. 의사들은 다들 내 몸이 스스로 유리체방에서 피를 제거하겠지만 몇 달이 걸릴 수도 있다고 했다. 희망을 갖고 기다리는 것 외에는 할 수 있는 일이 없었다. 그동안 나는 심한 외상에서 회복하기 위해 롤러코스터에 단단히 매달릴 뿐이었다. 그것은 저점인 줄 알았던 곳 앞에 그보다 더 낮은 골짜기가 기다리고 있는, 변덕스럽고 끔찍하기 짝이 없는 롤러코스터였다.

    의사들은 나의 수술 부위에서 중대한 감염을 발견했고, 감염에 의해 생긴 농양을 제거하려면 응급 수술이 필요하다고 했다. 수술은 고통스럽고 끔찍했으며 하루걸러 반복되는 수술이 한 달 동안 이어졌다. 그와 동시에 최대 용량의 항생제를 정맥 주사로 투여받느라 주삿바늘로 여기저기 찔렸고, 주사 맞은 부위가 화끈거리기 일쑤였다. 여러 항생제를 쓰면서 발진, 종기 등 부작용도 다채롭게 겪었다. 그 고통이 가라앉자마자 이번에는 혈청간염에 걸렸다. 스물세 번이나 받은 수혈 덕분이었다. 심한 통증과 구토에 시달렸고, 피부는 황달 때문에 싸구려 태닝 스프레이를 뿌린 것처럼 누렇게 변했다.

    그리고 그 모든 일이 일어나던 와중의 어느 날, 척추유합 수술 결과가 좋지 않다는 말을 들었다. 내 엉덩이에서 잘라 낸 뼛조각이 척추를 이어붙이는 '접착제' 역할을 해야 하는데, 유감스럽게도 내가 회복실에서 퍼덕거릴 때 그 뼛조각을 날려 버렸다고 했다. 엑스레이에 따르면 접착제로 자라날 뼈가 거의 전혀 남아 있지 않았다. 참담했다. 이 모든 고통이 다 헛된 일이었다니, 상상할 수도 없는 일이었다.

    나에게 일어나는 모든 일이 내 통제 밖에 있는 것 같았고, 나에게 남은 유일한 힘은 마음가짐뿐이라는 것을 깨달았다. 작은 것들이 중요했다. 큰 그림은 생각하기가 무서웠다. 얼마나 더 올라가야 안전한 곳에 다다르는지 모르는 채로 절벽에 매달려 있는 기분이었다. 현기증이 날 때는 내려다보지 않는 것이 좋은 방법이며, 끝이 보이지 않을 때는 애써 끝을 찾으려 하지 않는 편이 현명하다. 내가 할 수 있는 유일한 일은 다음 손을 짚을 곳을 찾는 데 집중하는 것이었다.

정신적 초점을 이동시키는 이 방법은 끝없는 좌절의 연속으로 보이는 상황에 대처하는 열쇠가 되었다. 불확실하고 험난할 것이 예상되는 미래를 내다보거나 내가 얼마나 많은 것을 잃어버렸는지를 곱씹기보다는 초점을 바짝 당겨 정신을 차리고 있는 데에만 집중했다. 많은 시간이 지난 후에 내 목숨을 구한 것도 바로 이 마인드 컨트롤 요령이었다.

◆ ◆ ◆

인간의 뇌는 우주에서 가장 복잡한 구조물이라고 한다. 우리가 우주에 관해 아는 것이 미미하므로 과장된 말일 가능성은 충분하지만, 뇌가 인상적인 세포 모음이라는 데는 의심의 여지가 없다. 우리가 실재라고 생각하는 것은 단지 우리 뇌가 만들어 낸 구성물일 뿐이다. 감각기관을 통해 들어오는 모든 데이터가 뇌에서 필터링을 거치면서 얼마나 왜곡되는지는 평가할 수도 이해할 수도 없다.

그래도 우리의 감각이 이 세계를 있는 그대로 받아들인다고 생각된다면, 이 점을 생각해 보자. 여러 감각기관으로부터 나오는 전기 신호의 전도 속도는 똑같지 않다. 따라서 도착하는 시점은 제각각이지만 뇌에서 조정이 일어난 덕분에 동시에 인식할 수 있다. 예를 들어 강아지가 당신의 코를 물고, 그 다음에는 발가락을 물었다고 하자. 두 경우 모두 당신은 물리는 장면을 보는 순간 동시에 아프다고 느낄 것이다. 발가락이 코보다 뇌에서 훨씬 멀고 따라서 뇌까지 아픔이 전달되는 시간이 더 길 텐데(약 100분의 3초), 어떻게 두 경우가 똑같을 수 있을까? 전도 거리뿐 아니라 뇌의 처리 시간도 차이가 난다. 시각 정보는 청각 정보에 비해 거의 5배의 처리 시간이 든다. 반면에 공기 중에서는 빛이 소리보다 약 88만 배 빠르게 전달되며, 그래서 천둥소리가 나기 전에 번개를 먼저 보게 된다. '동시성의 지평선^{horizon of simultaneity}'이라고 불리는 인간 지각의 최적 거리가 관찰자로부터 약 9~15m인 것이 바로 이러한 차이 때문이다. 이보다 가까운 거리에서는 청각 정보가 시각 정보보다 일찍 도달하고, 더 먼 거리에서는 그 반대다. 그러나 누군가가 박수를 치는 것을 눈으로 보고 있다면 그 사람이 바로 앞에 있든 15m보다 멀리 있든 상관없다. 두 경우 모두 우리의 뇌가 눈에 보이는 것과 귀에 들리는 것이 동시에 일어났다는 사실을 알려 줄 것이기 때문이다. 이것이 별로 대수롭지 않게 여겨진다면, 눈을 감고 자신의 삶이 싱크가 맞지 않는 영화처럼 흘러간다고 상상해 보기 바란다.

여기서 중요한 점은 우리의 뇌가 감각기관의 입력을 수동적으로 수신만 하는 게 아니라는 사실이다. 우리가 보고 듣고 느끼는 세계는 감각기관과 뇌 사이에서 일어나는 대화의 결과물이다. 외부 세계에서 나온 데이터에 내부 중앙처리장치의 계산 및 예측을 통합하는 이 대화는 우리의 생존 확률을 높이기 위해 진화했다. 우리는 오직 필요한 것만 듣고, 냄새 맡고, 맛보고, 느낀다. 우리에게는 많은 것이 감추어져 있더라도 우리가 보겠다고 마음만 먹으면 감각기관으로 곧바로 감지할 수 없는 것까지 볼 수 있는 능력이 있다.

◆◆◆

롤러코스터 같은 나의 회복 과정에는 고점이라는 게 거의 없었고, 고점 같은 순간이 와도 언제든 새로운 합병증이 올 수 있다는 사실을 알았으므로 믿기 어려웠다. 내 시력이 회복될 것이라고 생각한 적은 한순간도 없었다. 고통스러울 정도로 느린 과정이었다. 처음에는 연신 펄럭이는 더럽고 무거운 레이스 커튼을 통해 보는 것 같았지만, 움직이지 않는 사물을 오래 응시하면 오른눈으로 들어온 단서들을 조합하여 이미지를 만들어 낼 수 있었다. 그러다 마침내 아버지가 읽을 책을 가져다줄 만큼 시력이 돌아왔다. 『러브 스토리』였다. 젊은 여성이 혈액 질환으로 죽는 이야기인 줄은 모르셨던 것 같다. 아마 내용보다는 책의 두께를 보고 고르셨을 것이다. 짧은 소설이었지만 무척 오래 걸려서 읽었다. 한 단어마다 손가락으로 짚고 내 눈을 가린 커튼에 구멍이 뚫리기를 기다려야 했지만, 결국 다 읽었다. 그 성취감이 너무 커서 비극적인 결말이 전혀 비극적으로 느껴지지 않을 정도였다.

그런데 진짜 고점이 5월 초에 찾아왔다. 내가 처음으로 앉을 수 있게 된 날이었다. 앉아 있으려면 코르셋처럼 생긴 보조기를 착용해야 했는데, 그건 감소한 근육—감염이 허리 근육의 50%를 갉아먹었다고 했다—을 대신해서 허리를 지탱해 주는 장비였다. 의사가 보조기를 가지고 병실에 나타났다. 내가 몇 주 동안 고대하던 날이 온 것이다. 그는 보조기를 내 등 밑에 밀어 넣고 단단히 고정했다. 나는 다리를 침대 가장자리로 뻗으며 옆으로 누웠고, 의사가 내 몸을 일으켜 앉은 자세로 만들었다. 석 달 만에 처음으로 몸을 세운 것이다! 내가 가장 좋아하던 간호사 중 한 명이 병실에 왔을 때 나는 몸을 세우고 있는 느낌을 만끽하고 있었다. "에이드리엔, 나 좀 보세요!" 그 순간, 행복감에 압도된 나머지 눈물이 쏟아졌다.

정말 행복할 일이 많았다. 일어나지 않을 것 같던 일들이 일어났다. 척추유합 수술이 잘못되었다는 의사의 말은 오판이었던 것으로 드러났다. 게다가 나는 전혀 기대하지 않았던 의학적 현상의 수혜자였다. 등 쪽의 심각한 감염이 유합 부위의 석회화를 촉진한 것이다. 뼛조각 대부분이 흩어졌지만 그대로 붙어 있는 조각 몇 개가 있었고, 석회화가 통상적인 경우보다 더 진행된 덕분에 그

몇 조각만으로도 뼈 성장의 씨앗을 뿌리고 단단히 붙여 주기에 충분했다.

마침내 퇴원 허락이 떨어진 것은 5월 말에 이르러서였다. 눈도 상당히 회복되어서 차창 밖 풍경을 볼 수 있었다. 내가 병원에 입원한 2월에는 나무에 앙상한 가지만 남고 땅 위에는 눈이 쌓여 있었는데, 이제는 모든 것이 푸르고 무성했으며, 나뭇잎들은 저마다의 색깔과 생명력을 뽐내며 한들거렸다. 내가 간절히 보고 싶었던 풍경이었다. 내 오른눈에 드리웠던 무거운 레이스 커튼은 산산조각이 나면서 부유물로 바뀌었다. 검은 반점이 시야에서 떠다녔으므로 산만하기는 했지만 크게 방해가 되지는 않았다. 왼눈도 나아지고 있었다. 비록 가운데가 아니라 가장자리부터이기는 했지만 예전보다는 훨씬 더 많은 빛이 들어왔다. 가로수가 늘어선 길에 접어들자 우리 집이 보였다. 흰 판자 외벽의 이층집, 보도에 핀 새빨간 튤립을 보자 겸허한 감사함과 흥분이 동시에 밀려왔다. 현관에 이르는 계단과 2층에 있는 내 방까지의 더 긴 계단을 오를 생각에도 신이 났다. 처음에는 그 계단들을 오르기가 힘들었지만 매일 조금씩 쉬워졌고, 그러다 보니 의욕도 솟구쳤다. 4개월 동안 갇혀 있던 나는 간절히 밖에 나가고 싶었다. 집에 돌아오고 닷새가 지났을 때 나는 연못가에 가서 어릴 적 오르던 버드나무를 어루만져 줄 수도 있었다.

버드나무는 오래전에 베어졌고, 지금은 그 자리에 더 나무다운

나무가 서 있다. 하지만 내 감각은 현실보다 오래 갔다. 나는 그 가지의 모양과 위치, 수피의 결, 연못을 향해 뿌리를 뻗은 줄기 밑동 주변의 흙냄새를 기억한다. 병원에서 돌아왔을 때 나는 내가 볼 수 있다는 데 이전보다 훨씬 더 감사해하며 그 나무를 보았고, 내가 보고 있는 대상에 대해 훨씬 더 깊이 생각하게 되었다.

우리는 우리의 감각을 통해 자연과 연결되지만, 그것이 자연을 보는 유일한 방법은 아니다. 시간이 흐르면서 나는 나무를 나무이게 하는 이유와 특징을 더 잘 알게 되었고, 이는 원래의 기억에 여러 겹의 의미를 덧씌웠다. 나무가 어떻게 물과 양분을 뿌리에서 잎으로, 당분을 잎에서 뿌리로 운반하는지, 버드나무 수피에 왜 아스피린 같은 화합물이 존재하는지에 대해 알게 되었고, 그런 앎이 우리 마을의 버드나무에 대한 내 기억에 여러 의미의 층위를 더해 주었다.

왜 나무가 수많은 생명체 중 자연과 연결되고자 하는 인간 욕구의 대표적인 상징이 되었는지를 이해하기란 어렵지 않다. 시인과 환경보호론자들이 '생명이라는 나무'를 노래하는 것은 나무가 누구나 직접 경험할 수 있는 생명체이기 때문이다. 그렇다면 훨씬 더 넓은 규모의 자연에 연결되고자 한다면 어떻게 해야 할까? 우리는 '바다 행성'에 살지만 그것이 실제로 어떤 의미를 지니는지에 대해서는 아는 것이 거의 없다. 이 행성은 살아 숨 쉬는 물의 세계이지만, 그 세계를 가득 채우고 있는 것은 우리에게 완전히 생경한 생물들이어서 그들을 이해하기는 매우 힘들다.

　우리가 세계를 어떻게 지각하기로 선택하는가에 따라 우리 존재의 모습이 결정된다. 우리는 우리가 세계를 있는 그대로 본다고 생각한다. 그러나 우리는 우리가 보고자 하는 대로, 즉 우리 존재를 가능하게 하기 위해 세계가 그래야 한다고 생각하는 대로 본다. 과거에는 그것이 참이었다. 그러나 우리 세계가 너무나 빠르게 변화하면서 무엇이 생명을 살아 있게 하는가에 대한 더 큰 그림이 필요해졌다. 자연계의 복잡한 작동을 이해하려면 나무만 바라보고 있을 수 없다. 이제 우리는 바다 그리고 그 안에서 무수히 일어나는 경이로운 현상들까지 시야에 담아야 한다. 깊은 바닷속까지 이어진 반짝이는 생명의 그물을 알지 못한 채 수면 위만 바라보는 것은 바다의 경이로움과 우리 존재를 가능케 하는 바다의 역할에 눈 감는 것과 마찬가지다.

2장

결국은

해양생물학자

◆ ◆ ◆

김 서림 방지를 위해 마스크 안쪽에 침을 뱉고 문질렀다. 해가 수평선 아래로 막 떨어지고 하늘에서 빛이 빠르게 사라지고 있었다. 카리브해의 사바섬에서 다른 사람들과 함께 다이빙 보트를 탄 것은 그곳에서 생물발광을 볼 수 있을 것이라는 제안 때문이었다. 하지만 한 번도 잠수해 본 적 없는 곳이었으므로 확신할 수는 없었다. 우리 모두 스노클링 장비를 착용하고 따뜻한 열대 바닷물로 미끄러져 내려갔다.

나는 수면에 떠서 3m 아래 모랫바닥을 샅샅이 살펴보았다. 시야 한구석에서 뭔가를 본 것 같았다. 모래 안에 반짝거리는 뭔가가 있나? 다시 보니 사라지고 없었다. 그런데 잠시 후 또 다른 부분이, 그다음에 또 다른 부분이 반짝거렸다. 그때 누군가 소리쳤다. "다들 저것 좀 보세요!" 또 다른 사람도 "와!"하고 숨죽인 탄성을 스노클을 통해 내뱉었다. 점점 더 많은 푸른빛이 나타나더니 반짝거리는 샴페인 거품처럼 바닥에서 떠오르기 시작했다. 우리는 순식간에 깜빡이는 서치라이트에 포위되었다. 그것은 짝짓기를 하려는 갯반디들의 구애 표시였다.

이 놀라운 작은 생물은 갑각류의 일종인 패충류에 속하는데, 깨알만큼 작지만 엄청난 빛을 낼 수 있다. 육지의 반딧불이처럼 생물발광을 이용하여 짝을 유인하기 때문에 갯반디라고 불린다. 조명 쇼의 주인공은 수컷이다. 땅거미가 지자마자 카리브해의 암초,

해초지, 모래에서 등장한 수컷 갯반디들은 물속을 가로지르며 빛을 생성하는 화학물질과 점액질 물질이 혼합된 빛방울들을 뿜어낸다. 빛은 차례로 나타났다가 차례로 사라졌다. 함께 간 사람들 중 일부는 생물발광을 난생처음 봤다고 하는데, 그 매력에 푹 빠져 질문을 쏟아 냈다.

◆◆◆

백열광을 제외한 모든 빛의 생성 현상은 '발광'이라는 이름으로 묶인다. 생물발광과 화학발광 외에 소리에 의한 음파발광, 화학결합이 깨지면서 발생하는 마찰발광도 있다. 더 흔한 발광의 사례로는 '형광'과 '인광'도 있다. 인광을 생물발광과 혼동하는 경우가 많은데, 인광은 에너지의 들뜸 현상이 화학적 반응이 아니라 빛에 의해 일어난다는 점에서 생물발광과 다르다.

생물발광 현상이 잘 알려지지 않은 데에는 그 단어의 어려움이 한몫을 한 것 같아서, 대체할 만한 다른 단어의 부재가 아쉬울 때가 종종 있다. 생물발광 반응에서 빛을 생성하는 화학물질의 영어 명칭은 그나마 좀 낫다. '발광소'와 '발광효소'를 뜻하는 루시페린luciferin과 루시페라아제luciferase는 프랑스 생리학자 라파엘 뒤부아Raphaël Dubois가 만든 용어다. 뒤부아는 현대적 생물발광 연구의 문을 연 인물로 알려져 있다. 그는 냉·열수 추출 실험으로 발광 방아벌레, 그리고 이후 발광 조개에서 빛을 생성하는 화학물질을 추출할 수 있음을 보여 주었다. 뒤부아가 만든 이 용어들은 지금도 쓰인다. 루시페린과 루시페라아제는 특정 화학물질이 아니라 생물발광의 기질과 효소를 통칭하며, 그러한 기질과 효소는 놀랄 만큼 다양하다.

다양한 생물발광 물질이 존재한다는 점은 생물발광이 얼마나 중요한 현상인지를 알려 주는 증거다. 빛을 생성하는 능력이라는 형질은 진화사에서 50회 이상 독립적으로 선택된 것으로 밝혀졌다. 그 능력이 생존에 꼭 필요했다는 뜻이다. 유전적으로 가깝지 않은 종들이 유사한 환경에 적응하기 위해 유사한 형질을 진화시키는 이러한 현상을 '수렴 진화convergent evolution'라고 한다. 예를 들어 상어와 돌고래가 유사한 유선형의 몸, 형태와 기능이 비슷한 지느러미를 갖고 있는 것은 그들이 유전적으로 가까운 종이라서가 아니다. 엄연히 상어는 어류이고 돌고래는 포유류다. 그보다는 특정한 형태가 물속에서 움직이기에 유리하고, 따라서 더 많은 먹이를 잡고 포식자를 더 잘 피하여 DNA를 다음 세대로 물려줄 만큼 오래 생존할 확률을 높인다는 점 때문에, 비슷하게 진화한 것이라고 볼 수 있다.

생물발광의 경우, 매우 다양한 여러 종의 동물들이 어둠 속에서 생존하는 문제를 같은 방식, 즉 '스스로 빛을 만드는' 방법으로 해결한 거라고 볼 수 있다. 교과서에 나오는 수렴 진화의 고전적인 예는 눈이다. 무척추동물인 오징어, 문어의 눈과 척추동물인 어류, 인간의 눈 모두 카메라처럼 앞쪽에 조리개에 해당하는 홍채와 렌즈에 해당하는 수정체가 있고 여기서 받아들인 빛이 뒤쪽의 광수용체(망막/필름)로 전달된다. 그런데 두족류의 눈에 있는 광수용체는 수정체를 정면으로 마주 보고 있는 반면에 척추동물 눈의 광수용체는 빗겨나 있다. 이것은 그들의 눈이 독립적으로 진화했다는 증거다.

눈은 50회 이상 독립적으로 진화했다. 해파리, 편형동물, 파리, 연체동물, 어류, 고래 등 다양한 동물에게서 눈을 볼 수 있다. 그 형태도 단순한 구멍이나 안점에서부터 카메라를 닮은 더 정교한 눈이나 수천 개의 집광 장치로 이루어진 겹눈에 이르기까지 다양하다. 50회 이상의 독립적 진화가 발견된다는 점은 생물발광의 진화와 비슷한 점이다. 그러나 중요한 차이가 있다. 모든 눈은 동일한 화학물질, 즉 빛에 민감한 단백질인 옵신opsin의 반응에 의해 기능하지만, 생물발광을 가능케 하는 루시페린과 루시페라아제는 동물군에 따라 다르다.

매우 다양한 동물군에서 서로 다른 화학반응 체계가 제각기 독립적인 진화적 기원에서 비롯되었다는 점은 생물발광이 생존에 얼마나 중요한 능력이었는지에 대한 놀라운 증거이며, 그 자체로 과학적 보물 창고다. 프로메테우스가 제우스에게서 불을 훔쳐 인류에게 주었듯이, 과학자들은 발광생물에서 추출한 화학물질로 세포의 내부 작용을 파악하고 생명의 작동 원리와 중요한 분자에 관해 실험하는 등 살아 있는 빛을 활용할 온갖 방법을 찾아냈다.

일례로 발광 해파리에서 추출한 '녹색형광단백질'은 세포에 관한 생물학적 지식을 넓히는 데 혁혁한 공을 세워, 이 화학물질 발견의 영향력이 현미경의 발명에 견주어질 정도다. 발광 갯반디는 종양 조직을 영상화하여 많은 동물의 희생 없이 항암제의 효과를 시험할 수 있는 수단을 제공해 왔다. 반딧불이의 발광 작용도 세균 오염을 남지하는 데 흔히 활용되며, 화성에 생명체가 존재하는지에 대한 검증에도 사용된다. 그 외에도 여러 예가 있다. 아직 발견하지 못한 생물발광 화학물질도 어마어마하게 많고, 획기적인 응용 방법도 앞으로 더 개발될 것이다.

그러나 생물발광에 관여하는 화학물질을 확인하는 것과 '그것이 어떻게 작동하는가?'에 대한 답을 얻는 것은 다른 문제다. 자동차가 휘발유로 움직인다는 것을 안다고 해서 자동차의 작동 원리를 안다고 말할 수는 없는 노릇이다. 거기에는 그 이상의 뭔가가 있었다.

◆◆◆

퇴원 후 나는 세상을 완전히 다시 보게 되었다. 볼 수 있다는 것에 더할 나위 없이 기뻤던 순간도 있었지만, 낯선 불안감에 사로잡힌 순간도 있었다. 시력은 되찾았지만 무엇이든 가능할 것 같던 드높은 자신감을 잃었다. 나는 모든 일에 동전의 양면과 같이 좋

아무도 본 적 없던 바다

은 점만큼 나쁜 점이 공존할 수 있다는 것을 힘들게 배웠으며, 늘 부정적인 결과를 고려하고 플랜 B를 갖고 있어야 한다는 것을 깨달았다.

그해 가을 학기에 터프츠로 돌아갔을 때 전공을 해양생물학에서 의학부 예과로 바꾼 것은 내 세계관이 얼마나 크게 바뀌었는지를 말해 준다. 지금 와서 생각해 보면 일시적인 우회였지만, 당시의 나에게 이 전공 변경은 중대한 변화였다. 해양생물학자가 되는 것은 열한 살 때부터 굳게 지키고 있던 목표였기 때문이다.

나는 평범한 학생이었다. 늘 학교를 싫어했고, 그러니 선생님 말씀에 집중하지도 않았다. 집에 가서 밖에 나가 놀 수 있는 시간이 오기만 기다리며 몽상에 잠겨 있곤 했다. 그런데 열한 살이 되던 그해의 여행이 나를 몽상에서 깨어나게 했다. 내 부모님은 두 분 다 수학 박사였는데, 그해는 하버드대학교 교수인 아버지의 안식년이었다. 어머니는 오빠와 나를 키우기 위해 전임 교수직을 포기하고 터프츠대학교에서 시간 강사로 재직 중이었는데, 아버지의 안식년 동안 해외로 나가기 위해 그 강의도 그만두었다.

나보다 열한 살 많은 오빠는 내가 열 살 때 결혼을 했고, 그래서 당시에는 부모님과 나만 함께 살았다. 반년 동안 여행을 하고 나머지 반년은 호주에서 지낼 계획이었다. 덕택에 나는 1년 동안 학교에 다니지 않게 되었다. 이는 곧 엄마와 아빠가 내 선생님이 된다는 뜻이었다. 홈스쿨링이라는 말도 없던 시절이었으므로, 사람들이 이상하게 생각할 만한 일이었다. 그러나 6학년 교과과정에서 가장 중요한 내용은 세계사와 수학이었는데 내가 두 명의 수학자와 함께 전 세계의 경이로운 유적지들을 탐방할 계획이라고 하니 학교 측에서도 그 기간이 학업적 공백이 아니라는 사실을 인정할 수밖에 없었고, 이듬해에 유급 없이 7학년을 다닐 수 있다고 결정했다.

여행하면서 본 것들은 나에게 드넓은 가능성의 세계를 일깨워 수었고, 여자 쾌걸 조로가 되겠다던 니의 어릴 적 백일몽은 더 어른스러운 꿈으로 바뀌었다. 유럽의 장엄한 예술 작품들과 이집트의 경이로운 고고학적 유적지, 인도에서 목격한 비참한 인간의 고통과 호주의 환상적인 야생동물들을 보면서 나의 장래희망은 예술가, 고고학자, 구호활동가, 생물학자로 바뀌어 나갔다. 그중에 가장 큰 영향을 끼친 곳은 호주였다. 호주 여행에서 만난 코알라, 캥거루, 왈라비, 웜뱃, 요정펭귄, 흑고니, 에뮤, 화려한 색깔의 앵무새, 오리너구리한테서 평생 기억될 만한 동물들의 매력을 느꼈다. 오리너구리는 지구상에서 가장 기이한 생물 같았다. 오리의 부리, 비버의 꼬리, 수달처럼 물갈퀴가 있는 발의 키메라 같은 조합이라니, 이보다 더 비현실적일 수는 없다고 생각했다. 그런데 암컷이 파충류처럼 알을 낳지만 포유류처럼 젖을 먹이고, 수컷이 뒷다리의 독샘으로 강인함을 뿜낸다는 사실을 알고 나서는 더욱 기가 찼다.

나의 꿈이 그냥 생물학자에서 해양생물학자로 바뀐 것은 마지

아무도 본 적 없던 바다

막 여행지인 피지에서였다. 우리는 코럴코스트라는 지역에서 묵었다. 해변에 바로 인접한 우리 숙소는 초가지붕을 얹은 오두막이었는데, 창문은 뻥 뚫려 있고, 대신에 침대마다 캐노피형 모기장이 있었다. 낮 동안에는 나 혼자 산호초가 가득한 해안을 돌아다녔다. 지금 생각해 보면 리조트 주인과 우리의 무지가 경악스럽다. 리조트 주인은 관광객들이 운동화를 신은 채 살아 있는 평평한 산호초 위를 걸어다니는 것을 말리기는커녕 권하기까지 했다. 그때 본 산호초는 장관이었다. 그러나 다시 가 보고 싶지는 않다. 지금은 과거의 영광이 희미한 흔적으로만 남아 있으리라는 것을 알기 때문이다.

그것은 생명의 다채로움을 담은 무지갯빛의 만화경 같았다. 어느 한 곳을 오래 바라볼 겨를도 없이 다른 환상적인 장면에 시선을 빼앗길 정도로 자연의 경이로움이 가득했다. 분홍색, 보라색, 황금색의 산호가 겹겹이 층을 이루기도 하고 망상 돔 모양을 이루기도 했다. 유리처럼 투명하고 깊은 조수 웅덩이들은 화려한 색을 뿜내는 물고기, 길고 우아한 더듬이를 지닌 환상적인 줄무늬 새우, 코발트색 불가사리, 나를 통째로 집어삼킬 수 있을 만큼 거대한 대왕조개로 가득하여 하나하나가 열대 수족관 같았다. 정교하게 주름진 표면은 하늘색, 녹색, 남색, 황금색을 선명하게 뿜어내어 마치 스스로 빛을 내는 것 같았다.

그러다가 나는 한 얕은 웅덩이에서 유난히 이국적인 물고기 한 마리를 발견했다. 암갈색과 흰색 줄무늬가 있고 지느러미가 사방으로 뻗어 있었다. 조수 웅덩이의 다른 물고기들은 내가 가까이 다가가면 잽싸게 도망쳤지만, 이 호전적인 녀석은 지느러미를 부풀리며 나를 쳐다보았다. 마치 이렇게 말하는 것 같았다. "왜? 무슨 문제 있어?" 문제가 있다면 이 환상적인 장면을 부모님에게 꼭 보여 주고 싶었지만 숙소가 너무 멀다는 거였다. 다시 와도 찾을 수 없을 것 같았던 나는 갖고 있던 비닐봉지를 꺼내 그 물고기를 아주 조심스럽게 봉지 안으로 몰아 물 밖으로 꺼냈다. 그러나 곧 물고기가 숨이 막혀 죽을까 봐 걱정되었다. 그건 너무 끔찍할 것 같았으므로 다시 살살 놓아 주었다.

몇 년 후 한 수족관에서 똑같은 물고기를 발견했다. 수조에 붙어 있는 표찰에 '쏠배감펭'이라는 이름과 함께 독이 있다는 설명이 적혀 있었다. 내가 그때 그 물고기에게 너그러웠기에 망정이지, 자칫 해양생물학자로서의 삶을 시작도 하기 전에 끝낼 뻔했다. 이 낯선 녀석처럼 기이한 생명체들을 관찰하고 싶은 마음은 나에게 더 나은 학생이 될 동기 부여가 되었다. 무엇보다 해양생물학자가 되려면 괜찮은 성적도 필요했으니까.

어쨌거나 그렇게 오래된 꿈을 포기한다는 것은 고통스러워야 마땅할 일이지만, 적어도 처음에는 그렇지 않았다. 생사를 가르는 투쟁이 여전히 생생했던 나에게는 안정감이 필요했다. 해양생물학자가 되려면 정확히 무엇을 해야 하고, 어떤 경력이나 직업을 갖게 될 것인지에 관해 나에게 말해 주는 사람은 아무도 없었던 반면에, 의사가 되는 길은 잘 닦여 있고 명확한 이정표도 있는 것 같았다.

예과 과정에서 내가 가장 좋아하는 수업은 인체생리학이었다. 생리학은 살아 있는 유기체가 어떻게 작동하는지에 관해 다루는 학문이었고, 나는 그 매력에 빠졌다. 그래서 또 다른 선택과목인 행동생리학에도 등록했다. 담당 교수인 네드 호지슨은 훌륭한 강사이자 능수능란한 이야기꾼이었다. 행동의 신경학적 원리에 관한 강의와 개인적인 일화를 곁들인 그의 수업은 늘 재미있었고 때로는 영감을 주었다. 한번은 곤충이 주변의 화학물질을 어떻게 감지하는지에 관해 획기적인 발견을 했던 경험을 들려주었다. 그가 세계 역사상 이제껏 아무도 알지 못했던 뭔가를 발견하는 기분이 어떤 것인지 설명할 때 나는 손에 땀을 쥐며 경청했다. 그가 느꼈던 경이로움과 짜릿함이 손에 잡힐 듯 생생하게 전해졌고, 나도 그 느낌을 경험하고 싶다는 생각이 들었다.

그 수업은 동물에 관해 가졌던 흥미에 다시 불을 붙였다. 결국 나는 호지슨 교수가 개설 과정에 참여한 또 다른 수업을 들었다. 그것은 열대 해양생물학이었다. 1월에 바하마 비미니 제도에 있는 러너 해양연구소에서 진행되는 터프츠대학교 겨울 학기 수업이었다. 스미스소니언 박물관의 현장 기지인 이곳에는 해양생물학도가 보고 싶어 하는 것이 다 있었다. 더없이 투명한 열대 바다에 네온색의 열대 어류, 곰치, 꼬치고기, 레몬상어 등 온갖 종류의 해양생물이 가득했고, 찰리 브라운이라는 돌고래 한 마리는 아예 연구소에 상주했다. 몰입 교육을 넘어 문자 그대로 몸을 푹 담그게 만드는 수업이었다. 실제로 물에 들어가는 일이 다반사였으니까. 그런 몰입 수업은 세계 최초였을 것이다. 네드를 비롯한 여러 강사의 강의실 수업과 그들의 지도하에 이루어지는 현장 탐사도 있었지만 산호초와 맹그로브 군락지, 해초지에서 몇 시간이고 헤엄쳐 다니며 배우는 시간이 더 길었다.

몇 달 동안 침대에 갇히고 더 긴 기간을 척추보조기와 함께 보내며 이동성을 제한받았던 나는 무중력 상태 같은 수중에서 떠다니는 신체적 자유로움에 도취되었다. 물속에서 나는 건강했고 시야도 환했으며 다리의 통증도 없어졌다. 이따금 허리가 아프기는 했지만 그 어느 때보다 백배 나았다.

◆ ◆ ◆

학기가 끝나 떠날 시간이 되었을 때 우리는 모두 슬퍼했다. 한겨울에 미국 북동부로 돌아가야 한다는 사실은 열대의 해변에서 느낄 수 있는 최악의 정신적 저기압이었다. 나를 심란하게 만드는 다른 작은 문제도 있었다. 돌아가서 열흘 후에 내 결혼식이 예정되어 있었다. 아직 졸업도 멀었는데.

데이비드와 나는 고등학교 졸업을 앞두고 사귀기 시작했다. 그는 똑똑하고 재미있었으며 체조부 선수였다. 그해 여름에 나는 그에게 수상스키를 가르쳐 주고 그는 나에게 키스를 가르쳐 주었다. 사실 우리가 잘 어울리는 커플은 아니었다. 그는 해군에 입대했고, 나는 터프스대학교에 입학했다. 하지만 우리는 편지로 계속 소식을 주고받았다. 내가 퇴원한 지 1년 만에 스쿠버다이빙을 다시 시작할 수 있었던 것도 데이비드 덕분이었다. 보트를 구하지 못하면 다이빙을 할 만한 바위 해안을 찾아 글로스터까지 올라가거나 플리머스까지 내려가야 했다. 수술 후 무거운 짐을 들 수 없게 된 나를 위해 데이비드가 두 명의 장비를 모두 짊어지고 해안과 절벽 사이를 오르내려야 했고, 물에 들어가서는 내가 산소탱크를 메는 것도 도와주어야 했다.

3학년 1학기 개강 직전에 데이비드가 프러포즈를-사실 당시에는 몰랐지만 지금 생각해 보면-했다. 캠핑을 가서 모닥불 옆에 드러누워 있을 때였다. 데이비드는 이 여행이 얼마나 멋진지 격한 감정으로 이야기하다가 나에게 이렇게 물었다. "우리가 매일 아침 함께 눈을 뜰 수 있다면 정말 좋겠지?" 나는 그저 미사여구의 일부라고 생각했고, 그가 정말 하고 싶은 말을 하기 전에 잠이 들었던 것 같다. 자신감이 넘쳤던 그는 나의 침묵을 수락으로 받아들였다. 그것이 청혼이었다는 것을 안 것은 집으로 돌아와서였고, 나는 그가 자기 엄마에게 결혼하기로 했다고 말하는 것을 들었다.

그렇게 이른 나이의 결혼은 내 계획에 들어 있지 않았다. 언젠가 결혼을 하고 싶긴 했지만, 부모님이 그랬던 것처럼 나도 박사학위를 받은 후에 결혼할 생각이었다. 더구나 데이비드는 내 첫 키스 상대였다! 내가 그를 미치도록 사랑한다는 것에는 의심의 여지가 없지만, 그가 정말 내 남편감인 걸 어떻게 확신하지? 무슨 일이든 단번에 성공하기는 힘든 일 아닌가? 하지만 그가 정말 내 짝인데 의심 때문에 행운을 날려 버리면 어떡하지?

이 모두가 비미니에서 물고기들과 함께 보내며 내 머릿속을 스쳐 지나간 생각들이었다. 비미니에서 돌아오던 날, 데이비드가 공항으로 마중 나오기로 했다. 그런데 비행기에서 내렸을 때 어디에도 그가 보이지 않았다. 수하물 찾는 곳으로 걸어가면서 결혼에 대한 의문과 의심이 다시 고개를 들었다. 그때 한 번에 세 칸씩 에스컬레이터를 뛰어 올라오고 있는 그가 눈에 들어왔다. 해군 제복을 입은 그는 믿을 수 없을 정도로 멋있었다. 그는 나를 번쩍 안아 들고 빙그르르 돌았는데, 하도 세게 돌려서 그 원심력으로 내 머릿속의 모든 질문과 의심의 씨앗이 날아가 버린 것 같았다. 아마도 그 덕분에, 식장에 들어선 나는 목사님의 질문에 "그렇게 하겠습니다"라고 대답할 수 있었던 것 같다. 그리고 그것은 내 평생에 가장 현명한 대답이었다.

◆ ◆ ◆

1973년, 나는 터프츠대학교를 졸업하고 데이비드는 해군을 전역했다. 그 후에도 내가 생물발광이라는 주제에 도달하기까지는 여러 우여곡절이 있었다. 처음에 우리는 보스턴에 자리를 잡았지만, 곧 샌타바버라로 터전을 옮겼다. 데이비드는 브룩스사진전문

학교의 학사과정에 지원해 합격했고, 나는 UC샌타바버라 생화학과에서 석사과정을 밟기 위해서였다. 2년 후 내가 석사과정을 마쳤을 때 데이비드는 졸업을 1년 앞두고 있었다. 나는 동부로 돌아가 그곳의 대학교 박사과정에 지원할 생각이었지만, 그전까지 일할 곳이 필요했다. 나는 신경생물학자 짐 케이스를 찾아가기로 했다. 그는 내가 무척 좋아하던 수업의 담당 교수였다.

짐 케이스는 마치 멜론에 안경을 씌워 놓은 것 같은 매끈한 대머리와 천연덕스러운 유머가 특징이었다. 거기에 무난한 스웨터와 넥타이까지 더해지면 농담이 농담으로 안 들리고 때로는 사악하게 들리기까지 했다. 일자리를 부탁하는 나에게 그가 한 대답도 처음에는 농담인 줄 알았다. "대학원생이 연구보조원보다 싸게 먹히죠." 나는 1분쯤 지나서야 그것이 나에게 자신의 실험실 유급 대학원생 조교 자리를 제안한다는 뜻이라는 것을 깨달았다. 그는 위층 실험실의 비어트리스 스위니와 공동연구를 하고 있는데, 마침 스위니 교수가 배양하고 있는 발광 와편모충의 전기생리학 연구에 참여할 박사과정 학생을 물색 중이었다고 설명했다. 위층에 가서 스위니 교수에게 그 프로젝트에 관해 들어 보라고도 했다.

희고 고운 단발머리와 편안한 캐주얼 차림에 슬리퍼까지, 스위니 교수의 첫인상은 케이스와 정반대였다. 그녀는 에너지가 넘치고 집중력이 강했으며, 내가 연구실에 찾아갔을 때 그 집중력은 나를 향해 발휘되었다. 그녀는 '생물발광'이라는 것에 관해 열정적으로 설명했고, 나는 묵묵히 듣다가 이따금 고개를 끄덕임으로써 나의 무지함을 감춰 보려고 했다.

나는 그 용어의 뜻을 어림짐작할 뿐이었지만, 그 사실을 스위니 교수에게 말할 필요성은 느끼지 못했다. 설명을 마친 그녀는 나를 실험실로 데려갔고, 대형 냉장고처럼 생긴 배양기를 연 뒤 커다란 삼각플라스크 하나를 꺼냈다. 플라스크에는 적은 양의 어떤 액체가 들어 있었는데, 와편모충 한 종류를 배양하고 있는 것이라고 했다. 그 이름은 '피로키스티스 푸시포르미스(이후 P.푸시포르미스로 표기)'인데, '럭비공 모양의 불 주머니'라는 뜻이라고도 했다. 아름다운 이름이라고 생각했다. 그녀는 플라스크를 들어 올려 전등에 비추며 세포 하나하나가 매우 커서 현미경 없이도 볼 수 있다고 했다. 프로젝트의 목적이 이 세포 중 하나의 안쪽에 전극을 심어 생물발광을 야기하는 전기적 활동을 기록하는 것이었으므로, 세포의 크기가 크다는 것은 중요한 특징이었다. 스위니 교수가 불을 끄고 플라스크를 빙글빙글 흔들었다. 그러자 마법이 일어났다. 플라스크 가장자리를 따라 반짝이는 액체의 소용돌이에서 눈부신 푸른 빛이 뿜어져 나와 그녀의 얼굴을 비췄다. 나는 숨이 턱 막혔다.

그런 것을 보면 누구라도 이렇게 질문하게 될 것이다. 어떻게 빛을 내는 걸까? 그리고 그것은 내가 대학원을 다니며 답해야 할 질문이 되었다. 그렇게 난 생물발광의 마력에 걸려들었다.

아무도 본 적 없던 바다

3장

첫 번째 섬광의

수수께끼

　그날 저녁 집으로 돌아와 데이비드에게 놀라운 취업 면접 결과를 알려 준 후, 최근에 구입한 백과사전에서 '생물발광' 항목을 찾아보았다. 반쪽도 안 되는 분량의 짧은 설명이 있었고, 그 정의는 간단했다. '생물에 의해 생성되는 화학적 빛.' 그 빛이 어떻게 생성되는지에 대한 설명은 지속적인 불빛으로 나타날 수도 있고 반짝 나타났다 사라질 수도 있다는 것, 효소-기질 반응과 관련된다는 것, 종에 따라 기질 및 효소에 해당하는 화학물질이 다르다는 것뿐이었다. 육상생물 중에는 반딧불이가 잘 알려져 있지만 그보다 덜 알려진 지렁이류와 버섯류도 있다고 쓰여 있었고, 녹색의 빛을 내는 종 모양의 독버섯 삽화도 볼 수 있었다. 빛을 미끼 삼아 먹이를 유인하는 심해어, 먹물 대신 빛을 내는 분비물을 방출하는 오징어와 갑각류 동물들에 대한 언급도 있었다. 세균 같은 현미경적 크기의 발광생물도 있다고 했다. 비지의 플라스크에서 본 와편모충도 발광 미생물의 한 예로 언급되었다. 그리고 그 항목 맨 끝에 적힌 저자 이름이 바로 '비어트리스 M. 스위니'였다.

　나중에야 안 사실이지만, 스위니와 짐 케이스는 생물발광 분야의 슈퍼스타였다. 스위니는 발광 와편모충류의 24시간 주기 리듬에 관한 획기적인 연구를 통해 온도와 조도가 생체시계에 어떻게 영향을 끼치는지를 밝혔으며, 케이스는 반딧불이의 신경생리학적 제어 시스템을 주로 연구해 왔다. 그들이 P.푸시포르미스가 생물발광 연구의 좋은 모델이 될 수 있다고 생각하게 된 계기는 로저 에커트가 최근에 발표한 선구자적 연구 때문이었다. 에커트는 다른 종류의 발광 와편모충에 전극을 심었는데, 그것은 '반짝거리는 야광'이라는 뜻의 '녹틸루카 스킨틸란스(이후 N.스킨틸란스로 표기)'로, P.푸시포르미스 못지않게 아름다운 이름이었다. 와편모충에 미소전극을 삽입한다는 것이 쉬운 일은 아닐 것 같았지만, 와편모충류 중 가장 큰 N.스킨틸란스라면 가능하겠다는 생각도 들었다.

◆ ◆ ◆

와편모충이 단세포생물이라고 해서 이 생물이 단순하다고 생각하면 오산이다. 오히려 그 다양성과 독특한 특징은 압도적이기까지 하다. 와편모충류는 여기저기에 산다. 약 85%가 바다에 살지만, 민물이나 민물과 바다가 만나는 강 하구에 서식하는 종도 있다. 일부 종은 눈과 해빙에서 살고, 어떤 종은 갑각류나 어류 등 다른 동물에 기생하며, 또 어떤 종은 산호 안에 공생한다. 어떤 이유에서인지는 몰라도 세포 당 DNA 수가 인간보다 많고, 일부는 인간의 100배에 가까운 세포 당 DNA 수를 자랑한다.

독소를 만드는 와편모충도 있는데, 대량으로 독성이 분출되면 물을 붉게 만드는 이른바 '적조 현상'을 유발하며, 이 독소가 인간이 먹는 조개나 물고기에 축적되면 치명적인 식중독을 일으킬 수도 있다. 실제로 보잘것없어 보이는 와편모충류에 의한 연간 사망자 수는 상어의 습격에 의한 인명 피해의 10배나 된다.

그 다양성도 상상을 초월한다. 크기도 20미크론에서 2,000미크론(2mm)에 이르기까지 다양하고, 미끈하고 둥글고 말랑한 것이 있는가 하면 가시와 갑피, 2개의 편모를 지닌 것도 있다. 후자의 형태가 더 흔하게 발견되며, 와편모충의 이름도 그 모양에 따라 붙여진 것이다.

일부 종이 빛을 낸나는 사실은 와편모중류에 신비감을 더해 준다. 발광 와편모충은 '야광충'이라고 불린다. 야광충이 있는 곳에서는 물에 무엇인가가 조금만 닿아도 물결 하나하나에서 타는 듯한 빛과 푸른 냉광의 소용돌이가 일어나면서 숨 막히는 조명 쇼가 펼쳐진다. 찰스 다윈은 우루과이 해안을 지나는 비글호의 갑판에서 이 조명 쇼를 목격하고 그 모습을 생생하게 묘사했다.

"아주 어둡던 어느 날 밤 라플라타강에서 조금 남쪽으로 내려왔을 때, 바다가 무척 아름답고 놀라운 장관을 선사했다. 선선한 미풍이 불고 낮에 거품을 일으키던 수면의 모든 곳이 이제는 창백한 빛으로 빛났다. 뱃머리가 액상의 인광성 물질 같은 것을 가르며 나아가면 배가 지나간 자리에 기다란 우윳빛 자취가 남았다. 시야에 들어오는 모든 파도 마루가 밝게 빛나고, 칠흑 같은 머리 위 하늘과 달리 수평선 바로 위의 하늘은 이 검푸른 불빛의 반사 덕분에 그렇게 깜깜하지 않았다."

아무도 본 적 없던 바다

이 현상은 대부분의 사람들이 생각하는 것보다 흔하다. 우리가 그것을 흔히 접하지 못하는 것은 와편모충의 조명 쇼가 일어날 가능성이 높은 해안에 가더라도 선박과 해안의 인간 거주지에서 사용하는 인공조명이 생물발광을 압도하기 때문이다.

또 물 한 컵만 해도 발광생물의 세포가 수백만 개 들어 있을 수 있지만 언제 집단적인 발광이 일어날지를 확실히 예상하기란 불가능하다. 비가 왔을 때처럼 영양분이 공급된 후에 자주 일어난다는 정도가 알려져 있을 뿐이다. 그러나 몇몇 특별한 장소는 발광 와편모충이 1년 내내 풍부하게 존재해서 '생물발광 만'이라고 불리기도 한다. 그러한 장소가 되려면 몇 가지 조건이 충족되어야 한다. 열대기후라야 하고, 물길이 좁아서 조류의 흐름이 작은 얕은 만이어야 한다. 만의 가장자리는 건강한 맹그로브 숲이 빽빽해야 하며, 바람도 와편모충들이 만에 오래 머무르게 하는 방향으로 불어야 한다. 그런 마법 같은 장소는 당연히 많은 관광객을 끌어들이므로, 결국 환경을 망가뜨릴 때가 많다. 여러 생물발광 만이 빛 공해, 자외선 차단제, 모터보트, 해안 개발, 공사장이나 도로, 주차장 건설로 인한 오염 물질 등 인간에 의한 스트레스 요인 때문에 피해를 입었다.

뱃사람들 사이에서는 예로부터 와편모충의 생물발광이 잘 알려져 있었지만, 그 원인을 알게 된 것은 오래되지 않았다. 고대 그리스 철학자 아리스토텔레스는 밤에 바다가 자극을 받으면 번개처럼 빛을 발한다고 묘사했다. 그로부터 2천 년 후, 벤저민 프랭클린도 비슷한 비유를 했다. 프랭클린은 실제로 번개가 바다에서 나온다고 믿었다. 그는 바닷물이 반짝거리는 모습을 관찰하고 그 빛이 물과 염분의 마찰에 의해 전기가 발생한 결과일 것이라고 짐작했다. 그러나 뛰어난 과학자였던 그는 반짝거리는 병에 담은 해수 표본이 처음에 흔들었을 때는 빛을 만들어 내지만 시간이 지날수록 빛을 생성하는 능력을 상실하는 것을 보고 이 가설에 의문을 갖기 시작했다. 또한 민물에서는 바다의 염분을 넣어도 빛이 생성되지 않았다. 프랭클린은 한 편지에서 이러한 실험 결과들을 바탕으로 이렇게 썼다. "저는 이전에 세웠던 가설에 처음으로 의문을 품게 되었으며, 바닷물이 빛나는 다른 원리가 있을지 모른다고 생각하기 시작했습니다." 이 새로운 관점은 자연 현상에 대한 또 한 명의 예리한 관찰자이자 당시 매사추세츠 주지사였던 제임스 보든에게서 한 통의 편지를 받으면서 더욱 확고해졌다. 그는 해수를 헝겊에 여과시키면 반짝임이 사라진다는 사실을 프랭클린에게 알려 주면서 가설을 하나 제시했다. "그 현상은 해수면에 떠다니는 엄청난 수의 작은 동물 때문에 일어난 것일 수 있습니다." 프랭클린은 수긍했다. 그리고 그에 따라 번개가 바다에서 나온다는 가설도 폐기할 수밖에 없었다.

와편모충은 동물도 식물도 아니며, 대개 세포 하나로 이루어진 원생생물(아메바, 짚신벌레, 조류 등 동물계, 식물계, 균계 중 어느 것에도 포함

아무도 본 적 없던 바다

되지 않는 진핵생물)이라는 큰 생물군에 속한다. 알려져 있는 와편모충의 약 절반은 식물처럼 운동성이 없고 광합성을 통해 에너지를 얻는 반면, 나머지 절반은 동물처럼 운동성이 있고 다른 생물을 먹이로 삼아 에너지를 얻는다. N.스킨틸란스는 동물성, P.푸시포르미스는 식물성 와편모충이다. 이 두 종이 빛을 만들어 내는 능력에 있어서 얼마나 다른지 밝히는 것이 내 박사학위 논문의 소주제 중 하나였다.

내가 학위논문을 위한 연구를 시작했을 때는 와편모충의 빛 생성에 관여하는 루시페린과 루시페라아제가 밝혀지기 전이었다. 알려진 사실은 신틸론이라는 세포소기관(미토콘드리아, 엽록소 등 자체적인 막을 지닌 세포 내 기관)이 빛을 만들어 낸다는 것뿐이었다. 다시 말해 와편모충에 충격이 가해지면 신틸론이 섬광을 일으킨다. 이제 해야 할 질문은 '어떻게?'였다.

모든 생명체는 환경의 변화에 대응하기 위한 수단을 갖고 있다. 그 역할을 하는, 즉 주변의 변화에 따라 신체를 변화시키는 기관, 세포, 시스템을 '효과기 시스템effector system'이라고 한다. 400℃의 오븐에서 방금 꺼낸 캐서롤 냄비 뚜껑을 무심결에 맨손으로 잡았다고 하자. 그러면 뇌가 통증을 인지하기도 전에 손을 떼게 될 것이다. 이것은 일련의 놀라운 과정이 있기 때문에 가능한 일이다. 우선 감각 뉴런이 잠재적으로 위해를 끼칠 수 있는 자극을 감지하고 신경 신호를 척수에 전달하면, 척수에서 중계 뉴런이 그 신호를 운동 뉴런에게 전달한다. 운동 뉴런은 신경 신호를 근육이라는 효과기로 되돌려 보내고, 그러면 근수축이 일어나면서 손을 잡아당긴다. 분자 수준에서 설명하자면, 근육 세포의 수축은 액틴과 미오신이라는 2개의 큰 분자 사이의 미끄러짐에 기인한다. 효과기 시스템에서 대개 이와 같이 큰 분자들의 작동을 촉발하는 것은 전하를 띤 매우 작은 원자, 즉 이온이다.

빛광 와편모충의 심광도 효과기 시스템의 일종이다. 세포에 충격이 가해지는 것과 같은 물리적 자극은 전기적 신호를 발생시키고, 이 신호가 신틸론에서 빛의 방출을 일으킨다. 뜨거운 냄비 뚜껑을 맨손으로 잡는 바보 같은 행동으로부터 우리를 보호하는 회피반사처럼, 와편모충의 생물발광도 의식적인 노력 없이 일어나는 반응이다. 다만 이 경우에는 세포 하나에서 이 모든 일이 일어난다.

생명체의 진동, 박동, 발광은 '흥분막excitable membrane' 때문에 일어난다. 우리가 움직이고 생각하고 존재할 수 있는 것은 세포가 전기적 신호를 전송할 줄 알기 때문이다. 그러나 이것은 전자제품에서 일어나는 일과는 매우 다르다. 전자제품에서는 말 그대로 전자가 이동하지만 세포에서의 전기적 신호는 여러 막을 넘나드는 이온 흐름의 결과물이다.

전형적인 뉴런에는 '축삭axon'이라는 길고 가느다란 돌기가 나와 있어서, 나트륨 및 칼륨 이온 통로의 개폐가 축삭을 따라 눈 깜짝할 새보다 짧은 시간 안에 전파된다. 빠르다고는 해도 전기적 신호에 비하면 엄청나게 느린 속도지만, 진화적 관점에서 볼 때 포식자를 피할 수 있는 속도만 되면 충분하다. 예를 들어 바퀴벌레의 거대신경섬유는 전도 속도가 약 10m/sec다. 12게이지짜리 전선을 통해 흐르는 전기와 비교하면 2,800만 배 느리지만, 우리가 바퀴벌레를 밟으려고 할 때는 충분히 피할 수 있는 속도다.

P.푸시포르미스에는 축삭은 없지만 흥분막이 있으며, 나는 흥분막의 전기적 들뜸과 그것이 만들어 내는 빛 사이의 연관성을 연구하고 싶었다. 그러려면 실험 장비에 영역 표시를 하는 법부터 배워야 했다.

◆ ◆ ◆

케이스의 실험실은 생물과학동 건물 1층의 약 4분의 1을 차지할 만큼 규모가 컸다. 그 건물은 언덕 꼭대기에 있어서 바다가 한눈에 내려다보였다. 주 연구실을 중심으로 여러 개의 작은 방이 배치되어 있었는데, 대부분은 서로 다른 환경 조건에서 신경다발이나 개별 뉴런의 전기적 활동을 기록하기 위한 실험실이었다. 방마다 오실로스코프, 증폭기, 고전압 전원장치, 광전증폭관 등 과학도를 위한 멋진 장난감이 가득했다. 그야말로 테크놀로지의 천국이었다. 단 한 가지 문제가 있었다. 실험실 신참인 나에게는 서열 꼴찌가 으레 그렇듯 다른 사람들이 다 차지하고 남은 장비와 공간만 주어졌다. 실험실 동료들(모두 열두 명이었다)은 무척 친절하고 늘 흔쾌히 나를 도와주었지만, 실험실의 가장 중요한 장비에 관한 한은 예외였다. 모든 주요 장비에는 커다란 이름표와 손대면 죽는다는 경고 문구가 붙어 있었다.

케이스가 배출한 대학원생 중에는 깊은 인상을 줄 만큼 출중한 학문적 성과를 거둔 사람이 많았다. 그는 이러한 결과가 선의의 방치라는 자신의 정책 덕분이라고 말하곤 했다. 그의 지도학생들은 다른 실험실에서보다 훨씬 더 많은 시간을 자신이 사용하는 장비 앞에서 보냈다. 내가 실험실에 출근한 첫날, 케이스는 실험실을 안내해 준 후 조금은 퉁명스러운 말투로 린다와 같은 방을 쓰면 될 거라고 했다. 린다는 반딧불이 생물발광의 전기생리학을 연구하고 있는 대학원생이었다.

린다의 방에는 내가 필요로 하는 모든 장비가 갖추어져 있었지만, 장비를 공유한다는 것은 좌석이나 거울 방향을 나와 전혀 다르게 쓰는 사람과 자동차를 공유하는 것과 같다. 린다는 당연히 방을 함께 쓰는 것을 탐탁지 않아 했으므로 신경을 거스르지 않으려면 장비 사용 시간을 그녀의 일정에 전적으로 맞춰야 했다. 더불어 장비를 원상복귀로 세팅해 놓고, 미세조작기 위치와 의자 높이, 현미경 초점을 그녀가 쓰던 대로 유지하는 등 나의 존재감을 반드시 없애야 했다.

일정 조정이 가장 문제였다. 내가 원할 때만 P.푸시포르미스가 발광을 하라는 법이 없기 때문이다. 발광은 밤에만 일어났지만 다행히 배양기의 조명 사이클을 밤낮이 바뀌게 설정하면, 낮 시간에 발광을 일으키도록 속일 수 있어서 내가 야행성이 될 필요는 없었다. 그러나 야간 모드일 때 외부의 빛이 일정 광량 이상 들어오면 생물발광이 중단되므로 모든 현미경 조작을 적색광 아래에서 해야 했다. 발광의 중단은 막을 수 있었지만 나는 내가 무엇을 하고 있는지 보는 게 무척 힘들었다.

일관된 발광을 측정하기도 힘들었다. P.푸시포르미스의 발광은 매우 변덕스러워 보였다. 처음 이 문제에 부딪힌 것은 막의 흥분성을 실험하기 위한 측정을 하고 있었을 때였다. 내가 잠시 방을 나갔다 돌아와서 자극을 적용해 보니 문자 그대로 그래프를 벗어난 섬광이 나타났다. 빛이 너무 밝아 증폭기의 측정 최대치에 이른 것이었다. 그냥 밝아지기만 한 것이 아니라 빛을 내는 속도도 매우 빨라졌다. 자극에 대한 반응 속도와 주기 모두가 빨라진 것이다. P.푸시포르미스는 더 짧은 시간에 더 많은 빛을 내뿜고 있었다. 전혀 예상하지 못한 일이라 처음에는 광 측정 시스템이 고장 난 줄 알았지만, 현미경으로 세포를 관찰해 보니 의문의 여지가 없었다. 그것은 첫 번째 섬광의 위력이었다.

나는 다른 자극이 전혀 없을 때 하나의 세포가 어떤 빛을 얼마나 생성하는지 궁금해지기 시작했다. 관찰 행위의 영향 없이 생물의 발광 능력을 관찰하려면 어떻게 해야 할까? 당시에 예상했던 바는 아니지만, 이것은 내 평생의 연구 주제가 되었다.

제대로 실험을 하려면 아무나 들어와서 조명을 켤 수 없는 암실이 필요했다. 다행히 실험실 개편으로 주 실험실 바로 옆의 작은 방 하나를 내가 쓸 수 있게 되었다. 이제 필요한 것은 드나들 때 빛이 새어 들어오지 않게 하는 방법이었다. 다른 지역에서 열린 학회로 실험실이 거의 비게 된 어느 주말, 나는 데이비드와 실험실에 갔다. 우리는 문 바로 안쪽에 단단한 목재 프레임을 설치하고 벽면에 검은색의 튼튼한 플라스틱 시트를 부착하여 빛이 새지 않는 선실을 만들었다. 데이비드의 아이디어와 손재주 덕분에 주 출입구를 닫은 후에 빛의 유입 없이 여닫을 수 있는 미닫이문까지 설치하고 나니 우리가 해낸 일이 경이롭기까지 했다.

나는 그 시공간이 준 자유로움에 도취되었다. 이제는 아무런 방해도 받지 않고 어둠 속에 홀로 앉아서 와편모충의 발광을 관찰할 수 있었다. 아무런 자극도 받지 않은 세포가 만들어 내는 일련의 발광을 기록하는 첫 경험은 짜릿했다.

그것은 이제까지 아무도 본 적 없는 광경이었고, 기묘하면서도 경이로웠다. 첫 번째 섬광은 이후의 섬광보다 10배 더 밝고 15배 더 빠르게 반짝거렸다. 그 기저의 원인을 알기 위해서는 세포 내부 작동을 시각화할 필요가 있었다. 현미경으로도 많은 것을 볼 수는 있었지만, 빛과 함께 많은 일이 너무 빠르게 일어나므로, 더 세밀한 분석을 위해서는 고해상도 영상증폭기가 필요했는데, 안타깝게도 이 장치는 엄청나게 비쌌다.

케이스는 해군연구청에서 소소한 연구비를 받는데, 내가 쓸 수 있는 돈은 그 일부였다. 그 무렵에 해군연구청은 해군의 관심

분야와 관련된 기초과학 프로젝트들에 자금을 지원하고 있었다. 그들이 생물발광에 관심을 가진 것은 전략적인 이유에서였다. 1차 세계대전 때 마지막으로 투입된 독일 잠수함은 음향탐지가 아닌 다른 경로로 발견되었다. 바로 잠수함에 의해 자극을 받은 발광생물 때문에 잠수함의 위치가 명확하게 드러난 것이다. 고양이와 쥐의 싸움 같은 잠수함 작전에서 생물발광은 쫓기는 쪽이나 쫓는 쪽 모두에게 중요했다.

해군연구청은 생물발광에 관한 이해를 높일 수 있으리라는 기대로 케이스의 반딧불이 연구에 자금을 지원해 왔으며, 내가 하는 와편모충 연구는 그들의 기대감을 더욱 높였다. 케이스는 분명 프로젝트를 제안할 때부터 그런 반응이 나올 것을 염두에 두고 있었을 것이다. 결론적으로, 케이스는 다음 회차의 지원금 심사에서 내가 발견한 것을 보고하며 고성능 영상증폭기를 포함한 여러 새 장비 구입비를 요청했고 이는 승인되었다.

◆ ◆ ◆

이제 나는 나만의 암실과 장비를 포함하여 내가 갖고 싶어 했던 모든 장난감을 갖게 되었다. 그곳에서 내가 본 것은 현미경 크기의 '호기심의 방'과도 같았다. 다만 16세기 수집가들의 호기심의 방이 죽은 것들로 가득한 어둡고 먼지 쌓인 방이었다면, 나의 호기심의 방은 빛이 찬란한 방이었고, 그 빛이 드러내는 세포의 내부 작동은 끊임없이 그 방의 가구를 재배치하는 것처럼 보였다. 이곳에서 나는 첫 번째 섬광과 이후 섬광 간 차이가 왜 생기는지, 섬광을 일으키는 전기적 활동이 어떻게 일어나는지 등에 대해 많은 것을 알아냈다. 그리고 또 하나 발견한 사실은 빛이 생성되지 않는 낮 동안에도 빛을 일으키는 활동전위가 일어난다는 것이었다.

생물발광을 끄는 스위치는 활동전위의 중단이 아니라 세포 내부의 전면적인 재배치에 있었다. 낮 동안 신틸론은 세포 가장자리를 떠나 세포 중심부의 핵 주위로 모여들고, 불투명한 엽록체(광합성이 일어나는 세포소기관)가 바깥쪽으로 이동하여 빛을 가능한 한 많이 흡수하기 위해 집광용 태양전지판처럼 세포 표면 전체에 퍼졌다. 밤에는 정반대로 재배치된다. 즉, 엽록체가 핵 주위에 군집하고 신틸론은 최대한으로 빛을 방출하기 위해 세포 표면에 퍼졌다. 일출, 일몰 시점에 세포소기관들이 핵 주위에서 일사분란하게 이리저리 움직이는 모습을 보고 있자니, 미래의 우주정거장이 러시아워 때 이런 모습일 것 같았다.

이 세포들에는 뇌도 없고 눈이 있을 리도 만무하며, 헤엄도 칠 줄 모른다. 그저 물이 데려다주는 대로 떠다닐 뿐이다. 그런데 이렇게 복잡한 제어 메커니즘과 별난 점멸 패턴이 대체 왜 필요한 것일까?

와편모충이 빛을 내는 목적을 도저히 이해할 수 없어서 다른 세포 기능의 단순한 부산물일 것이라고 짐작하던 때도 있었다. 그러나 생물발광이 그것이 효과를 발휘할 수 있는 밤에만 일어나며 명확히 하루 주기로 일어난다는 사실은 분명 어떤 목적이 있음을 시사했다.

생물발광이 방어를 위한 거라는 가능성이 제기된 것은 1972년에 이루어진 한 멋진 실험에 의해서였다. 이 실험은 와편모충 발광의 일일 주기 리듬을 이용하여 와편모충을 먹이로 삼는 대표적인 포식자인 요각류가 낮보다 밤에 와편모충을 덜 먹는다는 사실을 입증했다. 빛을 내면서까지 요각류의 야간 먹이 활동을 막아야 하는 이유는 무엇일까?

대부분의 요각류는 붓 같은 부속기관으로 물결, 좀 더 과학적으로 표현하자면 '먹이유동feeding current'을 만들어 식물성 플랑크톤이 입에 들어오게 만드는 방식으로 먹이를 먹는다. 하수구로 물이 내려가듯이, 쓸려 들어오는 것이라면 아무거나 먹는다는 뜻으로 오해하면 안 된다. 요각류는 먹이유동을 제어하여 먹을 수 있는 것과 그렇지 않은 것을 가려낼 수 있다.

따라서 한 가지 가설은 섬광이 독성이 있음을 경고하여 요각류가 빛을 내는 세포를 거부할 수 있게 해 준다는 것이다. 많은 발광 와편모충류는 독소를 지닌다. 독성이 있다는 것은 포식자를 저지하는 좋은 방법이지만, 포식자가 피해야 할 먹이를 인식할 때만 유효한 방법이기도 하다. 독성이 있는지 알아보기 위해 번번이 먹이를 조금씩 맛봐야 한다면, 결국 먹이도 다치거나 죽고 포식자도 아프거나 죽는, 모두가 지는 싸움이 될 것이다. 먹이가 독성이 있음을 알려 주어 포식자가 멀리서 독성이 있는 먹이를 알아볼 수 있으면 양쪽 모두에게 훨씬 더 좋은 일이 아니겠는가. 독소를 지닌 제왕나비의 날개가 그 예다. 선명한 주황색과 검은색으로 이루어진 이 날개는 효과적으로 '나를 먹지 마. 안 그러면 후회할 거야!'라는 메시지를 전달한다. 어쩌면 와편모충류도 똑같은 메시지를 전달하는 것일지 모른다.

또 다른 가설은 발광 와편모충류의 섬광이 도난경보기 역할을 한다는 것이다. 자동차 경보 시스템의 경적 소리와 점멸 등은 도난범을 노출시킨다. 그러면 도난범은 도망가거나 잡힐 위험을 감수해야 한다. 이처럼 와편모충도 어둠의 보호막에 싸여 있는 요각류를 섬광으로 노출시켜 어류처럼 눈으로 먹이를 찾아내는 포식자에게 알려 줄 수 있다.

개구리, 새, 원숭이 중에도 비명을 도난 경보로 사용하는 예들이 있다. 어떤 개구리는 갯첨서라는 땃쥐류의 공격을 받으면 하늘 위를 날던 매에게 들릴 만큼 큰 소리로 비명을 지른다. 매가 그 소리를 듣고 날아와 갯첨서를 공격하면 갯첨서가 개구리를 떨어뜨릴 수 있기 때문이다. 도난경보기의 핵심은 피식자가 죽을 위기가 닥쳤을 때 소리, 빛, 냄새 등 주의를 끌 만한 수단을 가동하여 포식자를 공격할 수 있는 더 큰 포식자에게 알리는 데 있다. 그러면 당장 상황을 모면할 기회가 생길 뿐만 아니라 잘만 하면 포식자를 영구히 제거할 수도 있다.

아무도 본 적 없던 바다

자연은 우리가 생각하는 것보다 훨씬 더 복잡할 때가 많으며, 그 복잡성은 우리가 가정을 단순화할 때—예컨대, 발광 와편모충은 모두 비슷할 것이라고 가정할 때—혼란에 빠지는 원인이 될 수 있다. 도난경보기 가설과 독성 경고 가설을 검증하기 위해 오랫동안 많은 실험이 이루어졌는데, 종종 상충되는 결과가 나왔다. 나는 와편모충의 종과 밀집도 차이가 그러한 상충되는 결과를 가장 잘 설명해 줄 것이라고 믿었다.

실험에 사용된 와편모충류 중 하나로 희미한 섬광을 방출하는 링굴로디니움 폴리에드라(이후 L. 폴리에드라로 표기)가 있다. 요각류는 생물발광이 일어나는 밤에는 L. 폴리에드라를 먹지 않는 대신, 이상하게도 낮이 되면 사탕처럼 먹어치운다. 그렇다면 독성이 없다는 뜻이고, 그러면 독성 경고 가설이 틀렸다는 얘기가 된다. 하지만 자연에는 수많은 거짓말쟁이가 있다. 독소나 그 밖의 이유로 위험한 동물의 외모를 흉내 내어 포식자의 학습된 회피행동을 이용하는 동물의 예는 많다. 산호뱀의 화려한 빨간색, 검은색, 노란색 줄무늬는 매나 코요테 같은 포식자에게 자신의 독성을 알리는 역할을 하는데, 왕뱀은 독성이 없으면서도 비슷한 줄무늬로 산호뱀인 척하여 포식자로부터 자신을 보호할 수 있다.

와편모충류에 관한 또 다른 실험에서는 섬광이 희미한데도 요각류가 도난경보기를 만난 것처럼 공격을 멈추고 도망치기도 했다. 단, 이런 결과가 나온 실험에서는 와편모충류의 밀집도가 매우 높았다. 내가 짐작하기로는 와편모충이 너무 많아지면 요각류의 먹이활동이라는 자극이 일으킨 섬광이 희미하더라도 요각류가 다른 포식자의 눈에 띌 위험이 있으므로 탈출하게 되는 것 같다.

졸업하고 한참이 지난 후, 난 우리 실험실의 뛰어난 후배 대학원생들과 함께 새로운 사실을 밝혀냈다. 발광 플랑크톤과 비발광 플랑크톤이 섞여 있을 때 밀도가 낮으면 요각류가 비발광 플랑크톤을 선택적으로 먹지만 발광 와편모충의 수가 특정 임계값을 넘어서면 비발광 먹이도 놔두고 노망친다. 반면에 P.푸시포르미스 같은 밝은 발광생물의 경우에는 단 한 번의 섬광으로도 공격자의 포식자인 어류의 주의를 끌 수 있으므로 세포 밀도와 관계없이 언제나 도난경보기 역할을 했다.

요각류가 내보내는 화학적 신호에 의해 발광 와편모충이 빛을 더 많이 방출하게 된다는 최근에 밝혀진 사실까지 더해지면 이들의 상호작용은 더 복잡해진다. 이러한 화학물질은 와편모충의 독소의 생성도 증가시킬 수 있다. 다시 말해, 포식자가 다가오면 와편모충류가 이를 감지하여 방어 기제를 조절할 수 있다는 뜻이다. 반짝이는 바닷속 세계는 새로운 사실이 밝혀질 때마다 갈수록 더 신기해진다.

생명체들 간의 관계는 복잡하기 이를 데 없다. 실험실 환경에서 생물 종 간 관계를 밝혀 발광 신호의 기능을 알아내려면 수많은 함정을 피해야만 한다. 실험실 환경에서는 단 한 마리의 생명체조차 건강하고 행복하게 건사하기 힘들다. 하물며 셋 이상 생명체의 다중 영양 상호관계를 파악해야 한다면 문제는 기하급수적으로 늘어난다.

동물의 시각적 신호가 어떤 의미를 갖는지 이해하려면 그들의 입장이 되어 보아야 한다. 즉, 그들이 사는 세상을 상상할 줄 알아야 한다. 이는 대단히 어려운 일이다. 인간의 손이 닿기 전의 자연 상태를 본 사람이 거의 없기 때문이다.

4장

해양 탐사를
떠나다

♦♦♦

나는 긴장된 마음으로 배 뒤편에서 저 깊이 사라져 가는 강철 케이블을 다시 한번 보려고 선미 쪽 갑판으로 나갔다. 약 250m 아래 케이블 끝에 매달려 있는 사람은 나의 친구이자 동료인 호세 토레스였다. 이제 곧 나에게도 와스프Wasp라는 심해 잠수복을 입을 차례가 온다. 해가 저물고 있었으므로, 내 생애 첫 심해 잠수가 다음 날로 미루어지지 않을까 걱정이 되기 시작했다. 와스프 담당자는 마지막이 제일 좋은 순서라고 말했지만, 키가 작을수록 끝 순서라는 것을 알고 있었으므로 그 말에 속지 않았다.

이 잠수복은 해저 원유 업체가 해저 600m 깊이의 석유 굴착 장치에서 작업하기 위해 개발한 것으로, 투명한 머리, 노란 튜브 모양의 몸, 집게 발이 달린 금속 팔 때문에 거대한 노란색 말벌처럼 보여서 와스프라는 이름이 붙었다. 발 부분의 잠수복 바깥쪽에는 추진장치가 달려 있고 안쪽에 이를 제어하는 스위치가 있어서 발로 조작하게 되어 있으며, 스위치가 부착된 금속판을 사용자의 키에 맞게 조절해야 한다. 잠수복 하단에 공기를 주입하여 이 금속판을 위쪽으로 밀어 올리려면 시간이 걸린다. 따라서 키 순서대로 가장 작은 사람을 맨 마지막에 배치하는 것이 합리적이다. 하지만 크리스마스를 간절히 기다릴수록 하루가 더디 가는 것처럼 느껴지듯, 나에게는 기다림의 시간이 끝없이 연장되는 것만 같았다.

이 모든 일은 3년 전, 케이스 교수 실험실에 광학 다채널 분석 기Optical Multichannel Analyzer; OMA라는 새 장난감이 등장하면서부터 시작되었다. OMA는 당시까지 개발된 분광계 중 가장 민감해서, 희미하고 일시적인 광원의 색상을 가장 잘 측정할 수 있는 장비였다. 나는 OMA가 실험실에 설치된 순간부터 손을 뗄 수 없었다.

색상을 측정하는 전통적인 방법은 프리즘이나 회절격자로 빛을 분산시키는 것이다. 백색광을 프리즘이나 회절격자에 통과시키면 무지개색으로 바뀌는데, 이 무지개색을 고감도 광검출기로 스캔하면 무지개를 구성하는 각각의 가는 띠, 즉 스펙트럼을 차례로 측정할 수 있다. 그러나 이 방법을 적용하려면 측정 대상이 안정적인 광원의 스펙트럼이라야 했다. 당연히 생물발광처럼 짧은 섬광의 경우는 불가능했다. 그런데 OMA는 무지개의 여러 부분을 한 번에 측정할 수 있었고 스캔 과정의 필요성을 제거했다. 그것은 완전히 새로운 생물발광 연구 방법을 열어 준 놀라운 기술적 돌파구였다.

분광계를 통해서 본 색에는 온갖 흥미로운 이야기가 들어 있다. 그것은 우리 눈을 굴복시키는 속임수에 영향받지 않는다. 내가 병원에서 경험한 노란 장미 사건에서 알 수 있듯이, 우리의 뇌가 색상을 정확히 보고할 것이라고 믿으면 안 된다. 우리의 색각의 기초인 적색, 녹색, 청색 원뿔세포가 감지하기에 너무 희미한 빛인 경우, 더 민감한 막대세포가 업무를 인계받아 빛을 보고하게 되는데 그 경우 색상을 구별하지 못한다. 그럼에도 불구하고 우리의 뇌는 실제 데이터가 아닌 추정에 의해 (빨간 장미처럼) 특정 색상이라고 인식하는 경우가 생긴다.

심지어 원뿔세포가 감지할 만큼 충분히 밝더라도 속을 수 있다. 예를 들어 우리 눈에는 순수한 녹색광이 청색광과 황색광의 혼합과 똑같이 보일 수 있으며, 우리가 백색광이라고 부르는 것도 세 종류의 원뿔세포를 동일한 강도로 자극하는 여러 색의 조합일 수 있다. 바다의 색에는 동물들이 왜 보이게, 혹은 보이지 않게 되는지, 그들의 발광 능력이 어떤 의사소통을 위해 진화했는지에 관한 중요한 정보가 들어 있다. 스펙트럼으로 표시되는 특정 색상의 상대적 기여도와 관련된 세부사항을 들여다보면 빛을 생성하는 화학물질에 관한 힌트를 얻을 수도 있다. 살아 있는 심해 발광생물에 접근할 수만 있다면, OMA로 그 생물발광의 스펙트럼을 측정하여 흥미롭고 새로운 발견을 할 수 있을 게 틀림없었다.

마침 다행스럽게도 케이스의 실험실 바로 옆에 짐 칠드리스의 실험실이 있었다. 칠드리스는 심해 동물 물질대사 연구의 선구자였고, 심해 동물을 산 채로 잡아 올리는 방법을 완벽하게 터득하고 있었다. 많은 사람들이 깊은 바다에 서식하는 동물을 수면 가까이로 데려오면 급격한 수압 변화로 죽는다고 오해하지만, 정작 더 치명적인 요인은 수압이 아니라 수온 변화다. 부레처럼 공기로 채워진 공간이 있어서 부피가 폭발적으로 변하면 문제가 되겠지만, 그런 기관을 갖고 있지 않은 많은 동물에게는 압력의 변화가 그렇게 큰 피해를 주지 않는다. 반면에 바다 부피의 약 90%를 차지하는 심해수는 매우 차가워서, 평균 수온이 0~3°C밖에 안 된다. 그물로 심해 동물을 포획하여 따뜻한 표층수로 끌어올리면 그 동물들은 더운 수온에 익어 버리고 만다. 칠드리스는 단열 포획 장치를 개발했는데, 그물에 잡힌 심해 동물이 그리로 들어가게 함으로써 이 동물들을 산 채로 옮길 수 있었다.

보통 그물 끝에는 포획물을 담는 끝자루^{cod end}라는 수머니가 달려 있다. 칠드리스는 그것을 굵은 PVC 튜브가 달린 주머니로 교체하고, 튜브 양끝에 볼 밸브를 달아 심해에서 밸브를 잠그면 포획물을 차가운 물과 함께 가둘 수 있게 했다. 이렇게 하면 포획한 심해 동물이 끌어 올려질 때까지 살아 있을 수 있고, 낮은 수온을 잘 유지하기만 하면 배에서도 물질대사 관련 측정을 할 수 있을 만큼 오래 생존할 수 있었다. 그것은 곧 우리가 생물발광을 연구할 만큼 오래 산 채로 붙들어 둘 수 있다는 뜻이기도 했다.

1982년, 그렇게 해서 나는 전장 34m짜리 연구선 벨레로 4호를 타고 첫 해양 탐사에 나가게 되었다. 34m는 볼링 레인 1과 용개에 해당하는 길이이므로, 그리 크지 않다고 봐야 한다. 레인 1개 길이 안에 과학자 열한 명, 선원 일곱 명, 함재묘 버피를 위한 조타실, 식당, 실험실, 수면 공간이 다 들어 있었고, 나머지 4분의 3은 팬테일, 즉 선미 갑판이었다. 건식 실험실은 가장 안쪽에 있어서 연구 장비를 조작하려면 가파른 사다리를 타고 내려가야 했고,

우리가 처음 격랑을 만났을 때는 건식 실험실에 있는 모든 물건을 날아가지 않게 단단히 묶어 놔야 했다(선상 연구 시설에는 대개 습식 실험실과 건식 실험실이 있다. 습식 실험실은 더럽고 젖은 모든 것이 처리되는 공간이며, 건식 실험실은 민감한 전자기기가 설치되어 있는 곳이다). 식당은 좁았고, 음식은 최악이었다. 내가 머무르던 4인실은 비좁은 데다가 퀴퀴한 냄새도 났다. 잠을 잘 시간도 부족하고 대개는 불편했다. 나는 이층침대 위 칸을 사용했는데 침대가 배의 진행 방향과 수직으로 놓여 있어서 배가 파도 때문에 좌우로 흔들릴 때마다 침대 발치까지 미끄러졌다가 침대 헤드까지 다시 미끄러지기를 반복해야 했다. 파도가 거칠 때는 발치의 현창에서 바닷물이 새어 들어와 매트리스가 축축해졌다. 샤워 시설은 2개밖에 없어서, 하나를 아홉 명이 함께 써야 했다. 선상 생활에 익숙한 사람들은 세 번째에서 다섯 번째 순서를 고수했는데, 처음과 마지막에는 더운 물이 나오지 않기 일쑤였기 때문이었다. 큰 볼일을 볼 때 물을 적어도 네 번은 내려야 한다는 점도 흔한 짜증 유발 요인이었다. 한 번은 동료 대학원생이 화장실 문을 홱 열고 나왔는데 그의 맨손에 똥이 들려 있었던 적도 있었다. 그는 손에 들고 있던 것을 배 바깥으로 내던지고 나서 나를 보더니 이렇게 중얼거렸다. "당최 내려가질 않잖아, 젠장할!"

이런 해양 탐사를 싫어할 사람도 많겠지만, 나는 그렇지 않았다. 그것은 내가 어릴 적 꿈꾸던 스릴 넘치는 모험이었다. 새벽 2

시에 "그물 걷어요!"라는 고함 소리가 들리면 모두 침대를 빠져나와 축축한 장비를 향해 달려갔다. 유압식 A자형 지지대 담당, 예인용 밧줄을 끄는 데 사용되는 장비인 캡스턴 담당, 냉각기에서 해수가 담긴 20ℓ짜리 카보이를 꺼내 저인망용 저장용기 옆에 두는 담당 등 제각기 갑판에서 맡은 위치, 맡은 임무가 있었다. 모두가 중요한 역할을 하고 있었고, 모두가 서로 의지하고 보살폈다. 무거운 그물을 신미 위 갑판에서 끌어당길 때 실수를 히거나 부주의하면 누군가 심한 부상을 입을 수 있었다. 그러나 끝자루를 대형 금속통 위에 놓고 볼 밸브를 열었을 때 뭔가가 나타나면 그 짧은 스트레스는 충분히 보상을 받고도 남았다. 용기 안은 플랑크톤, 크릴새우, 해파리 등이 만들어 내는 푸른색의 빛 물결로 반짝거렸다. 용기를 습식 실험실로 옮기면 모두 그 주위를 둘러싸고 맨손을 그 뼛속까지 시린 차가운 물에 담그며 동물들을 꺼내 보았다. 나도 햄스터만 한 새빨간 새우 한 마리를 꺼냈다. 붉은색의 긴 더듬이, 아름답게 조각된 듯한 등껍질, 우아한 곡선의 딱딱하고 뾰족한 가시가 있었고, 여러 개의 다리는 깃털처럼 살랑거렸다. 물에서 건져 올리자 입 양쪽의 분출구에서 사파이어색의 눈부신 빛줄기를 내뿜었다. 그 빛은 내 손바닥에 모였다가 손가락 사이로 흘러내려 용기에 떨어졌으며, 거기서도 계속 빛났다. 옆면에 보석 장식 같은 발광포를 가진 샛비늘치도 있었다. 몸이 도끼처럼 생긴 앨퉁이도 있었다. 손잡이는 꼬리, 도끼날은 은빛의 몸통이다. 바닥을 향하고 있는 도끼날 가장자리를 따라 두 줄로 발광기관이 늘어서 있어서 마치 은색에 자홍색 테를 두른 투톤 네일아트 같았다.

샛비늘치나 앨퉁이는 거의 늘 있었고, 그보다 더 특별한 놀라움을 선사하는 동물도 그물을 끌어 올릴 때마다 적어도 하나는 들어 있었다. 벨벳블랙드래곤피시는 뱀장어처럼 가늘고 긴 물고기인데, 턱에 달린 채찍을 닮은 미끼가 반짝반짝 빛을 낸다. 흡혈오징어는 다리가 8개 달린 새까만 괴물처럼 생겼다. 다리에는 뾰족한 돌기가 늘어서 있고, 각각의 다리는 얇은 피부로 서로 연결되어 있다. 다리가 시작되는 부분에 있는 거대한 눈 2개 외에, 펄럭거리는 2개의 큰 지느러미가 시작되는 부분에 또 한 쌍의 눈처럼 생긴 것이 있는데, 그것은 눈이 아니라 여닫을 수 있는 커다란 발광기관이다. 이름 자체가 신호등고기^{stoplight fish} [한국어 명칭은 쥐덫고기-옮긴이]인 것도 있다. 이 물고기의 양 눈 아래에는 빨간색 불빛을 내는 큰 발광기관이 있고, 눈 뒤쪽에는 파란색 불빛을 내는 작은 발광기관이 있다.

생물발광은 빨간색, 주황색, 노란색, 초록색, 파란색, 보라색 등 온갖 색을 띠지만, 육지에서 멀리 떨어진 외해^{外海; open ocean}에서는 파란색 빛이 압도적으로 많다. 효율적인 시각 커뮤니케이션이라는 관점에서 보면 납득이 간다. 물속에서 모든 것이 푸르게 보이는 것은 파란색이 물속에서 가장 멀리까지 전달되는 색이기 때문이다. 다른 색들은 파란색보다 먼저 분산되거나 흡수되어 점차 사라진다. 붉은색 수영복을 입은 사람과 함께 스쿠버다이빙을 해 본 적이 있다면, 적색광의 약한 투과성을 알아챘을 것이다. 물 밖에서 빨간색 수영복이 빨갛게 보이는 것은 빨간색이 적색광 이외의 다른 모든 색을 흡수하여 수영복에 반사된 적색광만 우리 눈에 들어오기 때문이다. 그런데 적색 광자가 더 이상 없는 깊은 곳까지 내려가면 수영복이 모든 빛을 흡수해 버려 검은색으로 보이게 된다.

이상하게 들릴 수도 있지만, 사물의 색은 어떤 빛을 흡수하지 않는지에 따라 규정된다. 예를 들어 엽록소가 녹색으로 보이는 것은 광합성에 필요한 에너지를 얻기 위해 적색광과 청색광을 흡수하기 때문이다. 다시 말해, 녹색 광자가 반사되어 우리 눈에 들어왔다는 것은 그것이 쓸모가 없어서 내버린 광자라는 뜻이다. 우리가 취하는 시각 정보 대부분은 거부된 광자, 즉 반사된 빛의 형태를 띤다. 그러나 스스로 광자를 방출하는 생물발광에는 이 일반 법칙이 적용되지 않는다. 이 생물발광의 절대 다수가 푸른색이라는 사실은 왜 그렇게 많은 심해 동물이 붉은색인지를 이해하는 데 도움이 된다. 빛이 청색광밖에 없다면 붉은색은 검은색과 다름없을 것이다. 적색 색소는 청색 광자를 흡수할 것이고, 그러면 포식자의 눈에 아무 빛도 반사하지 않게 된다.

해수를 뚫고 내려온 햇빛도 청색광이고 생물발광도 대개 푸른색이므로, 심해 동물 대부분의 눈은 청색광만 볼 수 있게 진화했다. 신호등고기는 흔치 않게 청색광뿐 아니라 적색광도 볼 수 있다. 이것은 이 물고기가 조준사격을 할 수단을 가졌다는 뜻이다! 또한 먹이를 볼 수 있고 몰래 접근할 수 있다는 것은 신호등고기의 대표적인 먹이인 붉은 새우의 보호색을 무력화하는 강력한 무기다. 청색광에서는 붉은색 새우가 검게 보여 감쪽같이 숨어 있을 수 있지만, 적색광에서는 어둠 속의 등대처럼 눈에 확 띌 것이다. 이점은 또 있다. 이 놀라운 물고기는 적색광을 사용하여 포식자의 시선을 끌 염려 없이 근거리의 짝짓기 후보자와 남몰래 소통할 수 있다.

나는 이런 동물들에 관해 많은 자료를 읽었고, 포르말린 속에 보존된 표본 사진이나 살아 있을 때의 모습을 추정하여 그린 삽화도 본 적이 있었다. 저인망에 잡혀 올라오는 동물 대부분이 발광생물이라는 통계치도 알고 있었다. 그러나 빛을 만들어 내는 다양한 도구와 방법을 갖고 있는 동물, 환상 속에서나 있을 법한 그 기이한 생물들이 실제로 눈앞에, 그것도 대량으로 나타나니 말문이 막혔다.

그물이 가져다준 예기치 않은 선물로 유난히 커다란 아귀도 있었다. 대개의 심해 어종은 작다. 작은 몸집이 식량이 부족한 환경에서 살아남기 유리하기 때문이다. 앨퉁이의 몸길이는 기념주화 지름만 하고, 샛비늘치도 주머니칼보다 크지 않다. 무시무시한 독사고기도 대개는 30cm가 채 되지 않는다. 아무리 흉포하게 생겼더라도 그 섬뜩한 얼굴의 주인이 자두만 하거나 심지어 자두 씨만

한 물고기라면 귀여울지 모른다. 그러나 이 아귀는 가지만큼 컸다. 아귀류가 대개 그렇듯이 거대한 입에는 바늘처럼 뾰족한 이빨이 빼곡했고, '에스카'라는 발광 미끼도 달려 있었다. 그런데 이 미끼는 만화에나 나올 법한 모습이었다. 윗입술에서 튀어나온 짧고 뭉툭한 막대의 끝에 튤립 모양의 발광기관이 달려 있고, 길고 섬세한 반투명 실 두 다발이 장식용 술처럼 달려 있었다. 이 정교한 구조는 무엇을 유인하기 위한 것일까? 먹이? 짝? 둘 다 가능하다. 어떤 미끼는 작은 먹잇감처럼 생겼고, 또 어떤 미끼는 그 눈에 띄는 생김새를 볼 때 수컷이 같은 종의 암컷을 알아볼 수 있게 해 주는 용도인 것도 같다.

수컷 아귀는 암컷에 비해 매우 작다. 수컷에게는 미끼도 없고 먹이를 잡아먹을 이빨도 없다. 아귀목에 속하는 많은 종에게 있어서 수컷이 생명을 유지하기 위한 유일한 희망은 암컷에게 빌붙는 것이다. 끝이 없어 보이는 광대한 심해의 검은 공백에서 수컷 아귀는 모든 감각을 총동원하여 어떻게든 짝이 될 만한 암컷을 찾아내서는, 그 옆구리에 달라붙어 피부를 합쳐 버리는 영원한 키스로 둘의 관계를 봉인해 버린다. 암컷의 혈류가 수컷에게 영양분을 공급하면 수컷은 그 대가로 정자를 제공한다. 이렇게 평생을 함께 붙어 산다는 것이 로맨틱하게 느껴질 수도 있겠지만 사실 그렇게 사랑이 넘치고 달콤하기만 한 관계는 아니다. 암컷 입장에서 보면 수컷 아귀는 기생자이며 정자 주머니에 불과하고, 수컷 입장에서 보면 암컷 아귀는 자기보다 50만 배나 더 무거운 데다가 못생겼다.

게다가 암컷은 성질도 고약하다. 나는 암컷 아귀가 수족관으로 옮겨진 후 얼마나 못생겼는지를 확실히 보여 줄 정면 사진을 찍으려 했는데, 그때 암컷 아귀의 포악한 성미를 확인할 수 있었다. 나는 녀석이 정면을 바라보게 하려고 기다란 붓으로 등 뒤쪽을 밀었다. 그 녀석은 내가 아무리 살살 해도 건드릴 때마다 몸을 비틀어 붓 끝을 물어뜯었다. 수컷이 접근할 때도 그렇게 공격당할 가능성이 충분했으니, 수컷은 접근 방법과 접촉 지점을 아주 주의 깊게 선택해야 했을 것이다.

탐사에서 돌아온 나는 육지 생활에 적응하기가 힘들었다. 처음에는 왜 그런지 알 수 없었다. 수면 부족, 열악한 음식, 형편없는 화장실이 그리웠던 것은 물론 아니었다. 꽤 시간이 지나서야 내가 그리워한 것은 바다에서 경험한 흥분과 동료애였음을 깨달았다. 여전히 아드레날린이 솟구치는 나에게 세상은 너무나 생기 없어 보였다. 바다에서 나와 함께했던 끈끈한 팀원들과 너무 달랐다. 우리가 끌어올린 그물에서 봤던, 그 신비한 세계를 전혀 모른 채 살아가는 그들이 한심해 보였다. 어떻게 반짝거리는 머리와 꼬리와 배, 빛나는 미끼, 빛을 뿜어내는 분출구를 가진 기이한 생명체들이 존재한다는 것은 모를 수 있단 말인가? 그렇게 굉장한 비밀이 밝혀졌는데 대체 왜 신문 1면에 실리지 않았단 말인가? 게다가 우리가 건져 올린 성질 사나운 아귀는 처음 발견된 종이었다! 대체 왜 헤드라인에 등장하지 않은 걸까? 그렇게 경이로운 세상을 대부분의 사람들이 전혀 알지 못하고 있다니, 나로서는 납득할 수 없는 일이었다.

◆◆◆

학위를 마치는 데 보낸 5년 동안 나는 정말 행복했다. 그 5년은 의심할 여지 없이 내 인생에서 최고의 학문적 경험을 한 기간이었다. 그것이 바로 졸업하고 학교를 떠날 때가 된 1982년, 대단히 좋은 기회를 눈앞에 두고도 기뻐할 수 없었던 이유다.

논문 심사가 끝난 몇 달 후, 나는 햇살 좋은 샌타바버라를 뒤로하고 한 과학자의 실험실 박사후연구원 면접을 보러 위스콘신주 매디슨으로 날아갔다. 나는 면접에 통과했고, 새로운 일에 의욕을 가져 보려고 노력했지만, 바다에서 멀리 떨어진 곳에 가야 한다고 생각하니 착잡했다. 배 위야말로 내가 있어야 할 곳이라는 생각이 들었고, 바다를 떠나는 것은 뭔가 잘못된 일 같았다. 해양 탐험가 자크 쿠스토는 이렇게 말한 적이 있다. "바다의 마법에 걸리면 그 경이로움의 그물에서 영원히 빠져나갈 수 없게 된다." 나는 그 그물에 걸렸다. 다행히 떠나기 전에 한 번 더 탐사를 나갈 기회가 있었고, 특히 더 흥미진진한 탐사가 될 것으로 예상되었다. 새로운 심해 탐사 방법이 적용될 예정이었기 때문이다.

UC샌타바버라 연구원이었던 브루스 로비슨은 중층수 어종 연구를 위해 수년 간 내가 경험했던 것 같은 해양 탐사를 진행하고 있었다. 그리고 어느 운명적인 날 그는 짐 칠드리스와 함께 교정을 거닐던 중, '도넛과 커피 무료 제공'이라는 글귀를 보았다. 그것은 해양공학 세미나 안내문이었다. 그들은 정말 도넛과 커피를 주는지 확인해 보기로 했고, 그곳에서 카페인과 설탕을 수혈받았을 뿐 아니라 와스프라는 심해 잠수복에 관한 영상과 그 활용에 관한 토론을 접하게 되었다. 로비슨은 이 장비를 과학적 연구에 활용할 수 있을지 궁금해했다.

인간이 잠수정을 타고 심해에 내려간 것은 뉴욕동물학회의 윌리엄 비비와 엔지니어 오티스 바턴이 최초였다. 그들은 1930년대 초, 버뮤다 해역에서 바턴이 설계한 구 모양의 철제 잠수정을 타고 서른다섯 차례(최대 수심 923m) 심해를 탐험했다. 강철 케이블에 매단 2,450kg짜리 구와 그 안의 두 탑승자는 증기 동력 윈치로 오르내렸으며, 비비는 직경 15cm의 현창을 통해 관찰한 것을 〈내셔널 지오그래픽〉에 게재된 일련의 논문과 『해저 800미터』라는 저서로 발표했다.

비비는 타고난 이야기꾼이었고, 그가 들려준 이야기는 미지의 세계로 통하는 문을 열어 주었다. 그는 E. O. 윌슨, 레이첼 카슨, 제인 구달, 실비아 얼 등 미래의 탐험가와 환경운동가에게 영감을 주었을 뿐 아니라 본래의 서식지에서 동물을 연구할 필요성을 호소함으로써 생태학 분야를 새롭게 개척해 나가는 데도 기여했다.

그들의 기록적인 심해 잠수 이후 잠수정 기술의 많은 진보가 있었지만 대개는 지질학자들이 해저 암석을 채취하거나 생물학자들이 심해 산호처럼 바닥에 붙어 사는 동물을 찾아내는 데 중점을 두고 설계되었다. 대부분의 해양 탐험가는 중층수를 바닥에 있는 흥미로운 대상에 도달하기 위해 통과해야 하는 황무지로 여겼다. 저인망 조사 결과와 비비의 관찰은 그렇지 않다는 사실을 시사했지만 사람들의 인식은 크게 변하지 않았고, 와스프를 중층수 탐사 도구로 활용하자는 로비의 아이디어가 쉽게 받아들여지지 않은 것도 그 때문이었다. 그는 연구비 조달에 어려움을 겪었지만 계속 문을 두들겼고, 1982년 가을에 실행된 탐사는 바로 그 결실이었다. 비록 보조하는 역할로나마 나 역시 그 과업의 일원이 될 예정이었다. 내가 맡은 역할은 중층수 서식 동물, 특히 쉽게 손상되어 그물로 잡아 올리기 어려운 심해 해파리의 발광 스펙트럼을 측정하는 것이었다.

이 탐사에 참여한다는 것만으로도 신나는 일이기는 했지만, 와스프에 대한 훈련이 되어 있지 않은 나는 다른 사람들이 전해 주는 말에 만족해야 했다. 와스프에 달린 조명을 켜고 동물을 관찰하거나 포획하는 것이 그들의 주요 임무였으므로, 나는 헤드셋을 쓰고 기회를 엿보다가 잠수 중인 연구진에게 조명을 끄고 뭐가 보이는지 정확히 말해 달라고 요청했다. 그러나 그들에게서 나온 말은 "와, 세상에! 너무 멋져요!" 같은 탄성이 대부분이었다. 나는 제발 더 구체적으로 말해 달라고 부탁했고 그들도 노력했지만 나

아무도 본 적 없던 바다

를 만족시키지는 못했다.

결국은 내가 직접 들어가는 수밖에 없는데 나는 들어갈 수 없으니, 고문이 따로 없었다. 로비는 누가 봐도 불만 가득한 얼굴을 하고 있는 나를 보고 2년 후에 와스프 탐사를 한 번 더 계획하고 있으니 그때까지 내가 여기 있다면 그 사이에 와스프 조종 훈련을 받고 직접 보러 갈 수 있을 것이라고 했다.

그것은 엄청난 제안이었다. 그러나 남들이 잘 가지 않는, 아니, 아직 가 보지 않은 길을 가겠다고 조건 좋은 박사후연구원 자리를 마다한다는 건 미친 짓 같았다. 그렇게 되면 플랜 B는 없다. 하지만 나는 퇴원 후 처음으로 플랜 B에 대한 생각을 내려놓았다. 나에게 중요한 것은 저 밑에 있는 것을 내 눈으로 보는 것뿐이었다. 위험부담? 여파? 그런 건 안중에도 없었다.

◆ ◆ ◆

2년이 지났다. 그 사이 짐 케이스는 내가 OMA를 이용한 분광 실험을 끝마칠 수 있도록 박사후연구원으로 고용해 주었고, 나는 캘리포니아에서 두 번, 하와이에서 한 번, 아프리카 북서부 해안에서 한 번, 총 네 번의 저인망 탐사에 OMA를 가져갔다. 나는 동물들의 놀라운 발광 능력을 관찰하고 연구하는 이 일을 매우 사랑했고, 그러다 보니 2년이 쏜살같이 흘러갔다. 그런데 지금은 시간이 멈춘 듯했다. 첫 심해 잠수를 목전에 두고 있기 때문이었다.

훈련 기간 중 실제로 바다에 나온 것은 처음이었지만 훈련의 단계로는 막바지였다. 이 날의 목표는 다섯 명의 예비 조종사 각각이 깊은 수심을 경험해 보는 것이었다. 기술적인 점검이라기보다는 심리적인 점검이었다. 와이니미 항구의 수심 4.6m의 훈련용 수조에서 헤엄치는 것과 몸에 딱 붙지 않는 금속 껍데기에 갇힌 채 어둡고 차가우며 드넓은 바닷속으로 수백 미터를 내려가는 것은 전혀 다른 경험이었다.

와스프를 운용하는 곳은 오셔니어링이란 회사였다. 회사는 오랫동안 선박과 유전 분야에서 일해 온 노련한 뱃사람 찰리 샌드스트롬에게 이 독특한 소규모 프로젝트의 총괄을 맡겼다. 잠수, 수중 인명 구조, 석유 굴착 작업 등 각 전문 분야의 젊은 팀원들이 그와 함께했다. 그들의 임무는 와스프가 정상 작동하도록 하여 과학자들의 생명을 지키는 일이었고, 과학자들의 임무는 와스프를 해양 탐사에 활용할 수 있는지 테스트하는 것이었다.

드디어 유압식 견인 장치가 끽끽거리는 소리가 들리고 케이블이 올라오기 시작했다. 로비가 선미로 와서 1.7cm 굵기의 강화 스틸 케이블이 감겨 올라오는 와스프 윈치 릴을 나와 함께 지켜보았다. '생명줄' 또는 '안전줄'이라고 불리는 이 케이블은 와스프에 동력을 공급하고 배와 와스프 사이의 소통을 가능케 하며, 아크릴 투명 반구로 된 관찰창 바로 위와 뒤에 장착되었다.

와스프 맨 윗부분이 수면 20m 아래까지 올라와 눈에 보이기 시

아무도 본 적 없던 바다

작하자 팬테일 뒤쪽에 기대어 서서 보고 있던 승조원이 윈치 제어 콘솔에 있는 찰리를 향해 돌아서서 두 손가락으로 자기 눈을 가리켰다. 보인다는 신호였다. 윈치가 멈추고 배 뒤쪽에 띄워 놓은 텐더에서 두 명의 스쿠버다이버가 뛰어내렸다. 그들은 와스프까지 헤엄쳐 내려가 2개의 줄을 연결했다. 이것은 900kg이나 되는 와스프가 물에서 나오면서 케이블 끝에서 휘청거려 선미에 충돌하지 않게 하는 '완충줄'이었다.

스쿠버다이버들이 작업을 마치자 다시 윈치가 작동하기 시작했다. 와스프가 나타나고 관찰창이 팬테일 높이까지 올라왔을 때 우리는 그 안에서 씩 웃고 있는 호세의 얼굴을 볼 수 있었다. 심리적 점검을 무사히 통과한 것이다. 와스프가 도킹 스테이션 역할을 하는 갑판의 금속 프레임에 안착하자마자 잠수복에서 풀려난 호세는 "굉장했어!"라고 외치며 기어 나왔다.

로비를 비롯해 다른 사람들이 모여들어 호세가 뭘 보았는지 듣고 있는 동안 나는 나의 잠수 전 점검을 시작했다. 호세가 하는 이야기를 듣고도 싶었지만 내가 직접 저 아래에 무엇이 있는지 보고 싶다는 마음이 더 컸고, 연구진 중 유일한 여성이자 최연소자로서의 책임감도 있었다. 나는 내가 준비되어 있다는 것을 보여 주어야 했고, 기다리다가 지친 찰리가 화를 내는 사태를 만들고 싶지도 않았다.

외부 점검이 끝나고 내 키에 맞게 바닥을 조정한 후 잠수복에 들어가도 좋다는 허락이 떨어졌다. 나는 호세가 나온 방향으로 들어가서 발판을 딛고 올라가 아크릴 반구를 덮고 있는 합판에 앉았다. 잠수복의 목 부분에 다리를 걸치고 몸을 비틀어 정면을 향한 다음 목 바로 아래 붙어 있는 금속 갑옷 팔에 내 양 손을 얹었다. 손과 발가락으로 체중을 지탱하면서 잠수복 안쪽으로 미끄러져 내려가자 바닥에 발이 닿았다.

다음은 내부 점검을 할 차례였다. 나는 신중하게, 그러나 가능한 한 신속하게 계기압을 읽고 추진기를 테스트하고 모든 안전 빛 비상 장비 위치와 작동 여부를 확인했다. 그간의 훈련을 통해서 비상 절차도 철저히 익혔다. 나는 이미 이 모험에 완전히 몰입해 있었다.

◆ ◆ ◆

이제 들어갈 때가 되었다. 나는 엄지손가락을 들었고, 담당자가 관찰창을 잠가 나를 와스프 안에 봉인했다. 해치가 닫히자마자 연구선에 탄 이상 어디에서도 피할 수 없던 엔진의 모든 소음이 사라지고 스크러버 팬이 돌아가는 소리만 약하게 들렸다. 내 첫 잠수는 240m까지만 내려가는 것으로 계획되어 있었다. 이는 해저 근처에도 안 가는 깊이였지만, 스쿠버다이빙으로 고작 30m 내려가 본 것이 전부인 나에게는 수심 240m도 아득한 심연으로 느껴졌다.

와스프가 물에 닿았을 때 위를 올려다보니 선미에서 나를 응시하고 있는 로비가 잠시 보였다가 이내 돔 위로 물이 차면서 시야에서 사라졌다. 나는 훈련받은 대로 관찰창 주위에 물이 새는 기미가 없는지 확인했고 통신선으로 찰리를 호출하여 "밀폐 완료"라고 보고했다. 수심 9m 지점에서 찰리가 윈치를 멈추고 게이지 수치 확인 및 수중 비상 통신 시스템 시험 가동을 지시했다. 두 가지 점검을 마치자 그가 다시 완충줄을 풀며 윈치를 가동했고, 나는 다시 내려가기 시작했다.

바깥 풍경에 집중하기 시작하면서 긴장이 풀렸다. 밀실공포증의 조짐은 없었다. 남자들에 비해 공간이 여유롭기도 했고, 무엇보다 내 온 신경은 바깥을 향해 있었다. 투명한 반구 중앙에서 바깥을 바라보면 물과 완전히 하나가 된 기분이었다. 산소나 이산화탄소 농도가 신경 쓰이지도 않았고 그다지 춥지도 않았다. 나는 내가 보고 있는 것을 받아들이는 일에 완전히 몰입했다.

스쿠버다이빙을 할 때의 내 시선은 늘 암석 노두, 해초지, 해중림, 산호초 및 그 안에 서식하는 동식물 등, 여러 종류의 고정된 표면을 향해 있었다. 그런데 이제는 내 주위 모든 방향을 둘러싸고 있는 전혀 다른 종류의 서식지를 주목하게 되었다. 중층수에는 생물이 정착할 표면이라는 것이 없다. 그곳은 모든 것이 점진적으로 변화하는 그러데이션의 세계다. 내가 아래로 내려갈수록 빛, 색, 온도, 염도, 압력, 산소, 이 모든 것이 계속 변했다.

그중에서도 빛은 깊이에 따라 기하급수적으로 감소한다. 가장 맑은 바다에서 햇빛은 약 75m 하강할 때마다 10분의 1로 감소한다. 그러나 우리가 잠수한 해협의 물은 크리스털처럼 투명하지 않았으므로, 물속의 여러 입자와 용해된 유기물이 빛을 흡수, 산란하여 훨씬 더 빨리 빛이 감소했을 것이다. 그런데 이상하게도 그렇게 보이지 않았다. 우리 눈의 주목할 만한 특징 중 하나는 선형적 센서가 아니라 지수함수적 센서라는 점이다. 우리 눈의 측정 척도는 정오의 눈부신 햇빛에서부터 깊은 숲속에 스며드는 희미한 별빛에 이르기까지, 드넓은 범위의 빛을 감지할 수 있도록 압축되어 있다. 이것은 경이로운 능력이다. 그러나 이 능력을 발휘하려면 우리 눈이 우리에게 거짓말을 해야 한다. 감지한 빛이 10분의 1로 감소해도 뇌에는 반만 줄어들었다고 보고해야 하는 것이다. 결과적으로, 나는 '스누퍼렛'이라는 와스프의 작은 투광 조명이 물속의 입자들을 비추기 시작할 때까지 빛이 얼마나 감소했는지 의식하지 못했다. 조명은 처음부터 켜져 있었지만 햇빛이 너무 밝아서 알지 못했던 것이다. 머리 위는 여전히 푸른색이었지만, 바로 내 앞, 스누퍼렛 조명 너머는 회색에서 검은색으로 점점 어두워지고 있었다.

내가 이 변화를 알아챈 것은 작은 붉은색 게 같은 것들이 있는 층까지 내려갔을 때였다. 게가 있다고? 게는 바다 밑바닥에 사는 것 아니었나? 게이지를 확인했는데 고작 수심 60m였다. 게들로 뒤덮인 이 장관을 이해해 보려고 애쓰느라 지금까지 잠수해 본 가장 깊은 곳보다 두 배 이상 내려와 있다는 사실은 안중에도 없었다. 스누퍼렛의 빛 때문에 가까이 있는 것들은 붉게 보였지만 멀리 있는 것들은 회색으로 보였고 주변과 구별하기 힘들었다. 붉은 게들은 수백 마리였는데, 벌떼가 공격하듯이 와스프의 위, 아래, 양옆에 1~2m 간격으로 매달렸다. 그러나 그들은 벌떼처럼 요란하게 에너지를 소비하면서 떠 있는 것이 아니라 집게발을 벌린 채 움직임 없이 떠 있다가 이따금 꼬리만 뒤집고는 다시 정지 자세로 돌아갔다. 스쿠버다이빙을 하거나 저인망 작업을 하면서는 본 적이 없는 녀석들이었다. 이 게들이 여기, 그것도 이렇게나 많이 있는 것이 정상일까?

우리는 탐사의 첫 몇 주 동안 이런 장면을 여러 번 목격했는데, 나중에 알게 된 바로는 이렇게 게가 무리 지어 이곳에 있는 것이 원래부터 흔한 일은 아니었다. 랑고스티노 또는 참치게라고도 불리는 이 붉은 게는 보통 샌디에이고 이남의 따뜻한 물에서 발견되는데, 이 해에는 해수면 온도가 평년보다 높아지는 엘니뇨 현상 때문에 서식 범위가 북쪽으로 확장되었던 것으로 보인다.

더 내려가자 게들은 사라지고 더 놀라운 생명체들이 나타났다. 우선 2개의 엄청나게 긴 촉수를 가진 구스베리빗해파리 한 마리가 있었는데, 각 촉수에서 머리카락 같은 가늘고 투명한 측지가 펼쳐지면서 덩치 큰 나의 방해에 빠르게 헤엄쳐 도망갔다. 그때 '나노미아'라는 관해파리가 헤엄쳐 내려왔다. 물처럼 연약해 보이는 이 생명체들의 속도와 민첩성은 놀라웠으며 이들의 운동 방식은 기이했다. 빗해파리는 빗이라고 불리는 8개의 노로 물결을 일으켜 몸을 앞으로든 뒤로든 쉽게 밀어냈고, 관해파리는 똑바로 움직일 때는 동시에, 방향을 전환할 때는 비동시적으로 수축하여 물을 펌핑하는 식으로 이동했다. 좀 더 내려가서는 15cm 정도 되는 은색 물고기가 머리를 위로 하고 수직으로 떠 있는 것을 발견했다. 대체 왜 저러고 있는 거지? 나는 나라는 존재가 내가 관찰하고 있는 동물의 행동에 얼마나 영향을 주고 있는지 궁금해지기 시작했다.

수심 240m 지점에 도달하자 찰리가 윈치를 멈추었고, 나에게 게이지 수치를 불러 달라고 했다. 와스프는 실에 매달린 티백처럼 천천히 위아래로 움직였다. 나의 첫 심해 잠수에서는 이 생명줄이 안온감의 원천이었다. 그것은 내 목소리를 찰스에게, 내 몸을 수면에서 부드럽게 물결을 타고 흔들리는 모선母船에 이어 주고 있었다. 생명줄은 동력과 통신뿐 아니라 뭔가 끔찍한 문제가 생기더라도 금방 그 심연에서 끌어 올려질 수 있다는 안도감을 주었다. 그러나 그것은 나의 자유를 제한하는 장치이기도 했다.

실제로 그런 일도 있었다. 내가 찰리와의 교신을 마쳤을 때 커다란 해파리 한 마리가 조명에 뛰어들었다. 아치형으로 구부러진 하얀 촉수들이 조명의 유리 같은 중심 원판 가장자리에 달라붙었다. 해파리는 조명이 닿는 범위를 벗어나 어둠 속으로 사라졌고 나는 뒤따라 가려고 추진기를 작동하는 풋 스위치를 밟았다. 그러나 갑자기 생명줄이 개 목줄을 잡아채듯 나를 바짝 당겼고, 내 추격은 중단됐다. 밸러스트를 조정하지 않았기 때문이었다.

밸브를 열어 밸러스트 탱크로 압축 공기를 들여보내고, 동시에 찰리를 호출해 내가 무엇을 하려고 하는지 알렸다. 찰스는 안전줄에서 눈을 떼지 말라고 경고했다. 그는 훈련을 할 때도 한순간이라도 안전줄을 시야에서 놓치는 것은 절대 금물이라고 거듭 강조했었다. 그는 줄이 잠수복 소매에 감겨 소매가 찢어지는 그림도 보여 주었다. 그렇게 되면 그 안의 다이버에게 치명적인 결과가 초래되는 것은 당연하다. 과장일 거라고 생각했지만 그렇다고 충격이 덜하지는 않았다. 나는 케이블이 느슨해진 것이 느껴지자마자 밸브를 잠그고 다시 바깥으로 시선을 돌렸다.

해파리는 이미 사라진 지 오래였다. 대신 그 자리에는 크고 우아한 새우들이 있었다. 그들은 마치 스키를 타고 쉼 없이 몰아치는 눈보라 속에서 활공하는 것처럼 보였다. 그것은 심해 새우의 일종인 '세르게스티드'였으며, 스키처럼 보이는 것은 엄청나게 긴 더듬이였다. 2개의 더듬이는 정면 아래쪽을 향하다가 급격하게 구부러져 배다리 양쪽까지 뻗어 있었다. 눈보라의 정체는 표층수에서 내려오는 바다눈^{marine snow}—죽어서 부패하고 있는 플랑크톤 및 분변립, 쉽게 말해 똥이 하얗게 응집되어 만들어진 물질—이었다. 새우들의 행진은 매혹적이었다. 그물에 잡혀 올라온 훼손된 표본과는 전혀 달랐다. 그 몸은 무늬가 조각된 유리 같았고, 선홍색을 띤 머리 바로 뒷부분 외에는 크리스털처럼 투명했다. 계속 보고 싶은 마음이 굴뚝같았지만, 시간이 없었다. 처음부터 내가 보고 싶어 했던 것을 보려면 서둘러야 했다. 인간의 눈이 어둠에 적응하는 데는 20분 이상이 걸리므로 조명을 끄고 시야가 눈에 들어올 때까지 잠시 기다릴 요량이었는데, 기다릴 필요가 없었다. 순식간에 주위가 온통 별들로 가득해졌다. 시선이 닿는 모든 곳에 반짝이는 조각들이 있었다. 촘촘하기로 말하자면 달 없는 밤 사막에서 보는 하늘과 비슷했지만, 이 별들은 가만히 떠 있지 않고 반 고흐의 〈별이 빛나는 밤〉의 삼차원 버전처럼 나를 둘러싼 모든 곳에서 소용돌이치고 있었다. 숨 막히는 장관이었다.

별 하나에 충분히 길게 초점을 맞추기가 어렵기는 했지만, 나는 곧 이것들이 단지 불연속적인 점들이 아님을 깨달았다. 그중 다수는 내부에 조명이 켜진 유기 원형질처럼 보였다. 자세히 보니 2~4개의 빛나는 알갱이가 서로 연결되어 사슬을 이루었고, 그들을 거미줄처럼 섬세한 피막이 싸고 있었다. '인어의 눈물'이라는 말이 떠올랐다. 빛은 일정하게 켜져 있지도 순간적으로 깜빡 켜졌다 꺼지지도 않았다. 마치 밝기 조절 스위치로 켠 것처럼 천천히 밝아졌으며, 동시에 켜지는 것이 아니라 하나하나 차례로 켜졌다. 나는 불빛이 얼마나 오래 켜져 있는지 재 보려고 했지만 채 꺼지기 전에 시야 밖으로 나가 버렸다.

확실하지는 않지만, 이 인어의 눈물은 와스프의 움직임에 의해 자극을 받는 것 같았다. 해수면의 파도 때문에 일어나는 배의 흔들림은 안전줄을 따라 와스프에 전달되었고, 이 때문에 와스프가 위아래로 진동하면 주변에 빛의 테두리가 생겼다. 와스프의 움직임 때문에 괴로워 눈물을 흘리는 것처럼 보였다. 이따금 눈물방울 하나가 와스프의 아크릴 돔에 직접 닿으면 구슬을 붙들고 있던 거미줄이 점점 늘어나면서 빛이 더 밝아졌다가 서서히 사라졌다. 이 인어의 눈물방울 외에도 그렇게 많지는 않았지만 다른 섬광과 희미한 불빛, 은하 구름 같은 푸른 빛 뭉치, 멀리서 3초가량 환하게 빛나다가 자취를 감추는 구형의 빛 덩어리도 섞여 있었다. 경이로우면서도 한편 당혹스러웠다.

빛을 만들어 내려면 에너지가, 그것도 많은 에너지가 든다. 에너지는 생명을 움직이는 동력이며, 결코 실없이 소비되지 않는다. 그렇다면 대체 왜 이 어마어마한 지출이 일어나고 있는 것일까? 그 장소는 왜 여기였을까?

찰리가 통신을 연결하여 마무리할 때가 되었다고 했을 때, 나는 그 사실이 도무지 믿어지지 않았다. 시간이 흐른 것 같지가 않았고, 떠나고 싶지도 않았다. 누가 왜 그 많은 빛을 만들어 내는지 미치도록 알고 싶어서 조명을 켜고 깜깜한 바깥을 샅샅이 살폈다. 세르게스티드 새우 몇 마리와 작은 해파리 한 마리가 있었지만 인어는 없었다. 조명을 켰을 때 보인 그 어떤 것도 인어의 눈물을 설명해 주지 못했다. '아무것도 없잖아!' 그게 문제였다. 그것이 더 많은 사람들이 생물발광을 연구하지 않는 이유였을 것이다.

찰리가 와스프를 인양하기 시작했고, 나는 다시 조명을 껐다.

그러자 눈앞에서 눈부신 유성우가 쏟아졌다. 가슴이 뛰었다. 이 바닷속 세계에서 빛은 대체 어떤 역할을 하는 것일까? 지상계에서 빛이 하는 역할과 비슷할까? 아니면 또 다른 역할이 있는 것일까? 이 질문들에 답하려면 무슨 실험을 해야 할까?

이런 과학적 질문들과 함께 일종의 깨달음도 찾아왔다. 이처럼 멀고 닿기 힘든 이 행성의 한 부분을 경험할 수 있고 그곳에 반짝이는 보물이 가득하다는 것을 안 이상, 다시 돌아오는 것 외에 어떤 선택의 여지가 있단 말인가?

5장

어둠 속을
헤엄치는
물고기

◆◆◆

　바다의 거울 표면은 우리 행성의 생명체들이 살아가는 공간을 두 영역으로 나누는 경계다. 공기로 채워져 있는 쪽에 우리가 살고, 물로 채워진 쪽에는 대부분의 지구 생명체들이 산다. 생명과 생명현상을 이해하려는 시도는 노벨상을 수상한 동물행동학자 니콜라스 틴베르힌이 말했듯이 '보고 궁금해하기'에서 시작된다. 틴베르헌은 동물 행동 연구에 이를 적용하여 이후 '동물행동학'으로 정립된 학문 분과의 창시자 중 한 명이 되었다. 그의 접근법에서 가장 중요한 점은 동물들을 자연 상태에서 관찰하는 것이다. 틴베르헌이 보기에 그 동물이 어떤 동물이고 어떻게 행동하는지를 좌우하는 것은 그들이 살아가는 장소에 적응하는 문제이기 때문이다.

　광활한 바닷속은 지구상에서 가장 우리가 아는 것이 적은 영역이다. 이곳을 우리 눈으로 보고 궁금해할 기회는 드물지만, 한 번이라도 가 보면 가장 두드러진 특징을 곧장 찾을 수 있다. 바로 숨을 곳이 전혀 없다는 점이다!

　육지에서는 피식자가 포식자를 피하기 위해 나무 뒤나 덤불 뒤에 숨기도 하고 은신처에 몸을 파묻기도 한다. 그러나 표층수와 해저 사이의 허허벌판 같은 중층수에서는 그런 식으로 숨을 방도가 없다. 사냥꾼과 사냥감 사이에 크리스털처럼 맑은 물밖에 없는 이곳에서 피식자는 어떻게 포식자의 탐지를 피할까?

당신이 수심 200m의 외해를 떠돌아다니는 물고기라고 상상해 보라. 아주 물이 맑다고 해도 이 깊이까지 내려가면 조도가 해수면의 1% 미만으로 떨어진다. 광합성을 할 만큼의 빛은 안 되지만, 이 정도의 빛만 있어도 앞을 볼 수는 있다. 지금 굶주린 상어가 나타나면 당신은 쉽게 먹잇감이 될 것이다. 발각되지 않는 최선의 방법은 재빨리 어둠 속으로 헤엄쳐 내려가는 것이다. 이 전략의 문제는 내가 먹을 식량을 두고 내려가야 한다는 점이다. 바다에서의 기본 식재료는 광합성으로부터 나온다. 당신이 채식주의자가 아니라고 해도 당신이 먹는 갑각류나 작은 생선은 채식주의자일 것이므로, 먹을거리를 찾으려면 그들이 먹는 식물, 즉 해수면에 사는 식물성 플랑크톤 주변으로 가야 한다는 뜻이다.

가장 좋은 해결책은 어둠을 은신처로 삼았다가 해가 진 후에 다시 해수면 근처로 올라가 허기를 채우는 것이다. 바다에 사는 수많은 동물들이 이 전략을 쓴다. 그들은 일몰 후에 해수면으로 수직이동했다가 해가 뜨기 전에 다시 내려간다. 이러한 동물 층이 너무 조밀하여 선박의 음파탐지기를 확인하면, 수심이 얕아졌다가 다시 깊어지는 것처럼 나타날 정도다.

중층수에 사는 동물의 적응을 이해하려면 이른바 '광장^{光場; light field}'이라는 것을 시각화해 볼 필요가 있다. 광장이란 공기 중이든 물속이든 공간상의 모든 지점을 통과하는 모든 방향으로의 모든 빛의 흐름을 말한다. 광장을 규명하는 것은 빛이 수중에서 어떻게 움직이는지를 알아내는 데 있어서 매우 중요해서, '해양광학'이라는 학문 분과 하나가 오로지 광장만 다루고 있을 정도다.

월리엄 비비는 수중 광장의 이상한 모습을 '낯선 빛strange illumination'이라고 표현했다. 이 표현은 그가 오티스 바턴과 함께 잠수구를 탔던 첫 심해 잠수 때 수심 210m라는 상상하기 힘든 깊이에 도달한 경험을 묘사하면서 처음 등장했다.

"인류의 역사에서 페니키아인이 처음으로 대양 항해에 겁 없이 나섰던 이후로 수천, 수만 명의 사람들이 지금 우리가 매달려 있는 깊이에 도달했고 더 깊이 내려갔다. 그러나 그들은 모두 전쟁이나 폭풍, 혹은 다른 불가항력적 이유로 익사한 희생자, 곧 죽은 몸이었다. 우리는 이 낯선 빛을 관찰한 최초의 살아 있는 사람이었다. 그리고 그 빛은 상상할 수 있는 그 어떤 빛과도 달랐다. 그것은 내가 지상 세계에서 보았던 어떤 푸른색과도 다른, 무슨 색이라고 딱히 말할 수 없는 투명한 푸른 빛이었고, 우리의 시신경을 매우 혼란스럽게 자극했다. 우리는 그저 눈부시다고밖에 말할 수 없었고, 그것을 뭐라고 불러야 할지 찾아보려고 색상표를 꺼내 들었지만, 빈 페이지와 색이 칠해진 페이지를 구별할 수도 없을 만큼 어두웠다."

비비는 햇빛이 공기에서 물로 들어가면서 얼마나 극적인 변화가 일어나는지를 목격했고, 그것을 설명하려고 했다. 가장 눈에 띄는 변화는 색상의 흡수, 즉 해수면 위에서 햇볕을 받아 노란색, 주황색, 빨간색 등 따뜻한 여러 색을 담고 있던 팔레트였던 세상이 수중으로 가면 온통 차갑고 강렬한 청록색에 적셔진다는 것이다. 여기에는 산란의 영향도 있다. 빛의 산란은 '빛에 적셔진다'라는 표현에 특별한 의미를 부여한다. 산란 효과가 없었다면 유일한 가시광선은 바로 머리 위에서 수직으로만 입사되고 수평 방향으로 먼 곳을 바라보면 검게만 보일 것이다. 그러나 실제로 그렇게 되지 않고 물 자체가 빛을 방출하는 것처럼 보이는 것은 산란의 결과다.

흡수와 산란이 함께 일어난다는 점을 고려하면 낮 시간에 중층수에 들어가면 어떤 상태일지 예측 가능하다. 사방의 조명을 받고 있는 거대한 파란색 비치볼 한가운데 들어가 있다고 상상하면 가장 적절할 것이다. 바로 머리 위의 빛이 가장 밝고, 발 밑은 그보다 200배 어둡다. 이 두 극단 사이에는 빛에서 어둠으로의 그러데이션이 만들어진다.

이제 다시 당신이 몸을 숨기려고 어둠을 향해 헤엄치는 물고기라고 상상해 보자. 눈은 믿기 힘들 정도로 예민한 감각기관이다. 심해 환경에 적응한 눈이라면 더욱 민감해서 인간의 눈에 깜깜해지기 시작하는 곳—어둠의 가장자리—보다 훨씬 깊은 수심 900m가 넘는 곳에서도 햇빛을 감지할 수 있다. 따라서 몸을 숨기려면 하루 동안 움직일 에너지를 모두 쏟아 헤엄쳐야 한다. 앨퉁이는 매일 몸길이의 7만 2천 배 거리를 헤엄쳐야 하는데, 이는 올림픽 금메달리스트 마크 스피츠가 매일 130km를 수영하는 것—최전성기 때도 그의 하루 훈련량은 최대 20km였다—과 같다. 따라서 그 거리를 줄일 수만 있다면 생존에 엄청나게 유리해질 것이다. 예를 들어 위장술이 있어서 자신을 배경에 묻혀 보이게 할 수 있다면 해수면에 좀 더 가까이 머무를 수 있고, 낮 동안 숨어 있던 어둠 속 은신처에서 저녁 식사 장소인 표층수까지의 힘든 여행을 하지 않아도 될 것이다.

배경이 완전히 밝게 드러나 있어서 어느 방향에서 보든 몸의 외형이 드러날 수밖에 없다면 어떻게 숨을 수 있을까? 이것이 바로 앨퉁이의 옆면이 은색인 이유다. 앨퉁이의 비늘은 균일하게 자신을 둘러싸고 있는 빛을 받아 뒤쪽의 빛과 흡사한 빛으로 반사한다. 이 방법은 아주 조금 위에 있거나 아래에 있는 포식자에게도 효력을 발휘한다. 비늘 거울은 몸의 어느 부분에서나 수직 방향으로 놓여 있기 때문이다. 수직으로 바로 위에 포식자가 있다면 어떻게 될까? 그 경우에는 앨퉁이의 등이 짙은 색을 띠고 있으므로 아래쪽의 어둠에 묻혀서 잘 보이지 않을 것이다. 몸의 위쪽이 아래쪽보다 어두운색을 띠는 이런 위장술은 여러 동물에게서 흔히 볼 수 있다. 이 방법은 상어 같은 동물이 위 또는 옆에서 볼 때 눈에 잘 띄지 않고 먹잇감에 쉽게 접근할 수 있게 해 준다. 이것을 '역그늘색countershading'이라고 하는데, 그늘이라는 자연적인 현상을

역이용하는 것이기 때문이다. 위에서 비추는 빛은 등을 밝게, 배를 어둡게 만든다. 레오나르도 다 빈치가 말했듯이 "그늘은 몸이 제 형체를 드러내는 수단"이라면, 역그늘색은 몸이 제 형체를 숨기는 수단이다.

그런데 포식자가 아래쪽에서 올려다본다면 밝은색의 배 때문에 가장 특징적인 그림자들을 숨길 수 없게 된다. 많은 어종이 얇은 체형을 갖고 있는 것은 이 그림자의 크기를 줄이기 위해서다. 돛새치, 청새치, 참다랑어, 청새리상어 등 가장 빠른 어종들이 둥근 몸체를 갖고 있다는 사실에서 알 수 있듯이 몸의 형태는 단순히 유체역학의 문제가 아니다. 그러나 더 완벽하게 몸을 숨기려면 어떻게든 몸이 흡수하는 빛을 다른 무엇인가로 대체해야 한다. 그것이 바로 생물발광이다. 이 위장용 생물발광을 '역조명^{counterillumi-nation}'이라고 하며, 이 방법을 사용하는 동물이 무척 많다는 점을 보면 매우 효과적인 은폐 장치임에 틀림없다.

역조명과 관련하여 내가 알게 된 가장 놀라운 사실은 동물들이 동일한 목적을 달성하기 위해 무척 다양한 방식으로 진화해 왔다는 점이다. 완벽한 위장을 위해서는 이 동물들이 방출하는 빛이 정확히 그들 위의 광장과 일치해야 한다. 그렇게 되면 자신의 몸 때문에 생긴 그늘이 생물발광으로 완벽하게 감추어지므로 역조명 아래에서 헤엄치던 포식자가 먹잇감을 볼 수 없게 된다. 이는 구름이 해를 가려 들어오는 빛이 흐려진다면 동물들도 그에 맞추어

발광을 어둡게 조절해야 한다는 뜻이다.

샛비늘치류에 속하는 일부 종은 발광포가 양 눈 바로 위에 있어서 머리 위의 빛과 자신의 발광을 비교할 수 있다. 발광포의 빛이 배경에 비해 너무 어두우면 발광을 더 밝히거나 주변 빛이 발광만큼 어두워지는 더 깊은 곳으로 헤엄쳐 내려간다. 그러나 발광의 결과물을 볼 수 없는 동물도 많으며, 그들이 어떻게 완벽하게 밝기를 일지시키는지는 불분명하다. 아마도 그들의 눈은 우리보다 훨씬 더 정확하게 빛을 측정하는 것 같다. 우리의 눈은 다양한 빛의 세기에 적응할 수 있지만, 바로 그 때문에 밝기에 대한 판단이 바로 직전의 경험에 따라 크게 달라진다. 깜깜한 방에 처음 들어갔을 때를 20분이 지난 후와 비교해 보자. 햇빛이 밝게 들어오는 곳에 있다가 어두운 방에 들어가면 아무것도 보이지 않지만, 어둠에 완전히 적응한 후에는 비교적 밝게 보일 수 있다. 이 때문에 우리 눈은 신뢰할 만한 조도계로 삼기 힘들다.

완벽하게 숨으려면 빛의 색상도 일치시켜야 한다. 그래서 많은 동물이 발광 스펙트럼을 좁혀 주는 정교한 광학 필터를 진화시켜 왔으며, 그 결과물이 우리가 심해에서 볼 수 있는 새파란 색이다. 앨퉁이의 발광기관은 끝을 자홍색으로 칠한 손톱처럼 생겼고 그래서인지 분홍색 빛을 내는 것으로 묘사된 그림을 본 적도 있지만, 실제로 생성되는 빛은 붉지 않다. 앨퉁이의 발광기관은 본래의 푸른색 발광에서 더 짧거나 긴 파장 일부를 흡수하여 완벽하게 주변 색과 일치시킨다. 백색광 아래에서 자홍색으로 보이는 것은 필터를 투과한 적색광과 청색광의 조합이 관찰자에게 반사된 결과다. 그러나 바닷속에서는 이 필터가 적색광을 투과한다는 사실이 의미가 없어진다. 적색광 자체가 없기 때문이다. 필터는 색상을 만들어 낼 수 없으며, 오로지 빼는 것만 가능하다.

빛의 세기와 색상 외에 배경의 빛에 맞추어 조정해야 할 또 한 가지는 방향성이다. 래리 케이건이라는 아티스트는 철근 같은 금속 봉으로 3D 조각을 만들어 낸다. 그 작품들은 스포트라이트를 비추어 보기 전까지는 삼차원 공간에 놓인 추상적인 낙서처럼 보인다. 그러나 조명을 켜면 빛이 조각 뒤의 벽에 그림자를 드리우면서 의자, 곤충, 체 게바라 같은 저마다의 형상이 드러나는 깨달음의 순간이 찾아온다. 이 작품들을 감상하려면 그림자까지 작품의 일부로 받아들여야 하며, 이때 그림자는 매우 방향성이 강한 광원에 의해 생성된다.

역조명도 같은 원리를 사용한다. 그들은 발광포로 생성하는 빛이 대체하려는 빛과 동일한 방향성을 갖는다고 믿게 만들기 위해 온갖 속임수를 진화시켜 왔다. 이를 위해 렌즈를 사용하는 동물도 있고, 오목 거울을 매우 교묘하게 이용하는 동물도 있다. 앨퉁이는 광섬유를 사용한다. 광섬유는 체내로부터 광자를 운반하는 거울형 관으로, 광자는 빛을 생성하는 발광세포에서 나와 자홍색 필터를 거쳐 몸 아래쪽으로 방출된다. 빛이 나타나는 발광포는 날카롭게 잘린 관처럼 보이며, 이 때문에 손톱 같은 모양이 만들어지는 것이다. 이는 방출된 빛의 각분포 형성에 도움이 된다.

〈스타트렉〉 팬이라면 알고 있겠지만 은폐 장치를 가동하려면 엄청난 에너지가 든다. 〈스타트렉〉에서 클로킹을 하거나 클로킹을 해제하는 순간에는 방어체계와 무기에 사용되던 에너지가 은폐 장치로, 또는 그 반대로 이동하게 되므로 우주선이 가장 취약해진다. 역조명을 이용하는 동물을 가장 취약하게 만드는 것은 일몰이다. 먹이가 표층수에 집중되어 있으므로 정상을 차지하려는 경쟁이 불가피하다. 선착순 배식인 셈이다. 그런데 남들의 눈을 피해 (또한 잡아먹히지 않고) 저녁 식탁에 도착하려면 위에서 내려오는 빛과 똑같은 빛을 뿜어내면서 가야 한다.

가장 밝은 발광동물이라야 은폐 상태를 유지하면서 저녁 뷔페를 향한 레이스의 선두에 설 수 있다. 그러나 더 많은 먹이를 얻기 위해 발광 능력을 한계 이상으로 밀어붙일수록 소진한 에너지를 다시 채울 만큼 더 많이 먹어야 한다. 매일 수심 400m에서 역조명을 위해 에너지를 쏟아야 한다는 것은 매일 30분간 조깅을 하는 것에 맞먹는 에너지 소모가 일어난다는 뜻이다. 수심 300m에 서라면 수영 1시간에 해당한다. 여기까지는 감내할 만하다. 그러나 수심 200m에서 그곳에 도달하는 햇빛을 상쇄할 만한 빛을 방출하려면 매일 하프마라톤을 뛰는 만큼의 에너지가 필요하며, 이것은 자원을 효율적으로 사용하는 방법이 아니다. 분명 동물이 적응할 수 있는 환경 변화에는 한계가 있다. 그 한계를 지나치게 벗어나면 좋지 않은 일이 발생한다. 에너지 저장고가 바닥나 버리는 것이 그 예다.

◆ ◆ ◆

우리가 와스프에 몸을 실었던 1984년, 중층수에서의 동물 적응에 관해 알려진 것은 대부분 그물로 건져 올린 동물 표본에 근거했다. 특정 수심의 광량은 대개 배에서 와이어로 조도계를 내려보내 측정했으며, 그 깊이에서 그물을 끌어 올리면 어떤 밝기의 위치에 어떤 동물이 사는지를 알 수 있었지만, 그런 원시적인 방법으로는 개별 동물의 행동에 대한 통찰을 얻을 수 없었다.

와스프는 이전에 가능하지 않았던 수준의 '보고 궁금해하기'를 가능하게 해 주었다. 나는 중층수에 사는 동물들을 그들의 서식지에 있는 상태로 관찰할 수 있을 뿐만 아니라 몇 가지 특수 제작된 수중 장비를 사용하면 동물들의 행동에 빛이 미치는 영향을 정량화할 수 있을 것이라는 기대감에 부풀었다. 그러한 장비 중 첫 번째는 매우 희미한 빛까지 측정할 수 있는 고감도 조도계였다. 두 번째 장비는 작은 청색광 조명을 90cm 길이의 PVC 파이프 끝에 끼운 것으로 '빛 지팡이'라는 별명으로 불렀다. 나는 둘리틀 박사처럼 동물들과 대화를 나눌 수 있으리라는 희망으로 이 지팡이를 광선검처럼 휘두르며 와스프 안에 있는 스위치로 불을 켰다 껐다 해 볼 생각이었다. 빛이 중층수 서식 동물들의 언어라는 것이 분명해 보였으므로, 그 암호를 해독할 수 있는지 알아보고 싶었다.

동물들이 내가 보낸 신호에 섬광으로 응답하거나 어둠 속에서 포식자가 튀어나와 공격하는 장면을 상상했다.

첫 번째 와스프 잠수가 여러모로 굉장한 경험이었던 만큼, 다음번 잠수가 더욱 기대되었다. 심리 점검을 쉽게 통과했기 때문에 밀실공포증 같은 문제가 나의 관찰을 방해할 일은 없을 거라고 확신했다. 그러나 그것은 잘못된 믿음이었다.

우리는 머리카락에 불이 붙은 것처럼 행동하는 사람들에게 당황하지 말라고 조언하곤 한다. 공황 상태에 빠지면 올바른 의사결정을 할 수 없기 때문이다. 물론 그것은 훌륭한 조언이지만 구체적인 지침이 뒤따르지 않는다면 아무 소용이 없다. 내가 처음 공황 상태를 경험한 것은 병원에서였다. 척추유합 수술 3주 후 수술 부위의 심각한 감염이 발견되어 응급 수술이 필요했고, 혈액질환 재발 우려 때문에 전신마취 없이 수술을 진행해야 했다. 간호사가 수술 시작 전에 피하주사로 항불안 혼합제제를 투여했다. 긴장을 풀어 주기 위한 처치였지만, 고통과 공포에 맞서 싸울 유일한 도구인 뇌를 빼앗긴 기분이 들었다. 통증보다 더 괴로운 것은 의사가 나에게 숨쉬기 어떠냐고 물어볼 때마다 찾아오는 극심한 불안이었다. 나를 공황 상태에 휩싸이게 만든 것은 뇌가 약에 취해 스스로 통제할 수 없다는 느낌이었다. 수술은 1시간 반 동안 진행되었는데, 나에게는 영겁처럼 느껴졌다. 고통의 시간이 마침내 끝났을 때, 나는 의사에게 다시는 이런 일을 겪지 않게 해 달라고 간청

했다. 그는 무심하게 "좀 두고 봅시다"라는 대답만 남겼다.

수술 이틀 후, 간호사가 피하주사기를 들고 나타났다. 또 수술 준비를 하려는 것이었다. 절벽에 매달려 있던 손가락을 떼어 내는 것 같았고, 나는 그대로 추락했다. 어느 누구도 나에게 미리 한마디 언질을 주지 않았다. 마음의 준비를 할 시간도 없이 공포에 질렸다.

공포감은 이성적인 사고 능력을 압도했다. 나는 히스테리를 부리며 어찌할 바 모르는 엄마에게 나를 수술실로 보내지 말라고 애원했다. 의사가 나를 진정시키러 들어와서 죽은 조직을 조금 더 제거해야 하지만 지난번만큼 오래 걸리지는 않을 거라고 설명했다. 나는 내가 낼 수 있는 가장 차분한 목소리로, 제대로 사고할 수 있어야 공황 상태에 대처할 수 있으니 항불안 혼합제제는 투약하지 말아 달라고, 그것만 약속하면 가만히 있겠다고 했다. 반응은 애매했다. 의사는 마지못해 알겠다고 했지만, 피하주사기가 무언의 협박처럼 내 옆에 그대로 놓여 있었다. 항불안제는 내 행동에 대한 교통 위반 딱지 같은 것이었다.

수술은 물론 유쾌하지 않았고 엄청난 두려움과 고통의 파도에 맞서 싸워야 했지만 나는 이겨 냈다. 그 후 한 달 동안 거의 하루 걸러 수술이 반복되었으므로, 나는 이겨 내는 법을 연습한 셈이었다. 그러면서 내가 깨달은 바에 따르면, 공황 상태에 빠지지 않으려면 '초점 이동'을 해야 한다는 것이다. 그게 비법이었다. 정신이 나가 뇌가 제대로 작동하지 않으려고 할 때 뇌의 초점을 다시 붙

잡는 능력은 매우 귀중한 역량이었다.

두 번째 와스프 잠수는 첫 번째 잠수 이틀 후였다. 해가 지기 1시간쯤 전이었다. 나는 땅거미가 질 때 수주水柱; water column를 하강하고 있었고, 이는 어둠의 가장자리가 나를 향해 돌진하고 있다는 뜻이었다. 수심 100m 정도까지 내려가자 햇빛이 흔적도 없이 사라지고 뚜렷한 크릴 층이 나타났다. 해수면으로 향하는 이동 행렬의 선두주자들이었다. 크릴 층이 불꽃놀이의 막을 열기라도 하듯, 그 아래로 화려한 불빛의 향연이 펼쳐져 있었다.

나는 수심 270m, 430m 지점에서 찰리에게 하강을 멈추어 달라고 한 다음 불꽃을 관찰하고 빛 지팡이를 시험해 보았다. 잠수복 주변에서 너무 많은 빛이 소용돌이치고 있어서 내가 휘두르는 작은 빛이 어떤 영향을 끼치는지 구별하기 힘들었다. 산불이 난 숲에서 성냥불을 켠 것처럼, 보잘것없는 내 불씨는 불길 속에 자취를 감췄다. 그 어떤 포식자도 내 지팡이를 눈치채지 못한 것이 분명해 보였다. 몇 번 뭔가 반짝이는 반응을 본 것 같기도 했지만 반짝거리는 불빛이 너무 많아서 그것이 지팡이 때문이었는지 확인할 길이 없었다.

나는 수주를 따라 하강하면서 발광을 집중적으로 관찰했다. 해저에서 약 10m 떨어진 곳까지는 같은 밝기가 유지되었는데, 그 지점에서 갑자기 거의 깜깜해졌다. 내려가는 동안 여러 번 뭔가 퍽 터지는 것 같은 소리가 들렸는데, 찰리는 잠수복 바깥 면의 신택틱폼에서 난 소리 같다고 했다.

신택틱폼은 잠수 장비처럼 고압 환경에서 부력을 만들어야 할 때 흔히 쓰이는 소재다. 스티로폼은 폴리스티렌 사이사이에 들어 있는 공기층 때문에 물에 뜨지만 높은 압력하에서는 공기층이 붕괴된다. 이에 반해 신택틱폼은 에폭시 수지에 박혀 있는 아주 작은 유리 중공구 안에 공기층이 들어 있다. 유리는 구형일 때 상당히 강해서 압력을 가해도 형태를 잘 유지한다. 내가 들은 소리는 유리가 아니라 유리를 고정하고 있던 에폭시 수지에서 난 것이었다. 아마 그 안의 미세 기포들이 터져서 난 소리였을 것이다. 적어도 찰리가 짐작하기로는 그랬다. 그는 와스프의 뒤편을 싸고 있는 신택틱폼 블록이 잠수복의 내압 성능과 무관하므로 걱정하지 말라고 했다.

그 소리는 점점 잦아져 나를 초조하게 만들었지만, 찰리의 설명을 믿었으므로 정신을 놓지 않고 수심 558m인 해저에 다다를 수 있었다. 그리고 그 순간 찰리가 교신을 보내왔다. "축하합니다! 방금 당신이 와스프 잠수 세계 기록을 깼습니다." 나는 기쁘지 않았고, 이렇게 쏘아붙였다. "그게 대체 무슨 말이죠? 와스프의 최대 잠수 수심이 610m라면서요!" "맞아요. 하지만 아무도 거기까지 내려가 보지 않았거든요." 그 대답은 위안이 되지 않았다. 그 순간 신택틱폼에서 더 큰 소리가 났고, 갑자기 내 머리 위에 있는 엄청난 양의 물이 매우 선명한 이미지로 떠올랐다. 첫 번째 잠수 때 밀실공포증 테스트를 통과했다고 생각했지만 오늘은 모든 것이 초기화된 것 같았다.

해수면에서 수심 558m에 이르는 가로 30cm 세로 30cm의 수주 무게는 45톤이 넘는다. 이 무게는 곧 엄청난 압력이다. 이 깊이에서는 물이 아주 조금만 새어 들어와도 그 수압이 마치 뜨거운 칼로 버터를 자를 때처럼 내 살을 뚫어 버릴 것이다. 이 깊이까지 내려오는 데 80분이 걸렸고, 아무리 빨리 끌어올린다 해도 물 밖에 나가려면 최소 30분은 걸린다. 나는 공황 상태가 목을 조여 오기 시작하는 것을 느꼈고 머릿속에는 '나를 여기서 꺼내 줘!'라는 말밖에 떠오르지 않았다. 큰 목소리로 그 말을 하려고 하는 찰나에 해파리 한 마리가 눈에 띄었다. 무지갯빛 골무 모양의 유영종에 촉수들을 길게 늘어뜨리고는 펄럭거리면서 빠르게 헤엄치다가 갑자기 촉수들을 덩어리로 휘감아 떨어뜨리고 어둠 속으로 사라졌다.

해파리에 집중하는 것은 공황의 소용돌이에서 빠져나와 그보다 훨씬 즐거운 현실로 돌아오게 만드는 데 도움이 되었다. 병원에서 배운 대로, 나는 초점을 이동시킴으로써 공포를 통제했다. 모든 나의 신경을 그 하늘하늘한 생명체의 절묘한 아름다움에 집중했다. 해파리는 자기가 내 생명을 책임지고 있는 줄은 몰랐을 것이다. 누군가는 산란한 마음을 가라앉히는 가장 좋은 방법이 이렇게 질문하는 것이라고 말할지도 모른다. 일어날 수 있는 최악의

아무도 본 적 없던 바다

일은 무엇일까? 그러나 바다 밑바닥에서는 최선의 전략이 아니다. 다른 뭔가에 집중하는 편이 훨씬 효과적이며, 그 뭔가가 화려하고 신비하다면 더 좋다.

◆ ◆ ◆

와스프 잠수를 하면서 내 주의를 끌 만한 신비함이 부족했던 적은 한 번도 없었다. 생물발광도 계속해서 넋을 빼놓았지만, 매일 일어나는 수직 이동의 행렬도 나를 생각에 잠기게 만들었다. 나는 해가 뜨거나 질 때와 한낮의 특정 밝기에서 어떤 동물 종이 발견되는지 확인해 보기 위해 시간대별 잠수를 계획했다.

내가 특히 주목했던 것은 첫 번째 잠수 때 본 스키 타는 새우와 다음 잠수 때 만난 크릴새우였다. 이 두 종류 모두 역조명을 이용하지만, 그들의 발광기관은 형태상으로나 빛을 생성하는 능력 면에서나 완전히 달랐다. 크릴은 일반적으로 10개의 발광포가 있으며 모두 매우 밝은 빛을 방출할 수 있다. 몸에 있는 발광포는 그 광학적 구조의 정교함이 거의 작은 눈이나 다름없다. 이와 대조적으로 세르게스티드라고 불리는 스키 타는 새우의 발광기관은 훨씬 덜 정교하며, 방출하는 빛도 훨씬 어둡다. 세르게스티드의 발광기관은 사실 변형된 간 세포로 이루어져 있으며 크릴새우의 발광포보다 훨씬 단순한 구조지만 방출하는 빛의 방향을 위에서 내려오는 햇빛과 일치시키는 렌즈가 있다.

물론 동물이 몸을 기울여 하강하는 빛과 비뚜름하게 되면 배경의 빛과 자신이 방출하는 빛을 일치시키려는 이 모든 섬세한 노력이 무용지물이 된다. 이는 새우처럼 수직 이동 동물들에게 문제가 된다. 그들은 위아래로 움직이기 위해 몸을 기울여야 하기 때문이다. 이 문제를 해결하기 위해 그들의 발광기관은 몸과 반대 방향으로 회전한다. 크릴의 발광기관은 180도 회전할 수 있어서 거의 수직 방향으로 헤엄쳐 올라가거나 내려갈 때도 방출하는 빛과 배경의 빛의 방향이 어긋날 위험이 없다. 세르게스티드도 발광기관을 140도 회전할 수 있다.

한편 앨퉁이는 또 다른 놀라운 적응 방법을 갖고 있다. 앨퉁이는 몸을 기울이지 않고 위 또는 아래 대각선 방향으로 헤엄칠 수 있다. 바로 이 능력이 볼품없는 체형을 갖게 된 까닭이다. 그 체형 덕분에 수직으로 헤엄칠 때나 대각선으로 헤엄칠 때나 변함없이 유선형의 옆모습을 유지할 수 있다.

나는 조도계를 갖고 잠수하면서 그 환상적인 결과물의 일부를 직접 목격했다. 첫 번째는 정오에 일어났으므로 밝기에 따라 발견되는 동물 종이 어떻게 다른지 자세히 기록할 수 있었다. 거기에는 분명한 구획이 있었다. 크기가 작은 크릴류는 수심 170~200m에서 층을 형성한다. 25배 어두운 약 230m 수심은 더 큰 크릴류가 차지하고 있다. 빛이 200분의 1로 줄어들어 내 눈이

나 조도계로는 해수면으로부터 오는 그 어떤 빛도 감지할 수 없는 수심 300m 아래로 가면 그 암흑 속에서 세르게스티드 새우가 살아가고 있다. 이 새우를 보려면 위를 올려다보아야 했고, 그렇게 해도 내가 감지할 수 있는 것은 깜깜한 와중에 약간의 회색빛이 도는 부분이 있다는 정도였다. 그런데도 몸의 윤곽이 드러날까 봐 역조명에 에너지를 쏟아야 한다는 것은 심해 포식자들의 눈이 얼마나 예민한지를 보여 주는 증거다. 그만한 감도를 갖기 위해서는 인접한 광수용체들을 신경으로 연결하여 정확도를 희생시키는 경우도 많다. 따라서 많은 어류, 오징어류, 새우류의 배 부위에서 방출되는 빛이 우리 눈에는 하나하나의 빛으로 구별되어 감지되지만, 심해 포식자의 눈에는 배경과 완전히 뭉뚱그려져 희뿌연 빛으로 보일 것이다.

간혹 나는 수직 이동하는 동물들의 출퇴근을 지켜보기 위해 일출과 일몰 무렵 수심 150m 지점에 매달려 있기도 했다. 동물들이 저마다 선호하는 밝기 수준에 따라 시차를 두고 질서정연하게 이동하는 장면을 보게 될 것이라고 생각했지만, 실상은 예상보다 혼란스러웠다. 일부는 일정한 밝기 구역에 머물렀지만 그렇지 않은 동물들도 있었기 때문이었다. 해질 무렵이 되면 크고 작은 크릴새우들이 뒤섞여 있다가 큰 크릴새우가 더 작은 추종자들을 앞지르며 선두에서 해수면을 향해 돌진했다. 그들은 해가 지기 전에 내가 매달려 있는 지점에 도달했고, 행렬이 1시간 넘게 이어지는 동안 조도가 300배 넘게 떨어졌다. 그다음 첫 번째 세르게스티드 새우가 시야에 들어왔고, 그들은 일몰 1시간 반 후 정점을 이루었는데, 그 시점의 수심 150m 조도는 낮 동안 그들이 머무르던 곳과 동일한 밝기인 것으로 보였다. 구스베리빗해파리와 옥수숫대관해파리도 수면을 향한 레이스를 함께 펼쳤는데, 이 경주의 승자는 빗해파리였다. 세르게스티드 새우는 어류 및 오징어류와 뒤섞여 헤엄쳤다. 세계적인 대도시의 러시아워가 흔히 그렇듯이 1시간 넘게 혼잡이 지속되었지만 교통체증보다는 훨씬 잘 관리되고 있는 느낌이었다.

이 장대한 행렬을 직접 관찰한다는 것은 흔치 않은 특권이었다. 하루도 쉬지 못하고 1년 365일을 일몰 때마다 해수면으로 올라오고 새벽마다 다시 저 깊은 곳으로 되돌아 내려가는 통근 생활을 해야 한다니, 이 얼마나 기이하고 고된 삶이란 말인가! 그러나 그 덕분에 그들은 어둠 속에서 영원히 살 수 있고, 그래서 그렇게 많은 동물들이 발광 능력을 가진 것이다. 영원한 밤을 살아 내는 최선의 방법은 스스로 빛을 만들어 내는 것이다. 포춘쿠키 속 경구처럼 들릴지 모르지만, 이것은 쿠키라는 것이 발명되기 훨씬 전부터 이어져 내려온 진화적 개념이다.

때로 나는 조명을 끈 채 그곳에 매달려서 잠깐잠깐 불을 켜고 시야에 보이는 통근자 수를 조사하기도 했다. 불을 끄면 생물발광이 보였다. 해가 저물 때까지는 아무것도 없었다. 위에서 내려오는 햇빛 때문에 보이지 않았을 수도 있고 아예 그곳에 없었기 때문일 수도 있었다. 그러나 해가 넘어가 어둠이 찾아오면서 몇 번의 짧은 섬광이 눈에 띄었다. 처음에는 분당 3회 미만이었는데 점차 늘어나 짧고 긴 섬광의 쇼가 고조되고 점으로 반짝이는 빛에 짧고 연약한 인어의 눈물 줄기가 더해졌다. 조명 쇼는 일몰 1시간 후에 절정에 이르렀다. 섬광의 빈도가 너무 잦아져 세는 것이 불가능했고, 빛과 빛 사이의 간격으로 밀도를 추정하는 수밖에 없었다.

연구할수록 알아볼 수 있는 종들이 생기기 시작했다. 더 밝은 점광원 중 일부는 와스프의 움직임에 자극을 받은 크릴새우일 것이라고 짐작했다. 또 다른 점광원 중에는 요정들이 뿌리는 마법 가루처럼 보이는 것도 있었는데, 그것은 와편모충류일 것으로 추측했다. 그러나 정체를 전혀 알아볼 수 없는 빛이 여전히 너무 많았다. 그중에서도 특히 나의 호기심을 자극하는 유형이 있었다. 그것은 밝고 천천히 켜져서 5초가량 빛나다가 천천히 꺼지는 섬광이었는데, 상당히 멀리 있었으므로 와스프에 의해 물리적으로 자극을 받지는 않았을 것이라고 확신할 수 있었다.

그런데 잠수 기록을 검토하며 '멀리서 밝게 빛나는 섬광'이라는 문구를 다시 보았을 때, 나는 잠시 읽기를 멈추고 생각해 보아야 했다. '멀리서'라는 걸 내가 어떻게 알았지? 나는 그 장면을 다시 떠올려 보려고 노력했고, 그러자 그 섬광을 둘러싸고 있던 후광이 기억났다. 그것은 멀리 떨어져 있기 때문에 보이는 빛의 산란이었다. 후광이 클수록 더 많은 산란이 일어난 것이고, 그것은 거리가 멀다는 뜻이었다. 이것은 분명 어둠 속에서 거리를 판단해야 하는 동물에게도 중요한 단서가 될 터였다. 예컨대 섬광을 발견하고 그리로 헤엄쳐 가려면 얼마나 가야 하는지를 알아야 했다.

지구라는 행성에 사는 생명체들을 이해하고 싶다면 그 푸른 심장 안을 '보고 궁금해하는' 데 더 많은 시간을 쏟아야 한다. 그곳에서도 빛은 중요한 역할을 남낭하시만, 빛이 어떻게 작용하는지에 관해서는 아직 우리가 충분히 알고 있지 못하다. 지구가 자전하면서 해수면에 닿는 햇빛의 세기가 서서히 변화하는 것은 심해의 수많은 생명체들에게 가차 없이 들이닥치거나 떠밀려 가는 황혼의 문턱과 같다. 흐린 하늘은 생물 군집을 더 얕은 곳으로 이동시킬 수도 있고 그들의 발광 불빛을 어둡게 만들 수도 있다. 햇빛의 변화가 그런 영향을 끼친다면, 생물발광이 변화할 때는 어떨까? 살아 있는 빛은 햇빛이 투과되지 않는 깊이의 해저 광장은 물론 표층수의 광장에서도 주된 광원이지만, 태양이 지배하는 광장에 비해 알려진 바가 턱없이 부족하다. 나는 바닷속을 휘젓고 다니는 거대한 갑옷 없이 생물학적 광장의 실체를 만나고 싶었다. 그리고 분명 방법이 있을 것이라는 확신이 들었다.

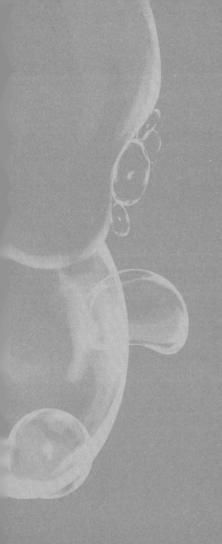

6장

빛의 지뢰밭
한가운데

◆◆◆

와스프 탐사 후 1년이 지났다. 와스프를 활용한 또 다른 탐사 계획이 있긴 했지만, 우리는 와스프가 우리의 목적을 위한 최적의 방법이 아니라고 결론지었다. 가장 큰 걸림돌은 안전줄이었다. 파고가 높아 줄이 거칠게 움직이면 해수면의 모든 파동이 줄을 타고 그대로 잠수사에게 전달되었다. 인진줄을 느슨하게 하면 얼마간의 완충 효과가 있었지만, 티백처럼 매달려 있는 느낌에서 완전히 벗어난 적은 없었으므로, 내가 보고 있는 생물발광이 와스프의 움직임에 의해 얼마나 자극을 받는지는 확실히 알 수 없었다. 또한 하강과 상승이 이루어지는 동안에는 케이블이 완전히 팽팽해져 있으므로 칵테일 셰이커 안에 있는 것처럼 온몸이 요동쳤다.

안전줄은 문자 그대로나 비유적으로나 로비에게 두통을 안겨 주었고, 그래서 그는 대안을 찾아 나섰다. 그의 결론은 연결된 줄이 없는 무삭식 1인승 잠수정인 '딥 로버'였다. 그것은 와스프 개발자인 그레이엄 호크스의 최신 발명품이었는데, 중층수에 직접 접근하게 해 주는 와스프의 장점을 모두 취하면서 와스프의 단점도 해결할 수 있었다.

와스프에서는 늘 서 있어야 했고, 금속 몸체가 체온을 빼앗아 추울 때가 많았다. 반면에 딥 로버는 마치 수중 헬리콥터 같아서, 직경 1.5m의 아크릴 구 중앙에 안락한 조종사 좌석이 놓여 있고, 13cm 두께의 벽이 추위를 막아 주었다. 무엇보다 결정적인 장점

아무도 본 적 없던 바다

은 안전줄에 의존하지 않는다는 것이었다. 그것은 칵테일 셰이커처럼 요동치지 않는다는 뜻이다. 이 점이 바로 우리의 가장 큰 고민, 즉 '우리가 내려가 자극하지 않을 때 생물발광이 얼마나 일어날까?'라는 질문에 답하기 위한 가장 완벽한 후보로, 딥 로버를 고려하게 만들었다.

처음으로 고감도 광 탐지 장치를 해저로 내려보낸 1950년대에 과학자들은 광검출기에 기록된 수치를 보고 깜짝 놀랐다. 수중에 투과된 햇빛만 측정할 줄 알았던 조도계가 수심 300m 밑으로 내려가자 다른 빛을 기록하기 시작했던 것이다. 처음에 연구자들은 기계가 고장난 줄 알았지만 결국 그것이 생물발광에 틀림없다는 결론에 이르렀다. 조도계가 측정한 것은 밝은 섬광, 그것도 대량의 밝은 섬광이었다. 수심 600m에서 섬광의 강도는 햇빛의 천 배였고, 빈도는 분당 100회가 넘었다. 그 수치들은 화려한 조명으로 장식한 수레가 지나가고 불꽃놀이가 장관을 이루는 디즈니랜드 야간 퍼레이드를 연상케 했다. 그들은 궁금해졌다. 대체 저 아래에서 무슨 일이 일어나고 있는 걸까?

깊이와 시간대에 따른 섬광 빈도를 설명하는 다수의 논문이 발표되었지만, 결국 밝혀진 것은 섬광의 빈도가 해상 상태와 관련된다는 것이었다. 잔잔한 바다보다 거친 바다에서 더 많은 섬광이 발생했다. 연구자들은 연구 장비가 발광포와 부딪칠 때 섬광이 발생하는 것이라고 추론했다. 여기서 또 다른 질문이 제기됐다. 생물발광의 '배경 수준background level[인간의 개입 없이 자연적으로 나타나는 수준-옮긴이]'은 무엇일까? 그런데 이 답을 찾기가 힘들었다. 해수면에서 선박이 움직이더라도 그것이 케이블을 통해 탐지 장치에 전달되지 않게 하는 것이 가장 큰 관건이었다. 주변에 형성되는 물결도 물리적으로 생물발광을 자극할 수 있으므로 장비를 해저에 고정하는 방법은 효과가 없었다.

당시, 사연발생직인 생물발광 수준을 피악할 수 있게 된다는 것은 두 가지 이유에서 중요했다. 첫째, 이는 지구상에서 가장 넓은 생물 서식 공간의 시각적 환경에 관해 그 본질을 직접 이해할 수 있게 된다는 뜻이다. 이 공간에 사는 동물들의 삶이 어떠한지를 이해하고자 한다면 방해받지 않은 상태의 시각적 풍경을 반드시 알아야 했다.

두 번째 이유는 군사적 우려와 관련이 있었다. 미 해군은 음향학적으로 조용한 잠수함 수중 통신 수단으로 레이저 사용을 검토하고 있었다. 그들은 레이저 통신에서 어느 정도의 신호 대 잡음 비율이 나타날지 알고 싶었다. 그런데 자연발생적인 생물발광이 많다면 높은 수준의 광학적 잡음이 있는 셈이고, 그러면 통신을 뒤죽박죽으로 만들 수도 있었다.

딥 로버는 이 질문에 답할 수단이 되어 줄 것으로 보였다. 그레이엄 호크스에 따르면 이 작은 잠수정은 밸러스트 제어 성능이 뛰어나 주변의 물과 사실상 하나가 된 것처럼 만들 수 있다고 했다. 나 또한 이 잠수정을 완벽하게 제어하여, 어떤 자극도 가하지 않

아무도 본 적 없던 바다

고 자연발생적인 생물발광이 얼마나 일어나는지 조사하게 되기를 바랐다.

마침내 딥 로버를 이용한 탐사 프로젝트가 시작됐을 때, 1년 전과 팀 구성원은 동일했다. 하지만 래리는 먼저 가야 했고 리치는 늦게 도착할 예정이어서 나와 로비, 호세, 이 세 사람이 주축이 되었다. 딥 로버는 와스프보다 훨씬 컸기 때문에, 지난번 같은 수조 훈련은 불가능했다. 그 대신 암기할 지침서를 받고 비상 절차에 대한 교육을 들었다. 그리고 드디어 잠수의 시간이 왔다.

우리는 이 탐사를 위해 샌타바버라에서 몬터레이만으로 이동했다. 몬터레이만은 세계에서 손꼽히는 해저 협곡의 장관을 볼 수 있는 곳이다. 그 깊이로는 그랜드캐니언과 맞먹고, 가파른 급경사면과 여러 층으로 이루어진 고원에 온갖 해양생물이 가득하다. 또한 이러한 지형으로 인해 해안 가까이 있던 심해 동물이 협곡으로 집중되고, 따라서 우리가 관찰하려는 중층수 동물의 밀도가 높았다.

나의 첫 딥 로버 잠수 훈련은 수심이 18m밖에 안 되는 협곡 꼭대기 가까운 곳에서 이루어졌다. 내가 탄 잠수정은 선박에 설치된 크레인에 의해 물로 내려 보내졌고, 갈고리에 매달려 있는 상태에서 추진기, 전자 장비, 통신 장비에 대한 사전 점검이 이루어졌다. 직접적인 연결이 줄이 없다는 것의 가장 큰 단점은 통신의 질이 심각하게 떨어진다는 것이었다. 대개는 돌고래의 초음파 같은 바닷속 특유의 소음 때문에 시끄러웠기 때문에, 수심, 기내 압력, 산소 농도 등에 관한 간단명료한 보고만 하는 것이 최선의 방법이었다.

완벽한 OK 상태임이 확인되자 크레인에서 풀려났고, 훈련의 일환으로 해수면의 부표 2개 중 하나로 이동하라는 지시가 떨어졌다. 딥 로버를 타는 것은 마치 잘 만든 비디오게임을 하는 느낌이었다. 무척 쉽고 직관적이었다. 좌석 바닥과 팔걸이에서 모든 제어가 가능해서 시야를 방해받지 않았다. 양 팔걸이 끝에 있는 손잡이로 2개의 다기능 조작기를 제어할 수 있었는데 살짝만 터치해도 반응했다. 추진기를 활성화하려면 팔걸이를 앞뒤로 밀기만 하면 되었다. 하나를 앞으로 다른 하나는 뒤로 밀면 팽이처럼 회전할 수 있었고, 조작기가 아주 예민해서 바닥의 뭔가를 섬세하게 집어 올릴 수도 있었다.

단 한 번의 짧았던 첫 번째 잠수에서, 나는 작은 문어 다섯 마리, 논병아리류의 잠수새 한 마리, 잠수정 속도를 무색케 할 만큼 빠르게 헤엄치는 바다사자를 보았다. 눈앞에 파노라마 사진이 펼쳐진 듯, 폭신폭신해 보이는 흰깃털말미잘, 분홍색과 주황색 불가사리, 저서 가자미 등 볼거리가 가득했다.

수심 37m까지 내려간 두 번째 잠수는 그렇게 흥미진진하지 않았다. 가시성이 0에 가까웠고 그나마도 악천후 때문에 금방 복귀해야 했기 때문이다. 그러나 3차 잠수 때는 무척 흥미로운 일이 벌어졌다. 앞선 두 차례의 잠수가 연습이었다면, 이번 잠수는 총 4

시간에 걸쳐 수심 300m까지 내려간, 나의 진정한 첫 번째 탐사 잠수였다. 잠수는 새벽 3시에 이루어졌다. 잠수정에는 초고감도 비디오카메라가 있었고, 나는 그것으로 잠수정 바깥의 생물발광을 기록할 수 있기를 바랐다. 이때까지는 잠수정을 타고 내려가 조명을 끈 몇몇 운 좋은 사람만 심해의 생물발광을 목격할 수 있었다. 나는 그것을 기록하여 지구상에서 가장 아름다운 자연 현상 중 하나를 찰나의 섬광에 대한 내 불완전한 시각적 기억에 의존하지 않고 그 존재를 전혀 모르는 사람들에게 보여 줄 수 있게 되기를 간절히 바랐다.

나는 크레인의 갈고리에서 풀려나자마자 배에서 멀리 이동한 다음 밸러스트 탱크를 가득 채워 칠흑 같은 바닷속으로 가라앉기 시작했다. 하강하는 동안에는 동물들의 삶을 관찰할 수 있도록 투광 조명을 켜 두었다. 내려가기 시작한 지 얼마 안 되어 오징어와 붉은 문어로 보이는 동물이 밀집한 층이 나타났다. 문어를 보자 와스프에서 보았던 붉은 게가 떠올랐다. 문어도 게와 마찬가지로 대개 해저에 있을 것이라고 생각되는 동물이었기 때문이다. 이들은 다른 문어 종들보다 더 크게 자라는 동태평양붉은문어로, 어릴 때부터 일생의 긴 기간을 수주를 떠다니며 보내다가 다 자란 후에야 해저에 정착한다.

더 깊이 내려가면서는 와스프에서도 보았던 크릴새우와 해파리를 빈번하게 마주쳤다. 흰 솜털 같은 바다눈으로 꽉 차 있는 곳도 있었다. 이는 해수면에 풍부한 플랑크톤이 있다는 뜻이었다. 나는 잠시 조명을 꺼 보았는데, 곧바로 아크릴 구체 외부에 생물 발광이 만들어 내는 빛줄기와 빛의 소용돌이가 나타났다. 조명 쇼에 탐닉하고 싶은 마음과 여기에 누가 사는지 보고 싶은 마음 사이에서 갈등하다가, 가까스로 미학적 감상보다는 데이터 수집이 우선이라는 결론에 도달해 불을 켰다.

수심 210m에서 나는 밸러스트에 입축 공기를 공급하여 하강 속도를 늦췄다. 중립 부력 상태를 만드는 것은 어렵지 않았다. 수심 측정 장치가 나타내는 값은 충분히 정밀하지 않아서 그것만으로는 밸러스트를 어떻게 조정해야 하는지를 알기 힘들었지만, 바다눈과 비교한 내 상대적인 위치를 보면 현재의 무게가 너무 무겁거나 가벼운지를 쉽게 판단할 수 있었다. 나는 중립 부력 상태를 만들자마자 조명을 끄고 디지털 시계와 버튼식 초소형 조명으로 분당 섬광 수를 셀 준비를 했다.

아주 작은 섬광도 놓치지 않으려고 사방을 뚫어지게 바라보며 기다렸다. 끝나지 않을 듯 지루한 시간이 째깍째깍 흘러갔다. 아무것도 없었다. 내 앞에 놓인 것은 아주 깊고 깜깜한 동굴과 같은 완벽하고 거대한 어둠뿐이었다. 우리가 사는 세상의 밤은 달빛이나 별빛 같은 자연광뿐 아니라 전등, 가로등, 자동차 전조등과 미등, 네온사인, 휴대전화 화면, 디지털 시계, 장식용 조명에 이르기까지 온갖 종류의 불빛으로 가득하다. 따라서 그렇게 완전한 어둠에 둘러싸여 본 사람은 거의 없을 것이고, 그런 상황에 놓이면 누구든 불안해질 것이다.

무섭지는 않았다. 그러나 내가 기대했던 것과 너무 달라 당황스러웠다. 몇 분 후, 나는 추진기를 두드려 보았다. 그러자 곧바로 프로펠러 쪽에서 살아 있는 빛 조각들이 뿜어져 나왔다. 반짝이는 섬광과 투명한 푸른 구름이 아크릴 구체 주변에서 꽃을 피워 강렬한 후광을 만들어 냈다. 내 눈이 어둠에 완전히 적응한 상태였기 때문에 그 빛은 깜짝 놀랄 정도로 밝게 느껴졌다.

섬광이 사라지고 다시 어둠에 둘러싸였을 때, 나는 내가 본 것의 의미를 생각해 보았다. 거기에는 수많은 광원이 있고, 그들은 내 주위 사방에 있었다. 그러나 내가 자극하지 않으면 빛은 없다. 필요한 것은 아주 작은 움직임뿐이었다. 나는 생물발광의 지뢰밭 한가운데 앉아 있는 상태였다!

동물들은 약간의 움직임만 있어도 섬광을 점화할 수 있고, 그 때문에 굶주린 포식자의 눈에 자신의 존재를 들킬 수도 있다. 이런 세상에서 어떻게든 살아나갈 방법을 찾아야 한다. 칠흑같이 깜깜한 수퍼돔에 갇혀 있다고 상상해 보자. 그 안에는 맛있는 음식이 사과처럼 주렁주렁 매달려 있다. 빨리 찾아낼 수만 있다면 배불리 먹을 수 있다. 그런데 문제는 굶주린 블랙팬서도 이 공간에 함께 있다는 것이다. 나는 그를 볼 수 없으며 어둠 속에서는 그도 나를 볼 수 없다. 따라서 지금은 안전하다. 그러나 얼마나 버틸 수 있을까? 사과를 찾아 움직여 보려고 하지만, 돔구장 여기저기

LED 조명이 있고 접촉하면 바로 켜진다는 사실을 알게 된다. 결국 허기를 참을 수 없어 아드레날린이 솟구치고, 음식을 찾아 나선다. 그러자 곧바로 섬광이 번쩍거리고, 블랙팬서는 고개를 갸웃거리며 내 정확한 위치를 확인한다.

이런 세상에서 살아남으려면 어떻게 해야 할까? 한 가지 방법은 적의 얼굴에 빛을 뿜어내서 주의를 산만하게 하거나 일시적인 실명 상태로 만든 다음 재빨리 도망치는 것이다. 많은 동물들이 이런 속임수를 사용한다는 사실로 미루어 볼 때, 이 방법은 실제로 효과적인 것 같다. 꼬리에 있는 발광샘에서 빛 구름을 방출하는 요각류도 있고, 불을 뿜는 용처럼 입에서 액체 빛줄기를 거세게 토해 내는 새우도 있다. 파이어슈터오징어fire shooter squid는 그 이름처럼 상대방의 눈을 멀게 하는 눈부신 푸른 빛 광자 어뢰를 발사한다. 어깨에 빛으로 만들어진 반짝이는 먼지 폭풍이 분출되는 관이 달려 있어서 샤이닝튜브숄더shining tubeshoulder라는 이름으로 불리는 어류도 있다. 약간의 소요만으로도 불꽃이 폭발하는 지뢰밭에서 숨바꼭질을 한다고 생각하면 이러한 방어 전략들을 이해할 수 있을 것이다.

나는 아무것도 보이지 않는 깜깜한 물속에 떠서 나처럼 섬광의 조짐을 보려고 애쓰는 포식자들을 상상했다. 그들은 먹이를 찾기 위해 얼마나 기다려야 하며, 나는 자연발생적인 섬광을 관찰하기 위해 얼마나 기다려야 할까? 섬광이 일어나리라는 것은 추호도 의심하지 않았지만, 그것은 내가 상상했던 것보다 훨씬 긴 시간

간격을 두고 일어나는 것 같았다.

한편으론, 내가 이 어둠 속에 앉아 있는 것이 정말 아무런 방해도 하지 않는 것일지 궁금해지기 시작했다. 나는 뻔뻔하게도 스포트라이트를 밝히고 추진기로 평화를 산산조각내며 이 공간에 들어왔다. 추진기를 껐어도 팬은 돌아가고 있었으므로, 그 윙윙대는 소리가 어떤 영향을 끼칠 수도 있고 잠수정 주변에 형성된 전기장도 방해 요인일 수 있었다. 제어 패널의 모든 표시등을 검은 천으로 가렸다고는 하지만 어둠에 적응한 눈으로 보니 빛의 흔적은 여전히 여기저기에 남아 있었다. 빛의 지뢰밭에서 생존하도록 진화한 생물들의 입장에서는 내가 아무리 조심한들 살금살금 걷는 코끼리만큼이나 존재감을 내뿜었을 것이다.

나는 각각 다른 수심에서 여덟 번 멈추어 완전한 암흑을 관찰하기를 반복했다. 그것은 지적 호기심을 자극하는 일이었지만 동시에 지루하기 짝이 없는 과정이기도 했다. 이 탐사에 드는 막대한 비용을 생각하니, 마냥 어둠만 바라보며 기다리는 내내 내 머릿속에 자꾸만 달러 기호가 떠오르는 것은 어쩔 수 없었다. 이것은 분명 내 제한된 잠수 시간을 효과적으로 사용하는 방법이 아닌 것 같았다. 게다가 자연발생적인 생물발광이 관찰되지 않았다고 하면 거기에 발광생물이 없었던 것 아니냐는 반응이 돌아올 것이 뻔했다. 내가 추진기를 잠시 가동했을 때 보았듯이 그것은 사실이 아니다. 하지만 '잠수정이 움직일 때마다 많은 섬광이 발생했다'

라는 정도로 학술지에 논문을 낼 수는 없는 노릇이었다. 이 지뢰밭의 특징을 수치로 보여 줄 방법이 필요했다.

나는 카메라를 켜고 잠수정 앞쪽으로 내밀었다가 다시 가져왔고, 그 움직임은 소용돌이치는 빛 폭풍을 일으켰다. 카메라에는 밝은 빛줄기가 찍혔지만 초점이 맞지 않았고 수를 세기에는 너무 혼란스러웠다. 생물발광을 찍으려면 렌즈 조리개를 활짝 열어야 하는데, 그러면 심도가 얕아져서 초점이 맞는 부분이 너무 제한적이게 된다. 따라서 제한된 초점 면에서 정확히 자극을 일으키는 더 정교한 방법이 필요했다.

나는 육지로 돌아가 로비, 그리고 로비와 함께 일하는 킴 라이젠비슐러라는 테크니션에게 이 문제에 관해 상의했다. 로비는 폭이 1m 정도 되는 금속 훌라후프 같은 것을 가져왔다. 잠수정 앞에 매달아 이동 중에 그것을 통과하는 해파리 수를 세려고 만든 도구라고 했다. 잠수정의 전진 속도와 후프의 면적을 알면 특정 위치, 특정 수심의 해수 1m³당 해파리 수를 추정할 수 있다. 후프에 촘촘한 그물망을 달면 생물발광도 셀 수 있을 것 같았다. 카메라의 초점을 그 그물망에 맞추면 거기에 부딪혀 발생한 섬광을 제대로 찍을 수 있을 것이다. 킴은 5mm짜리 어망을 찾아와 후프에 타이랩으로 고정시킨 다음 잠수정 앞에 그 후프를 장착했다.

이 장치를 처음 시험해 본 것은 일주일 후, 여섯 번째 잠수 때였다. 반달이 떠 있는 청명한 밤이었고 바다는 잔잔했다. 하강하는 동안 수주의 동물 분포를 관찰하려고 조명을 켜 두었다. 수심 60m 지점에는 크릴, 작은 어류, 해파리가 있었다. 그 바로 아래에는 세르게스티드 새우와 동태평양붉은문어 떼가 있었다. 나는 문어 한 마리가 다가와 잠수정 돔에 부딪히고는 적갈색 먹물을 뿜으며 달아나는 모습을 유심히 지켜보았다.

수심 240m 아래까지 내려가자 어류가 대량으로 나타났는데, 특히 민대구가 많았다. 스쿠버다이빙용 공기통만 한 매끈한 방추형 몸에 삼각형 지느러미, 큰 눈, 커다란 입을 가진 민대구는 호기심을 보이며 아무런 의심 없이 잠수정에 다가왔다. 어떤 동물들은 잠수정의 빛을 경계하기보다 오히려 이끌리는 것 같았다.

어류 층을 지나 계속 내려가 그 지점의 바다 밑바닥에서 30m 위, 수심 560m 지점에서 잠수정을 중립 부력 상태로 조정했다. 우선 가져온 검은색 전기 테이프를 꺼내 제어 패널의 표시등을 가렸다. 투광 조명을 껐을 때 잠수정을 완전히 안 보이게 만들기 위해서였다. 나는 후프에 달린 그물망에 강화 카메라 초점을 맞추고 모든 조명을 끈 후 녹화 버튼을 눌렀다. 그러나 바깥은 여전히 깜깜했다. 1분 30초 동안 기다리다가 더 이상 참지 못하고 전방 추진기를 가동했다. 곧바로 생물발광이 자극되었고, 그물망에 부딪혔다. 불연속적인 섬광이 그물을 통과하면서 푸른 불꽃, 푸른 네온빛 연기 같은 작은 빛 뭉치, 금세 파편화되어 버리는 연약한 무정형 점액 덩어리가 나타났다. 촘촘한 그물망을 통과하지 못할 만큼 크고 느려서 도망치지도 못하는 동물들은 그물망에 붙어서 빛을 발했는데, 그중에는 젤라틴 사슬처럼 길게 이어진 관해파리도 있었고, 메두사처럼 뚜렷한 원형 윤곽을 띤 것도 있었다.

카메라에 비친 그 장면은 화면 곳곳이 예광탄과 폭탄의 섬광으로 가득한 저녁 뉴스 속 대공포 발사 영상 같았다. 이것이 행동생리학 수업 때 호지스 교수가 말한, 지금껏 아무도 보지 못한 것을 처음 발견하는 경이로움과 짜릿함이었다. 그리고 드디어 그렇게 다차원적으로 관찰된 적이 한 번도 없는 현상을 계량화할 수 있게 되었다. 말하자면, 1m³당 발광생물 수를 말할 수 있게 된 것이다. 그러나 그 숫자보다 더 중요한 것은 숨 막히는 아름다움이었다.

나는 그 후 몇 차례 더 여러 깊이에서 후프를 이용한 측정을 계속하면서 한편으로는 어떤 동물이 어떤 빛을 만들어 내고 있는지 파악해 보려고 했다. 잠수정에서 생물발광을 관찰해 본 사람들은 하나같이 불을 켜고 보면 아무것도 없다고 말한다. 나라고 다를 리 없었다. 그물망에 커다란 광원이 붙어서 번쩍거리고 있을 때조차도 투광 조명을 비추어 보면 아무것도 보이지 않았다. 크기가 큰 발광동물은 대부분 투명한 해파리였기 때문이다. 처음에는 조명을 켜고 잠수정을 후진시켜 해파리를 망에서 빼내 보려고 했다. 그러면 눈에 보이고 흡입형 포집기로 포획할 수도 있을 것 같았다. 하지만 소용이 없었고, 나는 다른 전략을 사용하기로 했다. 그것은 잠수정 조종사 훈련용 아케이드게임 같은 방식이었다.

내가 해파리에 집중하기로 한 것은 수주 어느 높이에서나 흔한 동물이고 거의 모든 해파리가 발광 능력을 갖고 있기 때문이었다. 새로운 계획은 다음과 같았다. 특정 해파리가 생성하는 빛을 식별하기 위해 해파리가 아크릴 구와 후프의 그물망 사이에 들어오게 잠수정을 조종한다. 그다음에는 까다로운 작업을 해야 한다. 불을 끄는 동시에 후진하면서 망 한가운데 해파리가 놓이게 하고 카메라로 줌인한다. 녹화에 성공하면 잠수정을 조종하여 해파리를 망에서 떼어 내 흡입형 포집기로 포획해서 종 식별 및 추가적인 연구를 수행한다. 약간의 연습이 필요했지만 결국 꽤 능숙해졌고, 예상했던 것보다 더 정교한 결과가 나와서 기뻤다.

단단하고 둥근 형태의 일부 해파리는 망에 부딪히면서 완벽한 고리 모양 빛을 방출했다. 반면에 섬세한 크리스털 같은 해파리 한 마리는 전혀 예상하지 못한 장면을 연출했다. 촬영을 위해 망에 닿게 할 때마다 가장자리가 예리하게 접혀 빛의 형상만 보아서는 해파리인 줄 알기 힘들었고, 거의 정확한 정사각형 모양으로 빛날 때도 있었다. 예상을 뛰어넘는 더 놀라운 장면은 긴 사슬처럼 이어진 관해파리가 몸의 각 부분에서 서로 다른 종류의 빛을 생성하는 모습이었다. 흔한 관해파리 종인 옥수숫대관해파리는 옥수수 속대 같은 유영종에서는 일정한 빛을 발산하는 반면 촉수가 달린 밧줄 모양의 아랫부분에서는 섬광을 점멸했다. '아폴레미아'라는 또 다른 관해파리는 아랫부분에 더 밝게 빛나는 광원이 있었고 빛의 띠가 유영종이 달린 기둥을 따라 춤을 추었다. 이들은 대개 너무 연약해서 온전한 상태로 포획된 적이 없었으므로 이제까지 아무도 이들의 생물발광을 관찰하지 못했다. 이 신비하고 눈부신 퍼레이드가 오직 나만을 위해 펼쳐지고 있는 것이었다.

이처럼 정교한 발광 모습은 당혹스러웠다. 정작 해파리는 이 이미지를 볼 눈도 없지 않은가? 그렇다면 이 현란한 불꽃 쇼를 누구에게 보여 주려는 것일까? 나는 다시 한번 빛 지팡이를 써 보기로 했다. 카메라에 담았던 것만큼 정교한 장면을 연출할 수는 없겠지만, 빛 지팡이에 일정 시간 노출하면 짐멸등으로 자극했을 때와 다른 반응이 일어나는지 보고 싶었다. 나는 점멸하지 않는 광원은 유인 요인이 되고, 점멸하는 광원은 기피 요인이 된다는 가설을 검증해 보려고 했다. 어느 날 오전에 실시한 아홉 번째 딥 로버 잠수 때 나는 잠수정에 빛 지팡이를 매달고 내려갔다. 그런데 이번 잠수는 계획대로 진행되지 않았다.

◆ ◆ ◆

잠수정을 타는 일에는 위험이 따르기 마련이다. 이 위험 요인은 네 가지로 나눌 수 있는데, 잠수정 자체, 진수 및 회수 시스템, 잠수 지점, 승조원이다. 우리는 네 가지 모두에서 한계를 넘어서고 있었다. 딥 로버는 운용 이력이 많지 않은 시제품이었다. 진수 및 회수 시스템은 구닥다리여서, 3.6톤이나 되는 잠수정을 크레인 갈고리에 밧줄로 매달아 도르래와 인력만으로 오르내리게 하는 방식이었다. 잠수 지점도 탐사해 본 적이 없는 곳인 데다가 깊이 분포가 불규칙해서 딥 로버의 안전 작동 범위를 벗어나는 일을 방지하기 어려웠다. 밸러스트 제어가 오작동하면 잠수성이 그 이름만 들어도 섬찟한 이른바 '파괴 수심' 밑으로 가라앉을 수 있으므로, 안전 작동 범위를 벗어나는 일은 금물이었다. 그리고 마지막으로, 승조원 문제가 있었다.

수년 동안의 잠수정 잠수에서 내가 깨달은 것은 승조원이 안전한 잠수를 위해 절대적으로 중요한, 말하자면 요리의 맛을 좌우하는 비법 소스 같은 존재라는 점이었다. 그 소스의 핵심 재료는 잠수정 작동 코디네이터submersible operations coordinator; SOC로, '빅 대디'라고 불리기도 한다. 1984년에 내가 와스프 잠수를 할 때 찰리가 맡았던 역할이 바로 SOC였다. 1982년, 내가 조종사는 아니었지만 처음으로 와스프 탐사에 참여했을 때의 SOC는 스티브 에치멘디(이후 에치로 표기)였다. 찰리와 에치 둘 다 다이버와 감독자로서 다년간의 경험이 있었고 그 직무에 필수적인 모든 자질을 갖추고 있었다.

딥 로버 운용사 캔다이브 서비스가 우리의 탐사에 SOC로 파견한 피터도 이 자질 중 일부는 갖추고 있었지만 전부는 아니었다. 그래서 에치가 잠시 팀에 합류해 도왔지만, 결국 다른 임무 때문에 떠나야 했다. 나에게 작은 불운이 닥친 것은 그가 떠난 다음 날이었다.

우리는 와스프 잠수 때처럼 딥 로버의 모든 부분이 제대로 작동하고 안전한 상태인지 사전 점검을 수행했다. 호세가 나와 함께 점검 절차를 진행했다. 그는 장비 품목과 제어 시스템을 호명하고 내가 "체크"라고 말할 때마다 점검표의 네모 칸에 체크 표시를 했다. 사전 점검을 마친 후, 나는 잠수에 앞서 해야 할 마지막 과업을 위해 뱃머리로 갔다. 뱃머리 방문, 즉 화장실에 다녀오는 것은 잠수정을 타기 전의 필수 절차다. 잠수정에는 화장실이 없으므로, 당장 가고 싶지 않더라도 미리 가 두어야 한다. 그리고 내가 뱃머리에 가 있는 동안 피터가 한 일이 하나 있었다.

나중에 전해 듣기로는, 로비가 비상 절차 중 잠재적인 문제점 한 가지를 지적한 것이 발단이었다. 잠수정이 유령 그물(해상에서 유실된 어망)이나 난파선의 케이블에 얽히면 배터리, 프레임, 추진기, 조작기를 버려 하중을 줄여 떠오르게 할 수 있다. 이 '선체 롤 아웃'은 전적으로 이론적인 방법이었다. 위험 부담이 너무 커서 아무도 시도해 본 적이 없었다. 그 모든 무게가 제거되면 잠수정의 부력이 너무 커져서 모든 것을 뚫고 공중으로 날아갈 만한 힘으로 해수면을 향해 솟아오를 것이다. 그 어떤 안전벨트, 심지어 조종석에 좌석벨트도 없는 것을 볼 때, 이 안전 조치를 진짜 실행에 옮기는 데 대해서는 진지하게 고려하지 않은 것이 틀림없어 보였다. 그러나 로비가 지적한 것은 안전벨트가 없다는 것이 아니라 투하를 실시하기 위해 조작해야 할 핸드레버가 해수 유입 밸브와 물리적으로 부딪힌다는 점이었다.

이 시점에서 잠시 내 의견 한 가지를 말하자면, 잠수정에 해수 유입 밸브를 두는 것은 좋은 생각이 못 된다. 해군 잠수함에 현창이 없는 데에는 그럴 만한 이유가 있는 것이다. 선체 무결성을 저해하는 것이 하나라도 있으면 수압이라는 괴물이 들이닥치는 통로가 될 수 있기 때문이다. 그러나 딥 로버의 해수 유입 밸브는 아이러니컬하게도 안전 장치 중 하나다. 잠수정이 해저에 박히더라도 사흘 동안은 충분히 생존할 수 있지만 제한된 탑재량 때문에 식수 저장고를 따로 마련할 수 없다. 하지만 대신에 작은 담수화 장치가 있어서 밸브를 열어 해수를 병에 모은 다음 담수화 장치에 통과시키면 염분을 제거하여 식수로 쓸 수 있다.

피터는 밸브 손잡이가 방해가 될 것 같다는 로비의 말에 동의하며 "문제없습니다"라고 대답했다. 그는 재빨리 손잡이를 떼어 내 조종사 좌석 뒤 공구함에 넣었다. 이 모든 일은 너무 빨리 일어났으므로, 피터가 밸브 손잡이를 고정하는 육각 볼트를 돌리려고 손잡이를 반시계방향으로 꺾어 밸브가 열렸다는 사실을 아무도 눈치채지 못했다. 내가 뱃머리에서 돌아왔을 때 피터는 내가 없는 동안 있었던 일을 전해 주지 않았고, 나는 밸브가 열려 있고 밸브 손잡이도 빼놓은 상태라는 사실을 알지 못한 채 잠수정에 올랐다.

돔 위로 물이 차오르고 밸러스트에서 나오는 거품이 반짝거리는 개울물처럼 춤추며 흘러가는 모습을 바라보았다. 뒤쪽에서는 내가 만들어 내는 거품을 정화하는 스크러버 팬이 윙 하는 소리를 내며 돌아가고 있었는데, 그 소리에 묻혀 잘 들리지는 않았지만 끽끽거리는 생소한 소리가 희미하게 섞여 들렸다.

어렴풋하기는 했지만 뭔가가 들린다고 확신하고 나니 왼쪽보다는 오른쪽 귀에 더 크게 들리는 것 같았다. 전기 장치에서 나는 소리일 수도 있다고 생각하면서 코를 킁킁대 보았지만 금속이 가열되거나 단열재가 타는 조짐은 감지하지 못했다. 그러나 소음이 분명히 존재하고 점점 더 커진다는 사실은 부정할 수 없었다. 나는 15m마다 수중 통신으로 수심을 보고하고 있었는데, 105m 지점을 통과하고 있음을 막 알렸을 때 소음의 진원지를 알아내려고 몸을 비틀다가 양말을 신은 발이 미끄러지면서 축축하게 젖었다. 열린 밸브를 통해 유입된 바닷물이었다.

발목 깊이까지 물이 차 있었다. 왜 물이 들어온 것인지는 모르겠지만, 대체 밸브 손잡이는 어디 있단 말인가? 나는 밸러스트에 압축 공기를 불어 넣고 수직 추진기를 밟았다. 너무 늦지 않았는지 확인하기까지의 시간이 영원 같았다. 티핑 포인트를 넘어 버린 것일까? 잠수정이 깊이 가라앉을수록 수압이 커지고, 그러면 더 많은 물이 유입되어 잠수정이 더 무거워질 것이다. 그러면 하강이 더 빨라지고 다시 수압이 더 높아지는…, 잠수정이 내파하거나 해저에 부딪혀 내가 익사할 때까지 이 악순환은 계속될 터였다.

잠수정이 잠깐 진동하는 듯하더니 천천히 떠오르기 시작했지만, 물은 계속 들어왔다. 나는 피터를 호출해 욕을 한 바가지 퍼부으며 해수 유입 밸브로 물이 들어오고 있는데 밸브 손잡이가 없다고 소리쳤다. 그는 좌석 뒤 공구함에 손잡이가 있다고 했다. 나는 필사적으로 공구함을 찾아 더듬거렸고, 공포 지수는 계속 올라가고 있었다. 마침내 공구함이 손에 닿았고, 이제는 손잡이와 육각 렌치를 찾아서 밸브에 손잡이를 다시 달아야 했다. 나는 손잡이를 제자리에 위치시키고 시계방향으로 돌리려고 했지만 아무리 힘을 주어도 꿈쩍을 안 했다. 수압이라는 괴물이 밸브를 놓아 주지 않았던 것이다.

다행히 물이 들어오는 속도보다는 압축 공기의 효과가 더 좋았다. 잠수정이 천천히 상승하면서 압력이 낮아졌고, 밸러스트 탱크의 공기가 팽창하니 그에 따라 상승 속도도 점차 빨라졌다. 정상적인 상황에서라면 선박에 부딪히지 않도록 수심 15m 지점에서 잠시 멈추었겠지만, 이번에는 가능한 한 빨리 해수면에 도달하는 것이 유일한 관심사였으므로 그 절차는 무시했다. 내가 수면 위로 올라오자마자 다이버들이 구명보트를 타고 나타났다. 그들은 곧바로 다가와서 잠수정을 선박 측면으로 견인하여 크레인 갈고리에 매달 수 있도록 로프를 연결했다.

승조원들이 이제껏 한 번도 볼 수 없었던 속도로 잠수정을 끌어올려 갑판에 내렸다. 그들이 구체를 열자 엄청난 양의 물이 폭포처럼 쏟아졌다. 그러나 점검 결과 수위가 좌석 아래에 있는 전자 장치에 닿을 정도는 아니어서 물을 말리고 해수 유입 밸브를 교체하여 다시 잠수 준비를 하는 데는 1시간이 채 걸리지 않았다. 떨어진 말에 다시 오를 순간이 왔다. 불안했지만 포기할 생각은 없었다.

다시 밸러스트 탱크를 채울 때는 거품의 흐름을 감상하기는커 녕 생존 문제 외의 다른 어떤 것도 생각하지 않았다. 수심 90m 지 점에 다시 도달했을 때는 아드레날린이 솟구치고 있었고, 어떤 소 리가 들리자 물이 새어 들어올 때 들었던 것과 전혀 달랐는데도 무척 예민해졌다. 그것은 연속적으로 들리는 길고 날카로운 휘파 람 소리였는데 점점 높아지고 커졌다. 나는 미친 듯이 잠수정 내 부를 둘러보다가, 이내 그 소리가 밖에서 들리는 것임을 깨달았 다. 몸길이가 잠수정의 2배에 육박하는 범고래였다. 나를 살펴보 는 것 같았다. 검은색 바탕에 뚜렷한 흰 무늬, 칼날 같은 높이 솟 은 등지느러미, 유선형의 몸매, 내 뒤를 평온히 유영하다가 슬로 모션으로 잠수정 주위를 한 바퀴 돌고 떠나가는 의연한 자태, 이 모두가 자신이 이 수역 최고 포식자임을 말해 주고 있었다. 범고 래도 공기로 호흡하는 우리의 먼 친척인데, 그에 비하면 우리의 수중 환경 적응력은 얼마나 형편없는 수준인가.

물론 우리도 잠수 때마다 중층수에서의 삶에 관해 새로운 것을 하나하나 배워 가면서 발전했다. 우선 에치가 육지 일을 마치고 돌아와 나머지 잠수 작업을 감독한 덕분에 우리 모두 한시름 놓았 다. 피터는 잠수정 작동 코디네이터 자리에서 물러났다. 빛 지팡 이는 여전히 아무런 성과도 내지 못했지만, 생물발광이 얼마나 복 잡한 현상인지 이미 보았고 은신 전략이 그들의 생존에 있어서 얼 마나 중요한지도 알게 되었으므로, 애초에 너무 문제를 단순하게 생각했다는 것이 분명해졌다. 반면에 그물망 후프(지금은 이것을 스플랫 스크린SPLAT screen이라고 부른다)를 이용한 생물발광 촬영은 내 기대를 훨씬 뛰어넘었다. 나는 이를 바탕으로 발광생물 종에 따라 다르게 나타나는 발광의 시공간적 패턴을 조사하여 생물발광 데이터베이스 구축을 시작할 수 있었다. 그리고 무엇보다, 이 환상적인 조명 쇼 중 다수—특히 연약한 젤라틴 같은 생명체가 만들어 내는 장면—는 이제까지 어느 누구도 본 적이 없는 것이었다.

드디어 우리는 잠수정을 타 본 적이 없는 사람들, 과학자뿐 아니라 대중에게도 그 짜릿함을 전할 수 있게 되었다. 탐사가 막바지에 이른 시점에 CBS와 NBC에서 우리 연구선에 기자를 보내 탐사를 취재했고, 내가 촬영한 생물발광이 CBS 뉴스를 통해 전국에 방송되었다. 우리의 모험을 다룬 BBC 다큐멘터리 〈칠흑 같은 물속으로 뛰어들다〉도 제작되었다. 여기서도 전에 없이 높은 해상도로 심해 생물을 담은 영상과 함께 내가 촬영한 생물발광 장면이 소개되었다. 우리가 본 세계에 대중을 초대할 수 있다는 것은 엄청난 성취감을 가져다주었고, 우리는 향후의 심해 탐사 연구비 조달이 쉬워질 것이라는 희망에 부풀었다. 그러나 문제는 그리 간단치 않았다.

심해에 관한 뉴스나 다큐멘터리는 잠깐 화젯거리가 될 뿐 장기적인 영향력을 갖지 못한다. 대중적인 관심을 얻는다고 해도 그 관심이 지지로 이어지지는 않는다. 우주 사업을 일으킨 시발점은 대중의 관심이 아니라 정치적 이해관계였다. 1960년대에 나사가 백지수표를 받을 수 있었던 것은 우주 경쟁에서 소련을 이겨야 한다는 인식 때문이었고, 나사는 대중을 겨냥한 최고의 광고와 마케팅에 그 자금 일부를 할애했다. 우주 탐사를 우주 카우보이 수퍼히어로가 등장하는 개척자 모험 판타지로 각색한 그들의 홍보는 대중적 관심을 키웠다.

언제나 심해 탐사와 그 일환인 생물발광 연구에 대한 자금 투자는 우주 탐사 연구비에 비하면 새 발의 피다. 사실 내가 생물발광 연구에 자금을 투자받을 수 있었던 유일한 이유도 소련이 관심을 기울이는 분야라는 데 있었다. 그렇지 않았다면 나의 모험은 가능하지 않았을지도 모른다.

아무도 본 적 없던 바다

7장

해군의

기밀 프로젝트

◆◆◆

바다는 많은 비밀을 품고 있다. 그러나 생물발광을 알면 그 비밀의 일부가 풀릴 수 있다. 열쇠는 빛의 의미를 읽어 내는 데 있다. 이누이트족이 눈을 읽을 줄 알 듯, 고대 항해사들은 바다를 읽을 줄 알았다. 그들은 일생, 아니 몇 세대에 걸쳐 바다를 연구하며 항로를 개척했다. 이 지식은 바다 탐험을 위한 고속도로를 열어 주었고, 새로운 개척지에서의 정착과 무역을 가능케 했다. 지식은 곧 권력이었으므로, 여러 고대 사회에서 항해사는 성직자처럼 숭앙받고 그들의 지식은 삼엄하게 기밀로 유지되었다.

이러한 기밀성과 구전에 의존했던 상황 때문에 대부분의 고대 지식은 영원히 사라졌다. 주목할 만한 예외가 하나 있는데, 선원이자 폴리네시아 학자였던 데이비드 헨리 루이스의 업적이다. 그는 태평양 섬 주민들의 구전 전통이 아직 남아 있던 시기에 남태평양 항해사들을 인터뷰하고 그들과 함께 항해하면서 그들에게 전해 내려오는 비밀을 입수했다. 일찍이 유럽 탐험가들은 어떻게 이 '원시인들'이 나침반이나 육분의, 지도 같은 필수적인 항해 도구도 없이 카누만으로 지구 표면적의 3분의 1에 육박하는 광활한 바다를 횡단하며 작은 섬들을 찾아냈는지 궁금해했는데, 1972년 루이스가 자신이 입수한 정보를 『우리, 항해사들: 태평양에서 육지를 찾는 고대 기법』이라는 책으로 출판하면서 이 수수께끼를 풀 실마리가 보이기 시작했다.

아무도 본 적 없던 바다

루이스의 조사 결과에 비추어 볼 때, 그러한 놀라운 해상 업적을 이룩한 데에는 여러 요인이 작용했는데, 우선 태평양 섬 주민들은 별, 해, 탁월풍prevailing wind과 너울을 이정표로 삼았다. 그들은 또한 열대 바닷새의 이동 경로를 따라 움직였다. 긴꼬리뻐꾸기를 따라가면 타히티섬에서 뉴질랜드로, 검은가슴물떼새를 따라가면 타히티섬에서 하와이로 갈 수 있었다. 그들은 수평선상의 보일 듯 말 듯한 점에 의존하지 않았다. 섬 위에 머무르는 구름을 찾거나, 쿠리라는 개를 육지 냄새를 맡으면 짖도록 훈련시키는 등 여러 목표 탐색 방법을 개발했다.

　　그리고 또 한 가지 비범한 기법이 바로 '테 라파e lapa'라는 생물발광 현상을 읽는 것이었다. '테 포우라e poura'라고 부르는 일반적인 생물발광은 해수면 또는 해수면 근처에서 보이는 반면에, 테 라파는 그보다 깊은 수심 30~180cm에서 나타나는 발광으로 이리저리 물속의 번개처럼 휙휙 움직이는 빛줄기와 섬광을 뜻했다. 뛰어난 항해사는 이 발광의 패턴을 보고 육지로부터의 거리를 추정할 수 있었다. 육지에서 먼 곳에서는 '번개'의 움직임이 느린 반면에 육지 가까이에서는 더 빠르고 변덕스러웠다. 해안에서 130~160km 떨어진 곳에서 가장 잘 보였고, 13~14km 거리에서는 거의 사라졌다. 또한 항해사들은 같은 거리에 있더라도 육지 근처에서보다 산호초 근처에서 빛이 더 느리게 움직이기 때문에 산호초 라파와 육지 라파를 구별할 수 있다고 주장했다. 루이스는 자신도 직접 산호초 라파와 육지 라파를 보니 쉽게 구별할 수 있었다고 덧붙였다. 루이스는 산호섬들로 이루어진 산타크루즈 제도에서 폴리네시아인들로부터 테 라파에 관해 처음 들었는데, 길버트 제도에서도 미크로네시아인들에게 똑같은 설명을 들었다. 다만 그들은 이 현상을 '테 마타'라고 불렀다. 통가의 폴리네시아인은 동일한 현상을 '울로 아에타히'라고 불렀는데, 그것은 '바다의 영광'이라는 뜻이었다. 서로 멀리 떨어져 사는 토착민들이 육지를 찾는 이 독특한 방법을 공통적으로 알고 있었던 것을 보면, 이 기법은 남태평양 항해사들에게 보편화된 지식이었던 것 같다. 그런데 대체 그 빛은 무엇이었을까?

루이스는 해안에서 밀려 나가는 파도와 너울 때문에 생긴 현상이라고 추정했다. 음파처럼 파도도 단단한 물체에 부딪히면 굴절, 반사되며, 여러 섬이 모여 있다면 독특한 너울 간섭 패턴이 만들어질 수 있다. 남태평양 섬 주민들은 전통적인 의미의 해도 대신 야자수 줄기를 코코넛 섬유로 묶고 고둥 껍데기로 섬의 위치를 표시한 막대 해도를 만들어 썼다. 이 해도는 실제 거리를 표현하기보다 사용자에게 섬들이 모여 있는 특정 해역에서 어떤 너울 패턴이 나타나는지를 상기시켜 주는 일종의 기억 보조 장치였다.

단단한 물체 주변에서 파도가 굴절되는 현상은 해수면에서만 일어나는 것이 아니다. 깊은 물속에도 '내부파internal wave'라는 것이 존재하기 때문이다. 비니거와 올리브오일을 샐러드 드레싱 병에 함께 넣으면 이 현상을 시각화해 볼 수 있다. 밀도가 높은 비니거

아무도 본 적 없던 바다

는 가라앉고 밀도가 낮은 오일은 그 위에 떠 있다. 이 병을 좌우로 기울이면 오일과 비니거가 만나는 곳에서 내부파를 만들 수 있다. 바다에서는 차고 밀도가 높은 깊은 물 위로 밀도가 낮은 따뜻한 물이 밀려올 때 이러한 경계면이 만들어진다. 산호초나 돌출된 지형이 이 경계면에 침투해 있으면 내부파로 인해 난류가 형성될 수도 있다. 물론 이것은 하나의 가설로, 이것이 테 라파의 원인인지는 아직 밝혀지지 않았다.

나의 생물발광 버킷 리스트에는 테 라파를 직접 관찰하는 것, 더 나아가 그 장면을 촬영하는 것도 들어 있다. 데이비드와 코르테스해에서 캠핑을 하면서 비슷한 경험을 해 본 적은 있다. 우리는 보름달 아래에서 카약을 타고 있었다. 물이 어찌나 맑고 잔잔한지 배 아래에 아무것도 없는 것처럼 느껴질 정도였으며, 몇 미터 아래 달빛이 비친 바닥을 내려다보니 현기증이 났다. 그곳에서는 와편모충류의 섬광이 보이지 않는 물결을 따라 춤을 추듯 소용돌이치고 있었다. 수중 번개라고 할 만한 움직임은 아니었지만 저층류가 해저의 암석들과 상호작용하여 난류가 발생하고, 그 물리적 자극 때문에 발광이 일어났다는 것은 분명했다.

테 라파가 해저에서의 장기적인 상호작용에 기인할 가능성은 거의 없다. 만일 그랬다면 분명히 금방 알 수 있었을 것이고, 루이스도 언급했을 것이다. 나와 같은 연구실 대학원생이었던 마이크 라츠와 그의 동료들이 밝혔듯이, 와편모충류의 발광은 다음 세 가지 상황에서만 일어난다. 첫째, 배나 유영하는 동물 등 움직이는 물체가 주변에 있다. 둘째, 부서지는 파도처럼 난류가 많은 곳이다. 셋째, 해저에서의 해류처럼 바다 가장자리에서의 물의 흐름에 의해 유발될 수 있다. 테 라파의 경우는 이 세 가지 중 어느 것에도 꼭 들어맞지 않아 여전히 수수께끼로 남아 있다.

와편모충류의 생물발광을 유발하는 데 필요한 자극의 종류와 강도를 정확히 밝히려는 여러 실험이 이루어졌지만, 여전히 논란이 이어지고 있다. 그러니 유체역학자들의 현란한 수식보다는 나의 생리학적 뿌리로 돌아가 유리 탐침으로 P.푸시포르미스 세포를 찔렀을 때 보았던 장면을 생각의 출발점으로 삼는 편이 더 유익할 것 같다. 그런 상황에서 가장 효과적인 자극은 세포막을 빠르게 찌그러뜨리는 것이다. 문제는 테 라파의 경우 어떤 종류의 교란이 발생했을 때 그렇게 세포막을 찌그러뜨릴 수 있느냐는 것이다.

그나마 연구를 통해 밝혀진 사실은 생물발광의 광량이 특정 순간에 자극을 받은 물의 양에 따라 달라진다는 것이다. 자극에 의해 유발된 생물발광은 유영체의 모양과 유영 패턴의 결과물이므로, 물고기의 종류에 따라 특징적인 생물발광이 나타난다. 어부들은 이 특징을 이용하여 고기를 잡기도 한다. 집에서 가까운 한 시골 마을 강변에서 낚시를 하던 어르신한테 들은 얘기다. 예전에는 강어귀에 와편모충류의 생물발광이 무척 풍부했다면서, 낚시꾼들이 '물 속의 불'이라고 부르는 그 빛의 패턴을 보고 어떤 어종인지 구별할 수 있었다고 했다.

아무도 본 적 없던 바다

물고기가 만들어 내는 빛으로 쉽게 물고기를 찾아내고 어종도 쉽게 식별할 수 있다면, 배나 잠수함도 마찬가지일 것이다. 실제로 선박과 잠수함이 영향을 미치는 물의 범위는 엄청나기 때문에 아주 높은 곳에서도 그로 인한 빛의 자취를 볼 수 있다.

불운했던 아폴로 13호의 사령관으로 유명한 우주비행사 제임스 러벨은 실제로 아주 높은 고도에서 생물발광을 목격한 사람이기도 하다. 그는 1954년 미 해군 항공기 조종사로서 야간 전투기 밴시를 몰다가 구사일생의 경험을 한 적이 있다. 한국 동해상에 정박해 있던 항공모함 샹그릴라에서 훈련 임무를 수행하고 있을 때였다. 러벨은 비행을 마치고 귀환 신호에 따라 모함으로 돌아오다가 자신이 잘못된 방향을 향하고 있다는 것을 깨달았다. 그가 귀환 신호라고 생각했던 전파의 출처는 모함이 아니라 일본이었고, 단지 주파수가 우연히 일치했던 상황이었다. 그는 자신의 실수를 깨닫고 모함과 교신해야겠다고 생각했다. 그러려면 허벅지에 묶어 놓은 종이에서 통신 코드를 읽어야 했는데, 조종실 조명이 너무 어둡다 보니 글씨가 보이지 않았다. 그는 콘센트에 꽂아 두었던 비상용 보조 조명을 켰다. 그 순간 합선이 발생했다. 번쩍하더니 계기판의 모든 불이 완전히 꺼졌다. 끔찍한 사고였다.

계기판 없이는 모함을 찾을 길이 없었다. 그는 불시착해야 하는 상황이 왔을 때 생존 확률 제로라는 암울한 진실을 곱씹으며 모함의 흔적을 찾기 위해 필사적으로 저 아래 검은 바다를 샅샅이 살폈다. 그것은 모래사장에서 바늘을 찾는 것과 다름없었다. 그것도 어둠 속에서. 그러나 마침내 그를 구한 것 또한 어둠이었다. 완벽한 암전 상태가 아니었다면 물속에서 희미하게 반짝이는 빛의 흔적을 찾아낼 수 없었을 것이기 때문이다. 그 빛은 모함의 긴 후방 난류turbulent wake가 유발한 생물발광이었다. 그는 그것을 말 그대로 구원의 빛으로 삼아 뒤따라갔다.

항공모함이 해수면에 일으킨 생물발광을 항공기에서 볼 수 있다면, 잠수함이 일으킨 생물발광을 위성에서 보는 일도 가능하지 않을까? 실제로 그런 일이 확인되었는지는 알 수 없지만 이론적으로는 가능하며, 대잠초계기 P-3 오라이언으로는 분명 가능하다. 이것이 바로 미 해군이 생물발광에 대한 나의 열정에 관심을 갖는 이유이자 내가 연구비를 지원받을 수 있었던 이유였다.

◆◆◆

냉전 시대에 잠수함은 양측 모두의 정보 수집 활동에서 매우 중요한 요소였다. 수중 추적과 관련된 비하인드 스토리 대부분은 기밀에 부쳐져 있지만, 셰리 손태그, 크리스토퍼 드루, 애넷 로런스 드루의 『까막잡기』는 그 일부를 최초로 대중에게 폭로했다.

그것은 숨 막힐 정도로 대담한 작전이었다. 미국은 소련의 해안선에 접근하여 잠망경을 올리고 '정박 금지—해저 케이블 설치 구역' 표지판을 찾은 다음 그 케이블에 도청장치를 달았다. 한편 소련은 미국 해안에 잠입해서 탄도 미사일을 발사할 수 있는 부머 잠수함을 보유하고 있었는데, 미국은 점점 더 조용해지는 이 잠수함을 음향으로 추적하는 방법을 개발했다.

미국이든 소련이든 잠수함 함대의 최상위 원칙은 '수단과 방법을 가리지 말고 탐지를 피하라'였다. 조용히 물밑에 머무르는 것이 답이었지만 그것만으로는 충분하지 않았다. 양측 모두 전통적인 탐지 방법 대신 비음향 대잠전anti-submarine warfare; ASW에 돌입했기 때문이다. 처음 나온 아이디어는 아니었다. 2차 세계대전 중 독일군의 유보트가 멕시코만에 잠입해 플로리다 해안 160km 이내에 있는 화물선들을 어뢰로 공격할 때, 그들은 생물발광에 의한 탐지 위험을 잘 알고 있었다. 유보트 사령관 중 한 명이었던 라인하르트 하르데겐 함장은 생물발광을 주요 위협 요인으로 보고 동료 지휘관들에게 이렇게 경고했다. "미국 해역의 가장 위험한 특징은 야간의 해양 인광이다. 잠망경 심도에서 이동하면 인광 때문에 동력 장치나 기관포가 드러나 항공기나 구축함에 위치를 노출시키게 된다."

생물발광은 잠수함의 존재를 노출시킬 수 있다. 따라서 소련과 미 해군은 언제 어디에서 아군 또는 적군의 잠수함이 탐지에 가장 취약해지는지 알기 위해 생물발광 현상에 대한 예측력을 높이는 데 상당한 노력을 기울였다. 처음에는 그렇게 알아내기 어려운 문제로 보이지 않았다.

어찌 보면 생물발광 측정은 조도계를 바다에 내려보낸 최초의 연구자들도 했을 만큼 쉬운 작업이다. 배의 측면에서 감도가 높은 광센서를 내려뜨리고 흔들기만 하면 생물발광을 기록할 수 있다. 실제로 초기의 연구자들은 그들이 측정하는 빛의 양이 바다의 상태와 관련된다는 것을 깨닫고 곧 그 자극을 더 잘 제어할 수 있는 시스템을 설계하기 시작했다. 그 이름은 수중조도계 bathyphotometer; BP, 말 그대로 '물속의 bathy 빛을 측정하는 기계 photometer'였다.

모양과 크기는 저마다 달랐지만 펌프를 이용하여 물을 깜깜한 용기로 끌어들인 다음 회전 프로펠러나 좁은 협착부로 발광생물을 자극해 빛을 방출하게 해서 이를 기록하는 방식이 가장 일반적이었다. 문제는 측정되는 빛이 용기의 크기, 자극 방법, 유속, 검출 용기로 유입하기 전의 물의 유동 정도에 따라 달라진다는 점이었다. 이는 서로 다른 종류의 BP 측정 결과를 비교할 수 없다는 뜻이었다. 또한 대부분의 BP는 펌핑 속도가 늦어서(초당 1ℓ 이하) 와편모충의 발광만 측정되고 크릴처럼 더 빠르고 훨씬 더 밝은 발광생물—이런 생물들은 물의 흐름이 느릴 때는 나타나지 않다가 돌진하는 잠수함과 충돌하면 상당한 빛을 방출할 수 있다—이 방출하는 빛은 측정하지 못하리라는 우려가 제기되었다.

이렇게 여러 측면의 우려가 더해진 끝에 1981년, 해군 소속 해양학자들의 요청으로 대학과 군사 전문가로 이루어진 자문단이 BP 설계 개선을 제안하기에 이르렀다. 미 해군은 자문단의 권고에 기초하여 이제까지 대두된 모든 우려를 해소하고 전 세계 생물

아무도 본 적 없던 바다

발광 측정에 적용 가능한 미 해군 표준 시스템을 설계할 사람을 선정하고자 제안요청서를 발행했다.

짐 케이스는 제안서를 제출했고, 그의 주장 대부분의 근거가 내 학위 논문 연구에서 나온 것이었으므로 나를 공동연구책임자로 포함했다. 경력이 얼마 안 된 내가 이렇게 막대한 규모의 연구에 공동연구책임자로 이름을 올린 것은 엄청난 일이었다. 일차 연구비만 50만 달러가 넘고, 이후 추가 연구비도 예정되어 있었다. 대대적인 금액이었고 세간의 주목을 받을 수 있는 연구였다. 물론 결과가 성공적이라는 전제하에 그렇다는 말이다. 연구가 성공하면 지도교수의 탁월함이 칭송받고 실패하면 대학원생의 무능함이 질책받는다는 것이 학계의 정설이다. 박사후연구원이 되면 이 공식은 2배로 강력해진다. 이 프로젝트가 실패하면 내 평판은 회생 불가능해질 것이다. 이 때문에 나는 우리가 연구비를 따냈다는 사실을 알게 되었을 때 기쁨과 불안이 기묘하게 결합된 감정을 느꼈다. 복권에 당첨된 사실을 알았는데 복권을 어디에 두었는지 모르겠는 상황 같은 거였다.

명목상으로는 케이스와 내가 공동연구책임자였으나 케이스는 UC샌타바버라 연구 담당 부총장으로서의 일만으로도 겨를이 없었으므로 실무는 온전히 내 몫이었다. 계측 장비 개발도 해 보았고, 그에 필요한 과학적 배경 지식도 탄탄했지만, 이렇게 큰 규모의 프로젝트를 관리해 본 적은 없었다. 많은 인물이 관여했고 상황은 계속 변했으며 이 모든 일이 결국 참담한 실패로 끝날 것이라고 생각하게 만드는 숱한 순간이 있었다.

우리의 기본 원칙은 공학보다 생물학을 중심에 두는 것이었다. 우리는 유영 속도가 빠른 흔한 동물들이 측정에서 누락되는 일이 없도록 크릴의 최고 속도에 따라 필요한 펌핑 스피드를 계산했다. 그런데 유속이 빨라지면 발광생물이 용기에 머무르는 시간이 짧아서서 동물 종에 따라 섬광의 지속시간 전체를 측정할 수 없는 경우가 자꾸 생겨났다. 우리가 용기 크기를 바꾸지 않았다면 크릴 같은 동물은 빛을 제대로 측정하기도 전에 로켓처럼 빠져나갔을 것이다.

우리는 이 문제를 해결하기 위해 검출 용기를 직경이 13cm 가까이 되고 길이도 1.2m가 넘는 관 모양의 용기로 바꾸었다. 그러자 또 다른 세 가지 문제가 발생했다. 어떻게 해야 물이 이 긴 관을 고속으로 통과하게 할 수 있으며, 발광을 자극하는 방법과 측정 방식은 어떻게 보정해야 할까? 우리는 관 뒤쪽 끝에 고속 펌프를 설치했다. 물은 관 앞쪽 끝에 있는 철제 격자를 통과하여 뒤쪽으로 빨려 들어오며, 이 격자는 스플랫 스크린과 비슷하지만 더 성긴 자극판이 된다.

우리는 관 안의 모든 곳에서 동일하게 모든 발광을 측정하기 위해 빛을 수집하여 광전자증배관으로 전달하는 역할을 하는 광섬유를 70개 넘게 내장했다. 또한 격자 앞에 자유롭게 회전하는 광차단기를 설치하여 달빛이나 선박에서 오는 미광迷光; stray light을 막고 물이 자극 격자에 닿기 전에 생물발광이 자극되는 일을 최소화했다. 이 장치를 특히 중요하게 생각했던 것은 박사학위 논문을 위해 P.푸시포르미스를 연구하면서 알게 된 사실, 즉 첫 번째 섬광이 후속 섬광에 비해 훨씬 밝다는 점을 고려할 때, 검출 용기에 들어가기 전에 광원이 자극을 받아 섬광이 일어나면 우리의 측정값이 현저히 감소할 수 있기 때문이었다.

해군 자금으로 이루어지는 연구였으므로 해군 스타일의 약칭을 붙여야 할 것 같았다. 나는 고심 끝에 만족스러운 답을 얻었다. HIDEX-BP. '대량 유입형 여기 유발 수중 조도계High Intake Defined Excitation Bathyphotometer'라는 뜻이었다.

좋은 측정 시스템이 되려면 숫자가 의미하는 바가 확실해야 한다. 그것은 만만치 않은 문제였고 여러 단계의 작업을 필요로 했다. BP 시제품을 넣을 수 있을 만큼 큰 시험용 수조가 필요해서 윗부분을 잘라 낸 대형 오수 정화조(물론 쓰던 것은 아니었다) 가장자리에 매달려서 작업한 적도 있었다. 발광 와편모충을 BP로 천천히 들여보내기 위해서였는데, 유리섬유 재질의 정화조 단면 때문에 가슴이 쓰라렸다. 미광을 막으려고 덮어씌운 검은색 플라스틱 덮개 밑에서 작업을 하다 보니 숨이 턱턱 막히는 데다가 차가운 바닷물에 담근 팔은 무감각해졌다. HIDEX를 개발하면서 내 직업 선택에 회의가 든 순간이 여러 번 있었는데 이때도 그중 하나였다. 이것은 보통 사람들이 생각하는 해양생물학자의 일상—낮에는 돌고래와 수영을 즐기다 해 질 녘이 되면 열대 해변에서 칵테일을 홀짝거리는—과 달라도 너무 달랐다.

HIDEX의 첫 현장 검증은 내가 팀장을 맡은 첫 탐사였다. 이전에 나간 탐사에서 머피의 법칙을 충분히 경험했지만, 이번만큼은 머피가 달라진 모습을 보여 줄 줄 알았다. 그러나 첫날 밤부터 파고가 높고 배가 몹시 흔들렸다. 여기에 선상 주방에서 올라오는 고약한 기름 냄새와 디젤 냄새가 섞인 악취까지 더해져, 팀원 대부분이 뱃멀미를 했다. 가까스로 HIDEX를 배치할 인력을 확보했는데, 이번에는 장비가 작동하지 않았다. 문제가 뭔지 살펴보려고 갑판에 다시 올려놓으니 다시 정상적으로 작동했다. HIDEX가 우리를 물 먹이기로 작심한 것 같다는 게 중론이었다. 이런 상황을 케이스 교수에게 보고하느니 선장을 꾀어 멕시코로 도망치는 게 낫겠다고 할 정도였다.

HIDEX를 작동시키려는 필사의 작전을 펼 때, 특히 모두 녹초가 되고 여전히 아무런 진전이 없는 새벽 1시쯤이면 꼭 이런 시답잖은 농담이 오갔다. 그것은 좋은 팀워크를 유지하려는 노력의 일환이었다. 우리는 거의 늘 좋은 관계를 유지했다. 그러나 대규모 프로젝트가 으레 거치는 단계들—(1) 열정, (2) 환멸, (3) 공황, 히스테리, 제출 기한 경과, (4) 범인 색출, (5) 무고한 사람에게 주어지는 문책, (6) 일하지 않은 사람에게 돌아가는 보상—을 우리라고 피할 수는 없었다. 대규모 프로젝트가 나에게 준 부작용은 끊임없는 스트레스였다. 늘 씹어먹는 소화제를 우물거렸는데 그마저도 별로 소용이 없어서 약병을 바로 입에 대고 털어 넣는 지경에 이르렀다.

그러나 결론적으로 말하자면, HIDEX는 첫 해군 임무를 수행할 준비를 마칠 수 있었다. 그 임무란 아프리카 북서쪽 해안의 카나리 제도에서 플로리다까지 대서양을 횡단하면서 바다의 수심 150m에서 생물발광을 측정하는 것이었다. 우리는 나, 케이스(이즈음부터는 짐이라고 불렀다), 버니, 마이크 라츠, 전기엔지니어 프랭크, 이렇게 다섯 명이었다. 그것은 전장 87m짜리 해군 해양 탐사선 USNS케인함에서 수행되는 기밀 임무였다.

나는 HIDEX 프로젝트를 시작하면서 비밀 취급 인가를 받았고 그에 수반되는 제한사항도 잘 알고 있었지만, 이번 임무의 보안 수준은 새로운 차원인 데다가 유난스러워 보였다. 예를 들어 남편에게 우리가 탈 배 이름과 출항할 항구 이름을 말해 줘도 되지만, 무슨 이유에서인지 그 두 가지를 같은 날 알려 주는 것은 안 된다고 했다. 나는 내 귀를 의심하며 보안 담당자에게 재차 확인했다. 정보를 가로채일 우려 때문에 같은 서신에 핵심 정보 여러 개를 포함하지 않는다는, 2차 세계대전 때부터 이어져 내려온 원칙이라고 했다. 우리가 하고 있는 일이 대체 왜 다른 나라의 관심을 끌수 있다는 것인지 상상하기 힘들었지만, 그것은 사실이었다.

해외의 관심은 라스팔마스 항구에서 케인함에 승선하자마자 알 수 있었다. 선상 연구실에서 버니와 이야기를 나누고 있는데 함장이 들어와 뒷갑판에 있는 HIDEX를 가리키며 이렇게 말했다. "방수포를 씌워 놓는 게 좋겠습니다. 너무 많은 이목을 끌고 있어서요." 함장이 무슨 말을 하는 건지 알아보려고 선미로 나가 보니, 케인함 바로 뒤 부두에 거대한 소련 해양정찰함이 있어서 깜짝 놀랐다. 뱃머리에 선 두 사람이 망원렌즈로 HIDEX의 사진을 찍고 있었다.

조선소 용접공이 잠시 사라졌던 일도 단순한 관심 이상의 주시를 받고 있음을 암시했다. 케인함에는 자체 용접기술자가 없어서 BP의 윈치를 갑판에 용접하기 위해 조선소 직원을 불러야 했다. 어느 시점에 그가 갑판에서 보이지 않았는데, 실험실에 들어가니 거기에 있어서 깜짝 놀랐다. 조금 당황스럽기도 했다. 그는 버니에게 바짝 붙어 HIDEX 소프트웨어에 관해 질문을 하고 있었다.

이 두 사건만 있었다면 단순한 해프닝으로 치부할 수 있었을지 모르지만, 그 다음에 벌어진 일은 그렇게 넘어갈 수 없게 만들었다. 해군 함정에서 무선전신실은 기밀 공간이라서 허가를 받은 사람만 출입할 수 있다. 사건은 출발하기로 한 전날 밤에 일어났다. 무전병이 해변으로 밤 마실을 나갔고, 소련 정찰함 승조원들과 술잔을 기울이게 되었다. 과음을 하게 된 무전병은 소련군들을 케인함으로 불러들였고 무선전신실 문까지 열어 주고 말았다. 추후에 보고하기로는 그다음에 무전병 자신도 소련 선박에 갔다고 했는데, 그의 기억은 선착장에서 정찰함으로 가는 도교에서 멈추어 있었다. 그리고 정신이 들었을 때는 경찰이 항구에서 그를 찾고 있

　　　　　　　　　아무도 본 적 없던 바다

었다. 우리는 다음날 아침 무전병이 쇠고랑을 차고 끌려가는 모습을 보고서야 간밤의 사건에 관해 알게 되었다.

그렇게 시작된 원정은 결코 즐겁지 않았다. 거친 바다와 열악한 음식뿐 아니라, 함장도 문제였다. 그는 내가 자기 방에 기념품 컬렉션을 보러 오지 않는 데 대해 기분 나쁜 티를 팍팍 냈다. 그 와중에도 HIDEX는 잘 가동되었으며, 해군이 내건 모든 요구사항을 충족했다. 우리는 특허를 받았고, HIDEX 측정은 전 세계 해양생물발광 측정을 위한 공식적인 미 해군 표준이 되었다. 더 기쁜 것은 내가 드디어 위장약을 끊을 수 있게 되었다는 점이었다.

소련군과 관련된 두 가지의 흥미로운 후일담이 있다. 하나는 1년 후 소련 학자들의 논문이 자주 실리는 학술지 〈해양학〉에 게재된 한 편의 논문이었다. 이 논문에서 소련 연구진은 새로운 수중 조도계를 선전했는데, 외양은 HIDEX와 판박이였지만 내부는 닮은 구석이 하나도 없었다. 그렇게 애를 썼어도 그들이 확보한 유일한 실질적인 정보는 첫날 밤에 찍은 사진밖에 없었던 모양이다.

두 번째는 소련 붕괴 후 열린 국제 생물발광 및 화학발광 심포지엄에서 있었던 일이다. 나는 영국인 동료와 점심을 먹고 있었고, 맞은편에 구소련 과학자 몇 명이 앉아 있었다. 내 동료가 그들을 알아보고 나를 HIDEX-BP 발명가라고 소개했다. 내 바로 앞에 있던 신사가 입을 벌리며 전형적인 놀란 표정을 짓더니 "아, 저는 HIDEX-BP 발명가가 당연히…"라며 말을 멈추었다. 그가 뭐라고 말하려던 것인지는 알 수 없다. 남자일 줄 알았다거나 더 나이가 많을 줄 알았다? 아니면 이미 세상을 떠난 줄 알았을까? 진실을 알 길은 없지만 그의 표정으로 볼 때 꽤 충격적이었던 모양이고, 나는 그 말을 (나에 대한 칭찬은 아니더라도) HIDEX에 대한 칭찬으로 받아들이기로 했다.

◆ ◆ ◆

미 해군 입장에서의 성과는 HIDEX-BP를 통해 야간 수출광량 계산에 필요한 수치를 얻을 수 있었다는 것이다. 이는 밤에 잠수함이 특정 해역의 특정 수심에서 특정 속도로 이동할 때 생물발광이 얼마나 자극되며, 그 발광이 해수면에서 탐지 가능한 수준인지 알 수 있게 되었다는 뜻이다.

내 입장에서는 HIDEX가 생물발광 지뢰밭의 본질에 관한 새로운 시각을 열어 주었다. HIDEX에 의한 가장 놀라운 발견은 두께가 50cm도 안 될 만큼 얇지만 강렬한 생물발광 층의 존재를 알게 된 것이었다. 그 존재는 해군에게도 분명 전략적으로 중요했지만, 해양생태계를 이해하고자 하는 입장에서는 바닷속의 생물 분포에 관한 당대 학자들의 생각에 혁명적인 변화를 일으킬 수 있는 사안이었다.

저인망 포획으로 얻은 표본에는 여러 생물들이 뒤죽박죽으로 섞여 있으므로, 바닷속을 모든 재료가 함께 뒤섞여 있는 수프처럼 상상하는 경향이 오랫동안 널리 퍼져 있었다. 그러나 음향학적, 광학적, 기계적으로 표본을 수집하는 여러 새로운 기술이 등장하면서 과학자들은 점점 더 정밀하게 해양생물을 관찰할 수 있게 되었다.

자세히 들여다볼수록 이른바 '패치상 분포'가 더 많이 발견되었다. 동물들이 고르게 퍼져 있는 것이 아니라 불균일하게 무리지어 있다는 뜻이다. 패치상 분포의 본질과 원인을 이해하는 것은 해양생태학의 가장 큰 과제 중 하나다. 사냥은 많은 에너지가 드는 일이다. 따라서 사냥으로 잃어버리는 열량보다 더 많은 열량을 섭취할 수 있을 만큼 먹잇감이 풍부한 곳을 찾아야 한다. 계산에 따르면 평균적인 먹잇감 밀집도로는 포식자를 만족시킬 수 없다. 그렇다면 포식자들은 더 밀도 높은 먹잇감 군집을 찾아내고 해치울 수단을 가져야 한다는 뜻이 된다. 생물발광이 그 수단이 될 수 있을까?

남방코끼리물범이 생물발광을 이용해 먹이를 찾는다는 것은 여러 증거에 의해 확인되었다. 이름이 말해 주듯이 남방코끼리물범은 물범류 중 가장 육중하고 고래 다음으로 큰 해양 포유류이며, 따라서 엄청난 양의 먹이가 필요하다. 이들은 배를 채우기 위해 1년에 열 달가량을 바다에서 보내며 밤낮으로 먹이를 찾으러 물속으로 들어가는데, 1.5km(엠파이어스테이트빌딩 높이의 약 4배) 가까이 잠수할 때도 있다.

물범은 음파를 탐지할 줄 모르지만 그 아름답고 큰 갈색 눈은 인간의 눈보다 더 민감하며 코끼리물범의 눈은 그중에서도 가장 민감하다. 코끼리물범의 주요 먹잇감은 샛비늘치와 오징어인데, 이에 따라 사냥법에 대한 학자들의 견해도 두 가지로 갈린다. 첫 번째 가설은 물범이 먹잇감 자체에서 방출되는 빛을 따라간다는 것, 두 번째 가설은 어류나 오징어가 발광 플랑크톤이 밀집한 생물발광 지뢰밭을 지나가면서 생기는 빛 때문에 물범이 먹잇감을 볼 수 있게 된다는 것이다. 코끼리물범의 먹이 활동이 생물발광 잠재력이 높은 지대인 수괴와 수괴 사이의 경계에서 주로 이루어진다는 점을 고려하면 지뢰밭 가설의 가능성이 더 높아 보인다. 첫 번째 가설은 먹잇감의 자연발생적 발광을 전제로 하는데, 이는 그들이 생존 확률을 떨어뜨리는 형질을 진화시켰어야 가능한 일이라는 점에서도 설득력이 낮다.

살아 있는 빛의 지뢰밭을 헤엄치면 어떤 느낌일지 궁금하다면 푸에르토리코에 몇 군데 있는 생물발광 만을 방문해 보면 된다. 관광객들을 태운 보트가 지나가면 물고기들은 깜짝 놀라 사방으로 도망치고 배가 네온블루 색의 물보라를 일으키며 지나가면 희미하게 반짝이는 자취가 남는다.

배가 멈추고 다리를 배 옆으로 내밀면 곧바로 반짝이는 스팽글 부츠가 신겨진다. 빛이 발 주변을 휘감으면 더 힘차게 발을 휘저어 보고 싶어지고, 욕조에서 노는 어린아이처럼 신나게 물장구를 치면 찬란한 사파이어색으로 물이 튄다.

운이 좋아 수영이 허용되는 생물발광 만에 가게 된다면, 온몸을 담가 볼 수도 있다. 거기서 헤엄을 치면 반짝거리는 별가루들로 만들어진 후광에 휩싸일 것이다. 눈앞에서 손가락을 까딱거릴 때마다 손끝에서 불꽃이 나오는 것을 지켜보면 마법적인 초능력을 가진 기분이 든다. 어떻게 보면 그런 셈이다. 수많은 생명이 우리를 둘러싸고 있고 자연은 어디에나 있지만 우리 눈에 보이는 것은 얼마 안 된다. 그런데 이곳에서는 숨어 있던 생명의 에너지가 눈앞에 펼쳐지는 것이다. 이 장면을 보는 사람들은 한결같이 기쁨과 경외감이 절묘하게 혼합된 감정을 경험한다.

2부

어둠을
알려거든

빛을 가지고 어둠 속으로 가면 빛을 알 수 있을 뿐.
어둠을 알려거든 어둡게 가라. 보이지 않아야 비로소
어둠도 꽃을 피우고 어둠도 노래함을,
어둠도 어둠의 발로 뛰어다니고
어둠의 날개로 날아다님을 알게 되리니.
　　　　　　　 - 웬델 베리, 「어둠을 알려거든」

8장

진화의 이름으로
벌어지는 일

　　　　　◆ ◆ ◆

　펠리칸장어였다. 살아 있는 펠리칸장어를 본 적은 없었지만 비늘 없이 미끈한 가늘고 긴 몸, 이빨이 없는 거대한 입, 몸길이의 4분의 1에 육박하는 턱뼈를 보니 틀림없었다. 녀석은 뱀처럼 꿈틀거리며 잠수정 코앞에서 빠르게 헤엄치고 있었다. 그러나 전력질주를 계속할 수는 없었는지 1분도 안 되어 속도를 떨어뜨리다가 갑자기 멈추었다. 조종사 필 산토스는 잠수정의 속도를 늦추어 그 물고기가 계속 우리 앞에 있게 했고, 나는 물고기가 시야에 들어오도록 외부 카메라 방향을 조정했다. 그리곤 잠시 계기판을 보느라 고개를 숙였다가 다시 들었는데, 눈앞에 나타난 장면을 이해할 수 없었다. 검은 물고기가 있어야 할 자리에 검은 줄에 매달린 갈색 풍선이 있었기 때문이다. 풍선은 지퍼가 열리듯 둘로 쪼개지면서 열렸고, 그와 동시에 모양과 색이 바뀌어 원래대로 검은 물고기로 변신하더니 다시 헤엄치기 시작했다.

　"봤어?" 나는 내 눈을 믿을 수 없어서 필에게 소리쳤다. 그는 물고기에 조준경을 고정하고 그 뒤를 따르고 있었으므로 못 보았을 리 없었다. 잠수 시간은 끝나가고 있었다. 올라오라는 호출이 이미 떨어졌으므로 완벽한 촬영을 하겠다고 꾸물댈 시간이 없었다. 나는 외부 카메라 조정을 포기하고 가방에서 캠코더를 꺼내 들었다. 덕분에 펠리칸장어가 다시 한번 수영을 멈추고 변신 쇼를 보여 줄 때 촬영에 성공했다. 턱을 기괴할 만큼 크게 벌렸다 닫으면, 수축 상태에서는 검게 보이던 목구멍 부분의 피부가 얇게 늘어나면서 갈색 풍선처럼 변했다. 그 풍선은 필과 내가 할 말을 잃은 채 바라보고 있는 동안 더 크게 부풀어 올랐다.

이 물고기의 학명 '에우리파링크스 펠레카노이데스^{Eurypharynx} ^{pelecanoides}'는 '펠리컨 같은 비율의 긴 인두'라는 뜻으로, 이 기이한 입 때문에 붙은 이름이다. 이 극단적인 적응 형태는 펠리컨처럼 먹이를 삼키기 위한 것으로 추정되지만 실제로 먹이를 먹는 모습을 본 사람은 아무도 없으므로 확인된 바는 아니다. 저인망 그물에 이 물고기가 걸리는 일도 드물고 잠수정에서 보는 일은 훨씬 더 드물다.

거대하게 팽창한 입이 먹이를 먹는 데 사용되리라는 것은 의심의 여지가 없지만, 또 다른 기능을 할 가능성도 있다. "먹히지 않으려고?" 필이 물었고, 나는 어깨를 으쓱했다. "그럴지도 모르지. 하지만 펠리컨장어가 저렇게 할 수 있는지도 처음 알았는걸. 알았던 사람이 있을까?" 나는 녹음용 마이크에 대고 내가 본 것을 설명했다. "이 물고기는 턱을 불룩하게 부풀려 커다란 풍선처럼 만들었다." 장어가 또 한 번 부풀었고, 촬영에 성공한 나는 신이 나서 소리쳤다. "굉장해! 우리가 해냈어! 저게 대체 뭘 하는 건지는 모르겠지만, 아무튼 비디오에 담았다고! 와, 너무 멋진 장면이었어!" 내가 탄성을 터뜨리고 있는 와중에 장어는 다시 수축하고 있었고 필은 추진기를 밟았다. 그러자 잠수정이 앞으로 치고 나가면서 장어가 잠수정 앞에 달린 포집용 실린더로 미끄러져 들어왔다. 필은 장어가 도망치기 전에 재빨리 유압식 마개를 닫았다. 나는 또 소리쳤다. "잡은 거야, 필? 잘했어!" 농구로 말하자면 완벽한 턴어라운드 점프 슛에 상응하는 놀라운 위업이었다. 믿어지지 않았다.

나는 기록용 마이크를 켜고도 흥분을 가라앉힐 수 없어 "굉장하다!"라는 말만 연발했지만, 상부와의 교신을 맡은 필은 보스턴 사람 특유의 억양과 차분한 목소리로 할 말만 했다. "알겠다. 우리는 지금 수심 730m 지점에 있다. 상승 허가를 요청한다." 나도 그러려고 노력했지만 목소리가 계속 떨렸다. "DS6에 펠리칸장어 한 마리가 … 믿어지지 않지만 … 있다. 수심 738m, 온도는 섭씨 4.2도다." 우리는 그 기이한 장면을 녹화할 수 있었을 뿐만 아니라 그 주인공을 포획하기까지 했다. 그것은 나에게 펠리칸장어의 생물발광을 연구할 기회가 생겼다는 뜻이었다.

나는 얼른 그 물고기를 실린더에서 꺼내 안전하게 어두운 수조에 넣고 싶었다. 해양동물이 생물발광을 어떻게 사용하는지에 대해서 우리가 아는 바는 어느 동물에 대해서건 극히 미미하지만, 펠리칸장어는 그중에서도 대표적인 사례였다. 정교한 발광기관이 하필 비정상적으로 긴 꼬리 끝에 달려 있다는 사실은 이 물고기가 요가를 하듯 몸을 비틀어 조명을 입 앞으로 가져가서 미끼로 쓰는 것이 아닐까 추측하게 만든다. 레이싱카의 줄무늬처럼 몸 전체에 길게 이어져 있는 홈이 발광기관일 것이라고 추측하는 과학자들도 있었지만, 그 기능에 대해서는 일말의 단서도 밝혀진 바가 없다. 그런데 내가 그 단서를 찾을 기회를 목전에 두고 있었던 것이다.

◆ ◆ ◆

우리는 1989년에 HIDEX-BP를 해군에 납품했다. 그 프로젝트 때문에 연장했던 UC샌타바버라 박사후연구원 계약이 끝났으므로 진짜 일자리를 찾아야 할 때가 되었다. 나는 동물들이 생물발광을 어떻게 이용하는지 더 알고 싶었으므로, 발광생물을 관찰할 수 있는 일을 찾고자 했다. 이 분야에서 내가 선택할 수 있는 것은 제한적이었다. 원격 제어 무인잠수정remotely operated vehicle; ROV이 부상하여 심해에 접근할 수 있는 길이 대폭 늘어났지만, 그것은 내가 원하는 관찰 방식에 적합하지 않았다. ROV 탐사에서는 카메라를 통해 관찰할 수밖에 없고 당시의 카메라 성능은 어둠에 완전히 적응한 인간의 눈을 따라오지 못했기 때문에, 그렇게 해서는 뿌옇고 답답한 화면밖에 볼 수 없었다. 사실 아무것도 볼 수 없다고 해도 과언이 아니었다. 나에게 필요한 것은 내가 직접 타고 내려갈 잠수정이었고, 아무 잠수정이나 있으면 되는 것이 아니라 딥 로버처럼 중층수 탐사를 위해 특별히 설계된 잠수정이 있어야 했다.

당시에 실제로 운용되는 심해 잠수정은 미 전역에 열 척 정도밖에 없었다. 공식 학술 연구용으로 주로 사용되는 것은 다섯 척뿐이었고, 그중에서도 단 두 척만이 중층수용으로 설계된 것이었다. 둘 다 플로리다주 포트피어스에 있는 하버브랜치해양학연구소^{Har-}bor Branch Oceanographic Institute; HBOI 소유였다. 그런데 운 좋게도 바로 그해에 HBOI가 잠수정 탑승 경험이 있는 신입 연구원 채용 공고를 냈다. 나는 그 자리에 지원했고, HBOI에 생물발광부라는 이름의 내 연구실을 갖게 되었다. 실제보다 거창하게 들리는 명칭이기는 했지만, 근사한 일이라는 점은 분명했다. 무엇보다 HBOI의 연구선과 두 척의 잠수정인 존슨-시-링크^{Johnson-Sea-Link; JSL} 1호와 2호를 이용할 수 있었으니까.

잠수정 이름은 그 개발에 함께한 투자자와 발명가 이름을 따서 지어졌다. 수어드 존슨 경은 바다의 신비로움에 대한 깊은 사랑 때문에 에드윈 링크가 자비로 만들고 있던 초기 단계의 잠수정을 최첨단 수준으로 발전시키는 데 개인 자산을 투자했다.

초기의 JSL은 스쿠버다이버 이동 수단으로 설계되었다. 조종사와 연구자가 앉는 아크릴 구체는 잠수정의 주 공간이 아니라 버스 운전기사 좌석 같은 곳이었고, 그 버스의 승객은 구체 뒤편에 별도로 마련된 금속 재질의 달걀 모양 공간, 이른바 잠수사실에 탔다. 이 장비의 목적은 구체와 잠수사실 모두 대기압을 유지한 상태로 잠수정을 스쿠버다이빙 한계 수심인 300m까지 내려보내는 것이었다. 목표 지점에 도달해 잠수사실 압력을 외부와 동일하게 높인 후 하부 해치를 열면 스쿠버다이버 두 명이 나가서 작업을 하게 된다. 우주선 밖에서 안전줄 없이 우주유영을 하는 것과 비슷하지만 우주복과 우주의 진공 상태는 1기압 차이밖에 나지 않는 데 비해 스쿠버다이버는 30기압(약 30kg/㎠)이나 차이가 나는 곳에 던져진다. 매우 짧은 허용 잠수 시간이 지나 잠수사실로 복귀하면 해치가 닫히고 잠수정이 상승하는 동안 감압이 진행된다. 해수면까지 올라오면 잠수사실이 선상 고압산소실에 바로 연결되어 그곳에서 다이버들이 감압을 완료한다. 수심 180m에서 단 4분만 머물러도 다이버가 완전히 회복하는 데까지 걸리는 감압 시간은 27시간이나 된다!

링크는 다이버를 내보낼 게 아니라 잠수정 전면부에 원격 제어 장치를 달아 그것으로 표본 수집을 하면 더 효율적일 것이라는 생각이 들었고, 그 후 몇 해에 걸쳐 동료 엔지니어들과 함께 멋진 표본 수집 시스템을 개발했다. 표본은 집게발로 잡아 용기에 직접 떨어뜨릴 수도 있고, 로봇 팔에 달린 흡입 호스로 빨아들일 수도 있었다. 쓰레기통 크기의 아크릴 실린더—펠리칸장어를 잡을 때 썼던 것과 같은—도 8개가 있었다.

◆ ◆ ◆

나는 갑판으로 복귀하자마자 펠리칸장어가 들어 있는 통부터 실험실로 옮겼다. 장어는 여전히 활발하게 헤엄치고 있었고, 나는 그것을 관찰용 수조로 옮길 가장 좋은 방법이 무엇일지 고민하면

　　　　　　　　아무도 본 적 없던 바다

서 뚜껑을 열었다. 30cm가 족히 넘어 다루기 버거운 데다가 무척 유연하기까지 했다. 손으로 잡는 건 포기하고 대형 유리 사발로 떠내기로 했다. 이 희귀 어종의 포획을 보려고 모여든 사람들 때문에 습식 실험실이 꽉 찼다. 내가 포집기에서 장어를 꺼내자 머리부터 꼬리까지 이어지는 선명한 네온블루 색 불빛에 일제히 헉 하며 숨을 멈추었다. 형광등이 켜져 있는데도 이렇게 번쩍거리다니, 내가 이제껏 본 중에 단연코 가장 밝고 가장 눈부신 생물발광이었다.

심해 포식자의 눈은 고도로 민감해서 매우 희미한 빛도 감지할 수 있으며, 반면에 너무 밝은 빛을 막아 줄 눈꺼풀 같은 방어 수단은 없는 경우가 많다. 따라서 이 정도 밝기의 빛이라면 아크 용접기의 불꽃 중앙을 맨눈으로 보는 것만큼 치명적일 것이다. 펠리컨장어가 변신술 외에 갖고 있는 또 한 가지 방어 수단은 바로 강력한 발광으로 공격자를 눈멀게 하는 전술이었다.

물론 이것은 내 추측이다. 우리가 바닷속에서 일어나는 생물발광에 관해 안다고 생각하는 것은 대부분 추측에 불과하다. 우리는 눈 옆에 달린 발광기관은 손전등 역할을 할 것이라거나, 입 앞에 대롱대롱 매달려 있는 불빛은 낚시용 미끼일 것이라고 추측한다. 그러나 이 장어의 기이할 만큼 긴 꼬리 끝에 달린 발광기관과 몸 전체를 가로지르는 줄무늬 불빛은 내 상상력의 한계를 넘어서는 것이었다. 우리 앞에는 여전히 풀어야 할 눈부신 퍼즐이 있다. 대체 펠리컨장어가 어떤 일상을 보내길래 생존을 위해 이런 적응 방법을 택하게 된 것일까?

적응 유발 요인을 파악하는 것은 진화 과정 이해의 기본이다. 오늘날의 세계에서 생명체들이 급격한 기후변화에 어떻게 적응해 나가는지를 알아내는 것은 진화의 잠재적 승자와 패자를 식별하고 생물다양성 손실을 최소화하기 위해 어떤 활동에 집중해야 할지 판단할 수 있게 해 주는 열쇠다. 우리 자신의 취약성을 인식하는 것도 매우 중요하다. 이 세계가 우리를 위해 설계되있고 따라서 모두 다 잘될 것이라고 믿는 것은 위험하고 어리석은 생각이다. 더글러스 애덤스는 자신의 유고집에서 이를 잘 표현했다.

"어느 날 아침 물웅덩이가 잠에서 깨어나 이렇게 생각한다고 상상해 보자. '내가 참 흥미로운 세상에 있구나. 이것 참 흥미로운 구멍이야. 나에게 꼭 들어맞잖아, 그렇지 않아? 정말이지, 믿기 힘들 정도로 나에게 잘 맞아. 분명 나를 위해 만들어진 구멍이 틀림없어!' 이 생각은 태양이 떠오르면서 공기가 더워지고 그에 따라 웅덩이가 점점 작아지는 와중에도, 이 세상은 나를 위해 의도되고 나를 위해 만들어졌으므로 모두 잘될 거라는 관념에 사로잡히게 할 만큼 강력하다. 그 웅덩이는 자신이 사라지는 순간이 되어서야 비로소 깜짝 놀란다."

우리를 비롯한 지구상의 생명체들은 어떻게 환경에 지금처럼 잘 적응하게 되었을까? 우선 생각할 수 있는 것은 일찍이 알려진

아무도 본 적 없던 바다

진화의 2단계, 즉 '유전적 변이'와 그에 따른 '자연선택'이다. 한 세대에서 다음 세대로의 정보 전달은 존재의 기초다. 그 정보는 우리의 DNA에 적혀 있다. 여기서 흥미로운 점은 그것이 완벽하지 않은 사본이라는 것인데, 그 불완전성은 생존 방법에 관한 일종의 실험이 되고, 그로 인해 자연선택의 틀이 마련되기 때문이다.

'비치사성 돌연변이'는 자손이 다양한 형태와 기능을 가질 수 있게 해 준다. 우리는 우리 조상의 완벽한 복제품이 아니다. 내 조상과 나 사이에는 차이점이 있다. 그 변이 중 일부는 유전자를 자손에게 전달할 수 있을 만큼 생존 확률을 높이는 가능성을 품고 있다. 회색가지나방이 그 고전적인 예다. 산업혁명기에 급격히 늘어난 그을음과 오염물질은 이 나방이 좋아하는 나무줄기와 가지의 색을 어둡게 만들었고, 밝은색을 띤 회색가지나방은 새처럼 시각으로 먹이를 찾는 포식자들에게 더 쉽게 눈에 띄게 되었다. 밝은색 나방이 더 많이 잡아먹힌 결과 어두운색 변이가 우세해졌고, 회색가지나방 총 개체 수의 2%에 불과하던 어두운색 나방이 50년도 안 되어 98%를 차지하게 되었다. 이것이 그들의 성공 스토리다.

해양생물발광도 이에 견줄 만한 진화적 성공 사례다. 왜냐고? 그렇지 않았다면 바닷속에 어떻게 그렇게 많은 발광생물이 존재하게 되었겠는가? 그 수는 실로 어마어마하다. 윌리엄 비비는 철제 잠수구를 타고 탐사한 곳과 같은 버뮤다 근해에서 저인망으로 생물 표본 수집 작업을 한 적이 있는데, 그물에 걸린 어류의 90%이상이 발광생물이었다. 어림잡아 생각해도 수십억 마리나 수조 마리가 아니라 수천조 마리의 물고기가 생물발광을 하고 있다는 얘기다.

숫자로 성공을 평가한다면 생물발광 어류는 지구상에서 가장 성공한 척추동물이라고 할 수 있을 것이다. 그 눈부신 조명 쇼에는 새우, 오징어, 플랑크톤(와편모충류나 요각류 등), 연약한 젤리 형태의 수많은 동물도 등장한다. 그 숫자는 깊이와 위치에 따라 다르지만 발광생물이 지구상에서 가장 넓은 서식 공간인 외해를 지배하고 있다는 사실에는 의심의 여지가 없다.

생물발광이 그렇게 많아진 까닭은 무엇일까? 논리적으로 볼 때, 발광 형질의 선택은 분명 진화적으로 안구가 등장한 이후에 이루어졌을 것이다. 그 전개 과정에 관한 한 가지 가설은 시각의 발달이 먼 곳의 먹이를 탐지할 수 있게 해 주었고, 이로 인해 포식자와 피식자 간 군비 경쟁이 더 치열해졌으며, 그 결과 무기로 삼을 만한 형질의 다양성이 폭발적으로 증가하게 되었으리라는 것이다. 포식자들이 점점 빠르고 흉포해지면서 피식자들은 더 빨리 도망치거나 숨을 줄 알아야 했다. 숨을 곳 없이 탁 트인 바다에서는 어둠이 유일한 피난처였으므로 포식자에게 바짝 쫓기던 피식자들은 더 어두운 바닷속으로 이동하기 시작했다.

특정 돌연변이는 어둠의 가장자리에서 생존하기에 유리했다. 더 민감한 시각이 그 예였고, 역그늘색이나 역조명처럼 추적을 어

아무도 본 적 없던 바다

렇게 만드는 위장술도 그런 돌연변이에 속했다. 밝은색 회색가지나방이 그랬듯이 역조명을 활용할 줄 모르는 개체는 역조명 형질을 가진 개체보다 시각적 포식자에게 쉽게 들켰을 것이다.

이런 관점에서 볼 때 작고 보잘것없는 발광 솔니앨퉁이가 지구상에서 가장 개체 수가 많은 척추동물이라는 것은 놀랄 일이 아니다. 생각해 보라. 수천 조 마리에 이르는 이 척추동물은 길이가 8cm밖에 안 되는 물고기로, 가장 두드러진 특징은 배에 줄지어 있는 발광기관이다. 그 빛은 숨을 곳 없는 장소에서 자신을 감출 수 있게 해 준다. 풀리지 않는 수수께끼는 오직 역조명 어류 한 종만 남게 된 이유다. 개체군이 흩어져 제각기 서로 다른 환경에 적응해야 하는 상황이 되면 여러 종으로 분화되기 마련이다. 예컨대, 열대우림 같은 복잡한 환경에서라면 종의 분화가 의미가 있다. 동물들은 다양한 서식지에 살면서 그 배경색에 따라 몸의 색이, 먹이의 종류에 따라 구강부 모양이 달라진다. 개체군이 분리되면 저마다 독특한 방식으로 변화하여 다양한 형태를 갖게 되는 것이다.

눈에 띄는 장벽이 전혀 없는 외해에서 다양성이 왜 필요하겠는가? 그 답은 짝짓기다.

유성생식의 성공의 열쇠는 더 좋은 짝을 더 많이 유인하는 것이다. 어둠 속에서는 짝을 찾기가 더 어렵다. 이 때문에 처음에는 위장 수단으로 등장한 생물발광이지만 짝을 유인하는 추가적인 용도가 개발되었을 것이고, 이것이 유전적 격리의 경로가 되었을지도 모른다. 예를 들어 심해 랜턴상어류는 배 쪽에 있는 작은 위장용 발광기관 외에 측면에도 레이싱카 장식 도안 같은 발광기관을 갖고 있다. 레이싱카의 무늬가 각 팀을 상징하듯, 랜턴상어의 이 빛도 길고 가느다란 번개 모양, 낫 모양 등 종에 따라 확연히 다른 모양을 하고 있어서 같은 종의 짝을 쉽게 찾을 수 있게 해 준다. 이러한 차이는 분명 물리적 장벽이 아닌 성적 취향 때문에 생긴 것으로 보인다.

랜턴상어와 바이퍼상어를 비교해 보면 생물발광이 해양 종분화에서 중요한 역할을 했으리라는 가설에 힘이 실린다. 배 쪽의 발광기관은 두 종 모두가 갖고 있지만 바이퍼상어에게는 측면의 빛 표식, 즉 가시적인 성 선택 수단이 없다. 랜턴상어는 37종이 있는 반면 바이퍼상어는 알려진 종이 단 하나밖에 없다. 이것이 우연한 결과일까?

해양 발광생물의 다양성을 육지의 상황과 비교해 보면 훨씬 더 놀랍다. 육지에는 발광생물이 극히 드물다. 반딧불이, 희귀한 몇몇 딱정벌레와 지렁이, 노래기, 버섯, 단 한 종의 달팽이가 있을 뿐이다. 민물로 가면 더 드물어서, 뉴질랜드 북부의 개천에서 발견된 삿갓조개 한 종이 유일하게 알려진 민물 발광생물이다. 육지에서의 발광은 분명 예외적인 현상이다. 바다 밖에서 생물발광이 희귀한 이유는 포식자에게서 몸을 숨길 좋은 은신처가 많아서 어둠에 의존할 필요가 없기 때문일 것이다.

생명체가 최초로 육지, 호수, 강에 입성했을 때 바닷속에서는 이미 발광생물들이 확실하게 자리 잡고 있었다. 그러나 이 초기의 개척자들은 발광 능력이 없었고, 필요하다면 발광 능력을 새로 개발해야 했다. 바다에서 수없이 해 본 일이었으므로 하려고만 했다면 분명 해냈을 것이다. 그러나 온갖 종류의 식물이 있고 구석이나 틈새도 많은 이 새로운 서식지에는 동물들을 어둠 속에 숨게 만들 이유가 존재하지 않았다. 포식자에게 들키지 않기 위해 어둠 속에 살아야 할 필요가 없다면 생존 수단으로 생물발광을 진화시킬 필요도 없다.

화석 기록으로 확인할 길이 거의 없다는 점은 진화사에서 생물발광을 추적하는 일을 더욱 난해하게 만든다. 샛비늘치나 앨퉁이 같은 어종의 잘 보존된 표본에서 발광포를 식별할 수 있는 경우가 간혹 있기는 하지만, 대개는 화석에서 생물발광을 확실히 알아볼 수 있는 가시적인 요소가 없다. 그렇다면 생물발광이 어떻게 나타나게 되었는지를 어떻게 알 수 있을까? 억세게 운이 좋은 것도 방법이라면 방법이다.

◆ ◆ ◆

1997년 여름이 끝나갈 무렵 메인만에서 연구를 수행하던 중에 일어난 일이 바로 그런 행운이었다. 이 열네 번째 JSL 탐사에서 나는 박사후연구원이었던 태미 프랭크와 함께 공동 연구책임자를 맡았다. 우리는 조지스뱅크 남단의 오셔노그래퍼캐니언이라고 불리는 곳에서 잠수를 하고 있었다. 태미와 나는 조도에 따른 동물 분포 패턴을 파악하기 위해 여러 수심에서 주간 잠수 조사를 막 마치고 돌아온 참이었다. 조사 구역이 아닌 곳에서도 흥미로운 것이 나타나면 포획했는데, 이번 잠수에서는 790m 구간에서 730m 구간으로 올라가다가 특이한 것을 보게 되었다. 이상하게 생긴 붉은색 문어였다. 이 동물은 팔을 쭉 뻗은 채 기꾸로 떠 있었는데, 다리와 다리 사이에 물갈퀴 같은 막이 있어서 펼친 우산을 뒤집어 놓은 것처럼 보였다. 우리가 가까이 다가가자 해파리처럼 몸을 수축하면서 빠져나가려고 했지만 천천히 한 번 시도해 보더니 곧 포기하고 풍선처럼 몸을 크게 부풀렸다. 몇 분 동안 그 상태로 있다가 머리 양쪽의 커다란 지느러미를 노를 젓듯 천천히 퍼덕이기 시작했고, 그와 동시에 몸을 비틀어 풍선을 수축시켰다. 우리는 그 순간 문어를 포획할 수 있었다.

배로 돌아와 축구공만 한 문어를 습식 실험실의 커다란 아크릴 수조로 옮긴 다음 찬찬히 관찰하고 사진도 찍었다. 나는 그 기괴하면서도 아름다운 문어의 모습을 가능한 모든 각도에서 기록하려고 애썼다. 이제까지 내가 수조에서 관찰한 모든 문어는 바닥이나 옆면에 붙어 있었는데, 이 녀석은 한가운데 뜬 채로 탄력 있는 몸을 비틀어 여러 멋진 포즈를 보여 주었다. 입과 물갈퀴 아래쪽을 사진 찍기 딱 좋게 문어가 팔을 펼쳤을 때 박사후연구원 쉰케 존슨이 내 어깨에 기대며 이렇게 말했다. "저건 흡반이 아닌 것 같

아무도 본 적 없던 바다

은데요." 카메라를 내려놓고 육안으로 직접 보니 그 말에 동의할 수밖에 없었다. 그것은 하얗게 빛나는 진주 같았다. 발광포였다! 우리는 깜짝 놀랐는데, 오징어와 달리 문어의 생물발광은 보기 드문 일이었기 때문이다. 기존에 알려진 발광 문어의 예는 단 둘뿐이었고, 두 경우 모두 흡반과는 관련이 없었다. 그 발광포는 물결 모양의 독특한 노란 고리 모양으로 암컷의 입 주변을 둘러싸고 있었고, 특정 시간, 아마도 짝을 유인하려고 할 때만 빛을 방출한다. 흡반에서 빛을 발하는 문어는 전례가 없었다.

우리는 이후에 붉은풍선문어(우리의 발견 이후 발광빨판문어라고도 불린다)라고 불리게 될 그 문어를 더 작은 용기에 넣어 암실로 가져갔다. 쉰케와 나는 문어를 사이에 두고 양쪽에 서서 불을 끈 다음 손가락으로 문어를 살짝 찔렀다. 반응은 즉시 일어났다. 흡반발광포에서 푸른 빛이 번갈아 깜빡거리는 모습이 사랑스러웠다. 이것만으로도 의미 있는 발견이었지만, 이후에 발광기관의 단면을 현미경으로 관찰해 보고 나서, 우리는 우리가 처음에 생각했던 것보다 훨씬 중대한 발견을 했다는 사실을 알게 되었다. 거기에는 흡반의 특징인 고리 모양 근육의 흔적이 있었다. 흡반이 발광포로 진화했다는 뜻이었다. 우리는 이 발견을 〈네이처〉에 기고했고, 쉰케가 내 어깨에 기대어 있을 때 내가 찍은 사진은 그 권위 있는 학술지 표지를 장식했다. 말하자면, 진화를 현장 검거한 셈이다.

회색가지나방이 산업 오염에 적응하기 위해 밝은색에서 어두운색으로 진화했듯이, 많은 개체군이 변화하는 환경 때문에 중대한 진화를 경험한다. 찰스 다윈은 이렇게 말했다. "가장 강하거나 가장 똑똑한 개체가 살아남는 것이 아니라 변화에 가장 잘 적응하는 개체가 살아남는다." 더 간단히 말하자면, 환경이 변화하면 적응하든가 죽든가 둘 중 하나다.

시각적 포식자가 늘어남에 따라 문어는 죽지 않기 위해 숨을 방법을 찾아야 했을 것이다. 많은 개체군이 위장술을 익혀 적응한 반면에 발광빨판문어 같은 소수의 종은 더 어두운 곳을 찾아 더 깊이 이동하는 다른 전술을 택했다. 그런데 어두우면 포식자에게 들킬 위험은 줄어들지만 짝을 찾거나 유인하기도 어려워진다. 그래서 짝을 유혹하기 위해 고안한 방법이 팔을 머리 위로 뻗고 흡반을 뽐내는 것이다. "어이! 내 몸매를 좀 보라고!" 이런 상황에서라면 흡반이 더 눈에 잘 띄어야 구애에 성공할 확률이 높아질 것이다.

깊은 곳에서는 먹을거리도 줄어드는데, 눈에 잘 띄는 흡반은 여기서 전혀 다른 또 한 가지 효과를 발휘한다. 바로 먹잇감을 유인하는 역할을 하는 것이다. 발광빨판문어가 독특한 식단을 개발하게 된 연유가 여기에 있다. 대개의 문어는 가리비, 갑각류, 어류를 먹지만 발광빨판문어는 오직 요각류만 먹고 살아간다. 요각류는 바다의 곤충 같은 존재이므로, 모기를 먹고 사는 플로리다너구리처럼 진화한 것이다. 물론 요각류가 많기는 하지만, 한 끼를 충분히 먹을 만한 양이 모여 있을 수 있을까? 이 지점에서 발광 흡반이 등장한다. 물에 거꾸로 떠서 흡반을 깜빡거리면 먹음직스러운 플랑크톤 덩어리처럼 보여 요각류를 유인할 수 있다. 요각류가 충분히 모이면 문어는 풍선처럼 부풀어 요각류를 그 안에 봉인한다. 그런 다음 팔을 입쪽으로 끌어당겨 점막으로 요각류를 가두면 고급 해산물 젤리처럼 손쉽게 먹을 수 있게 된다.

발광 흡반으로 짝도 찾고 먹잇감도 유인할 줄 알게 된 이 문어 변이는 바닥 생활을 청산하고 떠다니며 살 수 있고, 따라서 흡반을 바위나 조개에 붙어 있는 데 사용할 필요가 없다. 어떤 신체 부위가 쓸모없어지면 선택 과정에서 배제되면서 세대를 거듭함에 따라 점차 퇴화되고, 기능장애를 일으키는 돌연변이가 선택된다. 이렇게 해서 흡반이 발광기관이 되고 흡반의 기존 속성은 흔적으로 남은 것이다.

이 가설에 따르면 발광빨판문어의 생물발광은 성 선택 때문에 생긴 것이다. 수컷 공작새 꼬리가 대표적인 예다. 펠리칸장어의 꼬리나 그 레이싱카 같은 줄무늬도 그런 연원에서 생긴 것이 아닐까? 하지만 그 꼬리나 옆 줄무늬가 자연 상태에서 빛을 발하는 장면을 본 사람이 아무도 없다면 어떻게 확인할 수 있을까? 펠리칸장어가 꼬리에 달고 있는 후미등이 먹잇감이나 짝을 유인하는 미끼라면 그 불을 켜게 만드는 원리는 무엇일까? 잠재적 포식자에게 자신을 노출시킬 위험은 얼마나 크며, 그렇다면 풍선처럼 부풀거나 상대방을 눈 멀게 해서 탈출할 확률은 얼마나 될까? 우리가 자연 상태에서 펠리칸장어를 관찰할 수만 있다면 이 모든 질문에 답할 수 있겠지만, 어떻게 해야 그런 관찰이 가능하단 말인가? 나는 궁금했다. 가려운데 긁을 수 없는 상황처럼 이 궁금증은 오랫동안 계속해서 나를 괴롭혔다.

아무도 본 적 없던 바다

9장

자연 다큐멘터리를

찍다

◆ ◆ ◆

　데드라인은 1997년 11월 18일이었다. 그때까지 승인이 나지 않으면 탐사는 취소된다. 사실 나는 그 날짜가 지나간 줄도 몰랐다. 탐사에 참여하겠다고 했을 때만 해도 실제로 가능하리라고는 생각도 못 했기 때문이다. 피델 카스트로가 첨단 잠수정을 실은 미국 해양연구선의 쿠바 해역 탐사를 승인할 확률이 얼마나 되겠는가? 그는 미국 정부가 638번이나 암살을 시도한 공산주의 독재자가 아니던가? 카스트로가 1959년 혁명으로 집권한 직후에 미국은 침략, 반혁명, 경제 봉쇄로 카스트로 정권을 불안하게 만들었고, 미국 달러와 미국 관광객의 쿠바 입국을 효과적으로 차단하기도 했다. 아무튼 말도 안 되는 일이었다. 그렇지만 혹시라도 허가가 떨어지면 접근할 수 없었던 카리브해의 심해를 탐사할 수 있는 기회임이 분명했고, 비용 또한 디스커버리 채널이 부담하기로 한 까닭에 응하지 않을 이유가 없었다.

　허가가 난 것이 당초에 데드라인이라고 했던 날로부터 사흘 후였던 것을 보면, 그 날짜가 절대적인 마지노선은 아니었던 모양이다. 그렇게 탐사는 갑자기 시작되었다. 나는 전혀 준비가 되어 있지 않았으며, 출발까지는 한 주 반밖에 남지 않았다. 당시 하버브랜치해양연구소의 내 실험실 소속 연구원이었던 태미 프랭크도 탐사에 동행할 예정이었는데, 우리가 발광빨판문어를 포획했을 때 사용했던 장비를 다 풀고 정리한 것이 불과 두 달 전이었다. 그 모든 장비의 조립과 설정을 다시 하자니 뒤죽박죽이었다. 늘 그랬듯이 데이비드가 상황을 수습하기 위해 팔을 걷어붙이고 최종 짐 꾸리기와 장비 선적, 선상 실험실 세팅을 도와주었다. 12월 4일, 플로리다답지 않게 온종일 가랑비가 내렸고, 나는 출발하면서부터 벌써 깊은 향수병을 느꼈다.

정치적 이유로 접근이 어려운 곳이라는 것 외에도 이번 탐사의 특별한 점은 또 있었다. 디스커버리 채널이 모든 비용을 부담한다는 사실이었다. 예전에도 다큐멘터리 제작에 참여한 적은 있었지만 이제까지는 늘 과학자가 영상 제작자를 섭외하여 영상으로 기록하는 형태였다. 이번에는 그 반대였고, 따라서 우선순위가 완전히 바뀌었다.

과학자들도 연구의 중요성을 대중에게 알릴 방법이 찾아야 하고 텔레비전이 그 목적을 달성하게 해 줄 강력한 수단이라는 사실을 익히 알고 있지만, 대부분의 과학자들은 텔레비전을 신뢰하지 않는다. 스토리텔링을 위한 과장이 흔하고 그러한 과장은 대개 과학적 사실과 반대되기 때문이다.

과학혁명 전체를 떠받치고 있는 토대는 진실을 검증할 수 있다는 인식이다. 따라서 과학적 방법의 핵심은 어떤 아이디어의 진실성에 관해 의문이 들면 관찰한 바에 대한 그럴듯한, 그리고 검증 가능한 설명을 제시해야 한다는 것이다. 그러한 설명이 바로 가설이며, 가설이 유용하려면 반증 가능해야 한다. 이상적으로라면,

이해하려는 현상을 설명하는 여러 대안 가설을 수립하고, 체계적으로 하나씩 반증해 나가야 한다. 그중 한 가설의 반증에 실패했다면 그 가설은 가장 가능성이 높은 설명이 된다. 단, 그 지위는 더 정확하고 더 많은 정보가 나오기 전까지만 유효하다.

이것이 핵심이다. 과학에서 영원한 진실은 없다. 과학자는 새로운 정보가 밝혀지면 또 다른 설명 방식이 나올 수 있다는 점에 늘 열려 있어야 한다. 즉, 훌륭한 과학자가 되려면 의심에 익숙해져야 한다는 뜻이다. 그런데 이 때문에 과학자는 단정적으로 말하기를 어려워하고 간단해 보이는 질문에도 '예, 아니오'로 답하기가 힘들다. 그러나 '복잡한 문제'라면서 여러 전제를 깔며 장황하게 설명하는 것은 방송에서 해서는 안 될 일이다.

과학적 방법이 우리가 생각하는 방식을 혁명적으로 바꾸어 놓았듯이, 이른바 정보 시대에는 우리에게 쏟아지는 오정보에 대처하는 방법도 변화시킬 수 있다. 다만 그렇게 되려면 과학자와 콘텐츠 제작자가 과학자들의 진리 탐구와 텔레비전이 요구하는 오락성 사이에서 올바른 균형을 찾을 수 있어야 한다. 그 균형은 양자 간의 신뢰 구축에 달려 있다. 우리의 쿠바 탐사는 실질적인 반면교사였다.

◆ ◆ ◆

문제는 선착장을 벗어나기도 전에 시작되었다. 우리를 쿠바로 데려가 줄 전장 62m짜리 R/V수어드존슨호 선교에서의 회의는 동시에 진행될 공연 3개를 한꺼번에 준비하는 서커스단 같았다. 첫 번째 공연에는 선박과 잠수정 승조원들이 등장했는데, 매우 믿을 만하고 명망 있는 사람들이었다. 두 번째 공연의 주인공은 과학자팀이었는데, 고위급이 지나치게 많았다. 테크니션과 대학원생이 연구팀의 핵심 인력인데 이 팀에서는 빠져 있었고, 그것은 내용보다 형식에 치중하게 될 징후였다. 이번 탐사의 수석 과학자인 그랜트 길모어를 포함한 하버브랜치해양연구소 소속 과학자 네 명, 그리고 다른 네 명—우리와 함께 온 미국 과학자 두 명과 현지에서 만난 쿠바 과학자 두 명—이 더 있었다. 세 번째 공연의 주인공들은 영상 제작진이었다. 그들은 수상팀과 수중팀의 두 진영으로 나뉘었다. 수상팀의 수장은 호리호리하고 사려 깊은 다큐멘터리 제작자이자 이 프로젝트의 공동프로듀서인 지미 립스컴이었고, 수중팀의 수장은 체격으로 보나 성격으로 보나 황소 같은 앨 기딩스였는데, 기딩스는 《007 유어 아이스 온리》나 《타이타닉》등 여러 유명한 영화의 수중 촬영에 참여한 베테랑이었다.

회의가 진행되면서 과학이 뒷전으로 밀릴 것 같은 징후가 또 나타났다. 남부 해안 근처에 가라앉아 있을 것으로 추정되는 난파선 얘기로 화제가 집중되었던 것이다. 난파선 탐사는 물론 재미있겠지만, 이 탐사에 참여하는 과학자들에게는 아무런 과학적 가치가 없었다.

디스커버리 채널 소속의 공동 프로듀서는 늘 전전긍긍하는 작은 체구의 남자였는데, 다행히 탐사에 동행하지는 않는다고 했다. 그는 노련한 탐험가의 이미지와는 거리가 멀었고, 《쿠바: 금지된 해역》이라는 다큐멘터리의 가제를 비롯해 모든 사안에 스트레스를 받는 듯했다. 드세고 목소리 큰 쿠바 망명자들의 과격한 반카스트로 정서를 두려워하고, 모든 정치적 논쟁을 피하고 싶었던 그는 《쿠바: 마법에 걸린 해역》이라는 진부한 제목을 지지했다.

같은 맥락에서, 카스트로를 언급하면 안 된다는 기괴한 주장을 펼치기도 했다. 그것은 줄무늬를 언급하지 않고 얼룩말을 묘사하라는 요구에 가까울 뿐만 아니라 기딩스와 립스컴이 이 다큐멘터리를 구상하고 제작을 추진한 전체적인 콘셉트와도 명백히 상충되는 발상이었다. 논란을 원치 않는 기업의 성향과 금지되었던 곳을 탐험할 기회에 주목하는 연출자들의 입장은 확연히 달랐다.

대중에게 과학을 효과적으로 알리려면 좋은 이야기로 만들어내야 한다. 분명 우리에게는 그럴 만한 재료가 있었다. 기딩스가 포착한 환상적인 수중 영상에 립스컴의 깊이 있는 스토리텔링이 더해지면 이제껏 다가갈 수 없었던 새로운 개척지 탐험의 짜릿함을 보여 줄 수 있을 터였다. 립스컴과 기딩스는 이례적으로 정치학자를 합류시키기까지 했다. 라틴아메리카 전문가인 리처드 페이건이 우리가 방문할 곳의 역사와 정치에 관해 설명해 줄 자문가로 초빙되었다.

타고난 스토리텔러인 페이건 덕분에 나는 완전히 새로운 차원의 탐사를 경험할 수 있었다. 해양학자들 사이에는 '해양학자가 되어 보는 바다는 다르다'라는 오래된 농담이 있다. 해양학자들이 이국적인 장소에 자주 가기는 하지만 어디를 가든 연구선 갑판에서 보는 망망대해는 늘 비슷하므로 생각만큼 화려한 직업이 못 된다는 뜻이다. 그러나 물 밖의 정치와 물속 생태계의 관계를 조명하려는 이 다큐멘터리의 기획 덕분에 이번 탐사에서는 해변에 나갈 기회가 많았다.

나는 우리의 첫 번째 목적지 산티아고 항구에서부터 그 관계의 의미를 피부로 느낄 수 있었다. 쿠바의 남동쪽 해안에 위치한 산티아고는 한때 번화한 항구 도시였으나 소련 붕괴와 러시아와의 무역 축소로 상업 도시로서의 정체성이 흔적으로만 남아 있는 곳이었다.

우리는 모로 성 성벽 아래에서 우리를 안전하게 항구로 인도해 줄 도선사를 기다렸는데, 우리 외에는 입항하거나 출항하는 배가 한 척도 없었다. 사실 그날 내가 엔진을 가동하는 배를 본 것은 도선사가 타고 온 배와 우리를 호위하는 소형 군함이 전부였다. 사람이 노를 젓는 보트 몇 척 외에는 모든 선박이 부두에 묶여 있었다. 그 덕분에 내가 보아 온 다른 항구들과는 달리 물에 기름이 둥둥 떠 있거나 경유 냄새가 진동을 하지 않았고, 개발되지 않은 가파른 경사지의 울창한 초목이 거의 해안 끝까지 내려와 있어서 꽃 향기가 짙게 풍겨오기까지 했다.

내가 속한 무리는 부둣가를 거닐다가 담배 공장에 들어서게 되었다. 공장이라고는 하지만 기계 하나 없는 넓은 방에 불과했는데, 달콤하면서 나무 냄새 같기도 한 담뱃잎 냄새가 가득했다. 책상 같은 작업대에 담뱃잎 더미가 놓여 있고 여러 명의 남녀가 앉아서 손으로 시가를 말고 있었다. 삼색 고양이 한 마리가 노동자들의 다리에 몸을 부비며 작업대 사이를 배회했다. 과거에는 단조로운 작업을 하는 노동자들의 정서적 안정을 위해 렉토르라고 불리는 낭독자들이 돌아가며 소설을 읽어 주었다는 설명도 들었다.

우리는 공장에서 나와 인근의 싱딩과 중앙 광장을 향해 산책했는데, 깨끗하고 한가로운 도시 풍경이 인상적이었다. 무너져 가는 건물들도 있었지만, 아치와 기둥, 처마 장식, 스테인드글래스, 정교한 금속 세공이 눈에 띄는 화려한 건축물이 많았다. 창문, 발코니, 난간에는 종종 빨래가 널려 있었다.

그러다 중앙 광장에 있는 어느 고풍스러운 호텔 바에 도착했는데, 그곳에는 우리 선박 사람들이 한참 전부터 모여 있었다. 스페인어에 능통한 잠수정 승조원 엑토르가 여러 현지인들과 이야기하고 있어서, 대화가 끝난 후 그에게 무슨 얘기를 들었는지 물어보았다. 그는 다들 친절하지만 피폐해진 삶에 무척 지쳐 있는 것 같다고 했다. 그들은 쿠바와 미국 정부 간의 적대감에 관해서도 이야기했지만 미국 정부에 대한 악감정일 뿐 미국인에 대해서는 호감을 갖고 있다고 했다. 엑토르는 산티아고 항구에서 미국 국기를 게양한 배를 보는 것이 36년 만이라는 한 현지인의 말을 전하며 그들이 또 다른 배들이 들어오는지 궁금해한다고 했다.

아무도 본 적 없던 바다

우리가 본 육지와 물속의 모습을 대조하면 설득력 있는 이야깃거리가 될 것 같았다. 그곳이 내가 그때까지 본 가장 맑고 깨끗한 해안이 된 것은 산업의 후진성, 동력 운송수단 부족, 해안의 미개발 덕분이었다. 그러나 연안의 해저산(바다 밑의 섬 같은 지형)에는 건강한 산호와 해면이 풍부한 반면 큰 물고기는 없었고, 낚싯줄과 닻으로 뒤덮여 있었다. 쿠바인들이 식탁에 단백질을 올리려면 어획이 불가피했고, 입으로는 지속가능한 어획을 이야기했지만 수요는 너무 많고 보호 장치는 너무 적었다. 공유지의 비극을 보여주는 좋은 예였다.

그래도 작은 열대어는 풍부해서 우리 팀의 어류생물학자들을 기쁘게 해 주었다. 산티아고를 출항한 지 얼마 안 되어 내려 보냈던 잠수정은 주황색의 작은 물고기 한 마리를 데리고 올라왔다. 점씬벵이과에 속하는 심해어였다.

그 물고기를 습식 실험실 수족관에 넣자 (발광 시의 대비 효과를 위해 선택한) 검은색 자갈 바닥에 얌전히 붙어 있었고, 기딩스가 예술적으로 완벽한 결과물을 얻기 위해 고해상도 카메라로 촬영하는 동안 립스컴의 촬영팀은 촬영 중인 기딩스와 주변에 모여 그 불운한 생명체에 관해 설명하는 어류생물학자들을 찍었다. 수조 주변에 너무 많은 사람이 몰려 옴싹달싹도 못할 정도였다. 나는 그곳을 더 혼잡하게 만들 생각이 없었으므로 뒤쪽에 물러나 있었는데 누군가가 이렇게 중얼거리는 소리가 들렸다. "난 또 무슨 대단한 거라도 있는 줄 알았네. 어릴 적에 키우던 금붕어 같잖아."

이 물고기는 다큐멘터리 제작자들이 스토리텔링을 만들면서 직면하는 몇 가지 난제를 압축적으로 보여 주었다. 한마디로 말하자면 좋은 스토리를 만드는 것과 진실을 이야기하는 것 사이에서 적절한 균형을 이루는 문제다.

◆ ◆ ◆

우리의 존재가 그 행동에 영향을 끼치지 않게 몰래 심해 동물을 촬영하는 것은 어려운 일이다. 조명은 야행성 동물이나 심해 동물을 촬영할 때 큰 문젯거리다. 육지에서라면 적외선 조명—대부분의 동물은 적외선을 볼 수 없다—과 적외선 카메라의 조합으로 해결할 수 있지만, 적외선이 물에 완전히 흡수되어 무용지물이 되는 심해에서는 이 방법을 이용할 수 없다. 육지에서는 겁이 많은 동물을 먼 거리에서 촬영하기 위해 망원렌즈를 사용할 수 있지만 물에서는 이 또한 불가능하다. 빛을 산란시키는 물의 특성 때문에 선명한 사진을 얻으려면 피사체에 매우 가까이 다가가서 촬영해야 한다.

근접 촬영을 할 수 있을 만큼 가만히 있어 주는 동물도 간혹은 있지만 대개는 그렇지 않으며, 더구나 그 동물이 조금이라도 움직이면 13톤짜리 잠수정에 달린 고해상도 카메라를 배치하는 것만 해도 대단한 성과다. 따라서 가능하다면 그 동물을 포획하여 가두어 놓은 상태에서 촬영하는 편이 훨씬 낫다.

아무도 본 적 없던 바다

포획한 상태에서라면 점씬뱅이처럼 바닥에 붙어 사는 심해 어류를 촬영하기는 크게 어렵지 않다. 그러나 중층수 동물은 훨씬, 엄청나게 까다롭다. 태어나서 한 번도 어떤 표면에 닿아 본 적이 없는 생물들이 수족관 벽에 부딪히면 겁을 먹기 쉽다. 그런 이유로 수조 바닥에 몸의 옆면이나 등을 대고 매우 부자연스러운 포즈로 누워 있을 때가 많다. 이 문제를 해결하는 한 가지 방법은 근접 촬영이 자연 상태에서 이루어진 것처럼 가장하기보다 차라리 기딩스와 립스컴처럼 과학자들이 수족관에 들어 있는 그 동물을 관찰하고 있다는 것을 있는 그대로 보여 주는 것이다. 이것은 가장 솔직한 방식이지만 촬영한 영상은 지루해진다.

또 다른 방법은 다양한 속임수를 활용하는 것이다. 예를 들어 포획한 표본을 수조에서 근접 촬영하되 본래의 서식지에 있는 것처럼 가장할 수 있다. 내가 참여한 내셔널 지오그래픽의 에미상 수상작 《해양의 방랑자들》이 그 훌륭한 예다. 이 작품에서는 새끼 거북이 부유하는 모자반 군락에서 다양한 생명체들과 마주치는 장면을 클로즈업으로 보여 주기 위해 투명도가 높은 창이 있는 10만ℓ짜리 수조를 이용했다. 제작진은 플로리다주 걸프스트림에서 수집한 모자반과 동물들을 조파장치가 설치된 수조에 넣었다. 그 결과 해마, 민달팽이, 게, 씬뱅이가 실제 모자반 군락에 있는 것처럼 보이는 클로즈업 영상을 통해 독특한 수중 세계를 보여 줄 수 있었다. 그것은 놀라운 카메라 마술이었고, 해양 생태계의 멋진 면모를 시청자들에게 보여 주는 훌륭한 방법이었다.

자연사 다큐멘터리의 명목상 목표는 시청자에게 자연 세계에 관해 알려 준다는 것이지만, 그 제작을 가능케 하는 상업적 목표를 달성하려면 시청자의 이목을 끌고 즐거움을 주어야 한다. 자연사적 사실의 열거 이상의 무엇인가가 있어야 한다는 뜻이다. 무엇보다 '이야기'가 있어야 한다. 《해양의 방랑자들》에서는 새끼 거북이 바닷속의 여러 환경과 서식자들을 소개하는 연결지 역할을 담당했는데, 이는 이야기를 들려주는 영리한 장치였다.

또한 다큐에서는 긴장감을 조성하고 극적인 효과를 더하기 위해 만새기라는 포식자도 수조에 넣었다. 먹잇감을 쫓는 포식자는 자연사 다큐멘터리의 전형적인 소재지만 그런 장면을 찍으려면 약간의 조작이 필요할 때가 많다. 《해양의 방랑자들》에서는 만새기가 빠르게 헤엄쳐 수초대 근처에서 뭔가를 공격하는 장면이 나오는데, 그 바로 다음에는 모자반 군락에 기어 올라가서 뒷지느러미를 껍데기 안으로 숨기는 새끼 거북 장면이 교차된다. 시청자들은 자연스럽게 겁에 질린 듯한 이 사랑스러운 거북을 응원하게 되지만, 사실 거북의 클로즈업 장면과 만세기의 공격 장면은 따로따로 찍었다.

반면에 BBC의 자연사 다큐멘터리 제작 지침에서는 이러한 기법을 금지하고 있다. BBC 지침은 "소재의 병치가 사건들에 대한 인상을 왜곡하거나 오해하게 하는 경우, 장면과 시퀀스를 교차편집하여 동시에 일어난 일임을 암시하는 방식은 일반적으로 허용되지 않는다"라고 구체적으로 명시하고 있다. 그래서 BBC 자연사 제작 부문은 주요 다큐멘터리 제작사 중 가장 정직하다는 평판을 받고 있지만 그들도 가끔은 선을 넘는다.

자연사 다큐멘터리가 관객을 잃게 만드는 두 가지 요소는 지루함과 부정직이다. 안타까운 일이지만, 통계적으로 편성에 더 치명적인 것은 전자다. 즉 제작자는 가능한 한 극적인 장면을 만들어 내야 한다는 엄청난 압력을 받는다.

텔레비전 프로그램이나 영화는 관객에게 현실을 왜곡하여 보여 줄 때가 많다. 상어의 흉포한 본능도 그런 예 중 하나다. 소설과 영화 《죠스》의 엄청난 상업적 성공이 상어를 악명 높은 동물로 만드는 데 가장 중요한 역할을 했으며, 상어에 대한 나쁜 인상은 여러 극단적인 왜곡 사례를 보여 준 디스커버리 채널의 상어 주간 특별 편성에서 절정에 이르렀다. 《거대한 백색 연쇄살인마》, 《호주 최악의 상어 공격》, 《뱀상어의 공포》, 《부두 상어》 같은 제목들은 이 아름다운 동물이 끔찍하다는 인상을 갖게 만들었다. 사실 전 세계에서 한 해 동안 상어에 의해 목숨을 잃은 사람은 여섯 명에 불과하며 대개는 오인에 의한 결과다. 반면에 인간은 연간 약 1억 마리의 상어를 죽인다! 상어 보호 조치를 마련하려고 해도 상어가 피에 굶주린 살인마라고 세뇌된 사람들의 미지근한 호응 때문에 가로막히기 일쑤다.

디스커버리 채널이 선을 넘은 가장 극단적인 사례는 2013년 상어 주간의 문을 연 페이크 다큐멘터리 《메갈로돈: 괴물 상어는 살아 있다》다. 이 프로그램의 홍보 문구는 "3,500만 년 전 멸종한 것으로 알려진 거대한 선사시대 포식자의 재출현"이었다. 배우들이 과학자인 척 연기하고, 영상 증거라면서 CG로 날조한 이미지를 보여 주고, 허구로 연출한 장면에 "지금 보고 있는 장면은 실제로 전개된 사건입니다"라는 내레이션을 삽입한 이 총체적 문제작에 새빨간 거짓말 점수를 매기자면 10점도 모자랄 것이다. 그들의 술수가 드러나자 반발이 일어났지만, 480만 명이라는 기록적인 시청자 수를 달성했으므로 제작자 입장에서 보면 대단한 성공작이었다.

또 다른 터무니없는 위조의 예로 애니멀 플래닛에서 방영된 《인어 사체 발견되다》를 들 수 있다. 이 프로그램은 인어가 존재한다는 증거를 은폐하려는 정부의 음모를 폭로하는 내용으로, 사실상 SF물이다. 다큐멘터리 형식을 취하고 있지만, 가짜 '재연', 많은 CG 이미지, 과학자를 연기하는 배우들이 등장하고, 허구라는 자막은 마지막에 너무 짧게 지나가 대부분의 시청자가 보지 못하고 지나쳤다. 심지어 전직 미국해양대기청 연구원이라고 나오는 내부고발자를 검색하면 가짜 웹페이지 팝업 창이 뜨게 만드는 수작도 부렸다. 이것은 애니멀 플래닛의 모회사인 디스커버리 커뮤니케이션스가 날조한 웹페이지였고, 시청률을 위해 어디까지 선을 넘을 수 있는지 보여 주는 명백한 증거였다.

이번에도 반발이 일어났지만, 《인어 사체 발견되다》와 그 후속

아무도 본 적 없던 바다

편 《인어: 그 새로운 증거》는 애니멀 플래닛의 역대 최고 시청률을 기록했으므로 디스커버리 커뮤니케이션스는 꿈쩍도 하지 않았다. 그들은 시청자를 속였고, 불행히도 그 전략은 너무 빈번히 성공했다. 많은 사람들이 배우 안드레 웨이드먼이 연기한 내부고발자를 실존 인물로 여겼고, 그가 인어의 증거를 은폐하려는 음모에 희생당했다고 믿었기 때문에, 미국해양대기청이 웹사이트에 "수생 인간의 증거는 발견된 적이 없다"라는 성명을 게시하는, 매우 이례적이고 초현실적이기까지 한 조치를 취해야만 했다. 이 모든 일을 재미있는 해프닝으로 받아들일 수도 있겠지만, 상어 주간이 그랬듯이 과학에 대한 대중의 신뢰를 무너뜨리는 씁쓸한 부작용이 문제였다. 5학년을 가르치는 한 초등학교 교사가 남긴 프로그램 시청 후기가 그 부작용을 압축적으로 보여 준다. "미국해양대기청이 인어의 존재에 관해 우리에게 거짓말을 하고 있다면 기후변화에 대해서도 틀림없이 거짓말을 하고 있을 것이다."

다행히 디스커버리의 한 인사가 2015년 초 페이크 다큐멘터리 제작 중단을 선언했다. 이제 시작이지만, 한번 무너진 신뢰는 회복하기 힘들다. 그래도 나는 그들이 그 선언을 실천하기를 바란다. 디스커버리 커뮤니케이션스가 가진 강력한 파급력은 과학에 관한 대중의 이해 수준을 높이는 데 큰 도움이 될 수 있기 때문이다.

◆◆◆

　과학을 대중이 소비할 수 있는 콘텐츠로 포장할 때 영화 제작자는 예기치 않은 난제에 직면하곤 한다. 쿠바 탐사에서 우리가 부딪힌 문제가 바로 그 전형적인 예였다. 대개 심해 탐사에서는 새로운 동물이나 동물들의 새로운 행동을 보게 되리라고 기대한다. 그러나 이 탐사에서는 좀처럼 흥미로운 장면이 나타나지 않았다. 첫 번째 문제는 JSL 잠수정의 잠항 한계 수심이 이번 탐사 직전에 900m에서 600m로 하향조정되었다는 것이었다. 게다가 물이 너무 맑아서 주간 잠수 때는 어둠의 가장자리 아래로 내려갈 수도 없었고, 우리가 볼 수 있는 동물은 섬에서 이어지는 가파른 수중 경사면 바위틈에 숨어 있는 작은 물고기들과 중층수에 떠 있는 작고 투명한 생명체들뿐이었다. 급기야 립스컴은 연구진 한 명 한 명에게 카메라에 대고 잠수정에서 겪은 최악의 경험을 이야기해달라고 하기 시작했다. 아마 아무것도 없는 곳에서 이야깃거리를 만들어 보려는 필사적인 노력의 일환이었을 것이다.

　그러자 자연스럽게 '그 사고'에 대한 이야기가 누군가의 입에서 나왔다. 연구용 잠수정인 JSL을 가장 널리 알린 것은 '그 사고'였다. 에드윈 링크가 최초의 존슨-시-링크 잠수정을 발명하여 진수한 지 2년 후인 1973년 6월 17일이었다. 링크의 잠수팀은 플로리다주 키웨스트 근해에서 탐사 중이었는데, 이 팀에는 그의 아

　　　　　　　　　　　　　아무도 본 적 없던 바다

들 클레이턴 링크도 포함되어 있었다. JSL의 130번째 하강이었으므로, 사후적인 얘기지만 위험 요소들에 대해 조금은 해이한 태도로 임했던 것 같다. 승조원은 네 명이었다. 위쪽의 관측구에는 약 100회의 JSL 잠수 경력을 자랑하는 조종사 아치볼드 조크 멘지스가 있었고, 그 옆자리에는 어류생물학자 로버트 미크가 앉았다. 뒤편의 분리된 공간인 잠수사실에는 클레이턴 링크와 승조원 앨버트 스모키 스토버가 있었다.

적어도 처음에는 그렇게 심각한 일인 것 같지 않았다. 그들이 현장에 접근했을 때 해류가 잠수정을 난파선의 밧줄들이 얽혀 있는 속으로 밀어 넣었고, 떨쳐내고 나오기 힘든 상황이 되었다. 결박 상태의 잠수정을 빼내려는 여러 시도가 잇달아 실패하던 중에 관측구와 잠수사실의 이산화탄소 농도가 상승했다. 당시에 공기 정화에 사용되던 화학물질은 바랄림이었는데, 낮은 온도에서는 잘 작동하지 않는 특성이 있었다. 주변의 수온이 약 7℃로 차가웠기 때문에 두 공간 모두 냉각되었지만 알루미늄으로 만들어진 잠수사실의 온도가 아크릴 구체의 온도보다 훨씬 더 낮았다. 티셔츠에 반바지 차림이었던 링크와 스토버는 난감했다. 짧은 잠수라서 따뜻한 옷까지 챙겨올 생각을 하지 못했던 것이다.

뼛속까지 시린 추위뿐 아니라 이산화탄소 중독에 의한 지끈거리는 두통과 호흡 곤란도 그들을 괴롭혔다. 그들은 멘지스와 미크가 있는 곳보다 이산화탄소 농도가 낮은 이유가 낮은 온도 때문임을 알아차리고 바랄림을 몸에 문질러 온도를 높여 보려고 했지만 소용이 없었다. 링크와 스토버가 잠수사실에서 경련을 일으키는 소리를 들은 조종사 멘지스가 물 밖에 이 사실을 알린 것은 잠수정이 덫에 걸린 지 거의 20시간이 다 되어서였다. 그로부터 또 11시간이 지나 민간 구조선이 잠수정을 끌어 올렸을 때는 이미 돌이킬 수 없는 상황이 되었다. 결국 링크와 스토버는 이산화탄소 중독으로 사망했다.

에드윈 링크가 자신이 설계한 잠수정에서 아들을 잃은 것은 잔인한 운명의 장난이었다. 나는 이 사고에 관해 처음 자세히 알게 되었을 때 저 아래에 갇혀 있는 아들과 동료를 구출하기 위해 필사적으로 노력하며 갑판에 서 있는 에드윈의 심정이 어땠을지 상상하지 않으려 애썼다. 적어도 그가 멘지스가 들은 소리를 전해 듣는 끔찍한 일은 겪지 않았기를 바랐다. 이렇게까지 깊이 공감하는 건 나 역시 비슷한 경험을 했기 때문이다. 나에게 최악의 순간은 내가 JSL의 아크릴 구체 안에 있고 남편이 뒤편의 잠수사실에 있는데 남편 쪽으로 물이 들어왔던 그 순간이었다.

남편이 잠수정 안에 있게 된 데는 사연이 있다. 데이비드는 브룩스사진전문학교 졸업 후 한동안 영상제작 분야에서 일했는데, 그때는 내가 아직 UC샌타바버라에 있었으므로, 그는 학교로 돌아가 물리학 계측 전공으로 석사과정을 밟기로 했다. 그는 컴퓨터공학 학위에 상응하는 학위를 받으며 졸업했고, 이는 취업에 매우 유리한 조건이었다. 그 덕분에 내가 하버브랜치해양학연구소에서 일하기 시작한 지 몇 달 안 되어 데이비드가 이 연구소 엔지니어링 부서에 채용될 수 있었고, 몇몇 프로젝트에서 함께 일할 기회도 생겼다.

1991년에 나는 수석 과학자로서 바하마 JSL 탐사에 가게 되었고, 데이비드에게 잠수정 잠수를 할 수 있게 해 주겠다고 약속하며 동행을 제안했다. 나는 탐사 첫날 그 약속을 지켰다. 조종사 필 산토스와 나는 앞쪽의 아크릴 구체에 앉았고, 데이비드와 승조원 크루노 리핵은 잠수사실에 탔다. 2월의 바하마 날씨는 따뜻하고 아름다웠지만 온도가 4℃ 아래로 내려갈 수 있는 수심 900m 지점까지 갈 예정이었으므로, 나는 데이비드에게 겉옷을 가져가야 할 거라고 주의를 주기도 했다.

나는 심해 탐사의 짜릿함을 그에게 알려 줄 수 있게 되어 신이 났고, 그가 탐사를 즐기기를 간절히 바랐다. 데이비드와 나는 서로를 볼 수 없었지만 헤드셋을 통해 대화할 수 있었다. 잠수사실에 타는 과학자의 역할은 관측구에 타는 과학자를 위해 주요 관찰 내용과 표본을 수집한 수심, 시간, 온도를 기록하는 것이다. 하강하는 동안 데이비드는 잠수사실 우측의 작은 현창으로 밖을 내다보고, 나는 아크릴 구체가 제공하는 넓은 시야를 즐겼다.

해수면 근처에서는 투명한 터키석 청록색이던 바닷물은 점차 은은한 하늘색, 탁한 남색, 거무스름한 감청색으로 변하다가 결국 회색이 짙어져 검게 변했다. 나는 투어 가이드처럼 그 드라마틱한 색의 변화를 설명했다. 그러다 수심 370m 지점에서 불현듯 쨍한 청색의 빛줄기와 섬광이 눈에 들어왔다. 생물발광이 나타나기 시작한 것이었다. 한동안 생물발광을 지켜보다가 필이 수주의 동물들을 볼 수 있도록 조명을 켰는데, 눈에 보이는 생명체가 거의 없어서 실망스러웠다. 해저에 근접해 수집하고 싶어 했던 심해 해삼을 찾고 있을 때, 크루노가 끔찍한 소식을 전해 왔다. 해수 유입 밸브가 새고 있다는 것이었다!

크루노의 그 말은 내 몸 전체에 아드레날린의 폭발을 일으켰다. 악명 높은 '그 사고' 이야기가 되살아났고, 내가 손도 못 쓰고 있는 사이에 남편이 잠수사실에서 끔찍한 죽음을 맞이하리라는 불길한 예감에 휩싸였다. 공포감이 너무 강렬한 나머지 내 모든 감각이 순간적으로 서로 연결되어 공포감을 눈부신 푸른 빛으로 느끼는 공감각을 경험했다. 일생에 전무후무한 경험이었다.

크루노는 물이 쏟아지는 상황은 아니고 한 방울씩 떨어지고 있지만 점점 양이 많아지고 있다고 말했다. 좋지 않은 징후였다. 나는 "필, 지금 올라가야 해요."라고 소리쳤지만 그는 고개를 가로저으며 이렇게 대답했다. "너무 오래 걸려요." 일단 물이 새기 시작하면 그 속도는 점점 빨라진다. 해수 유입을 위한 금속제 고압 튜브는 아크릴 구체 바닥을 통과하는데, 거기에 예비 밸브가 있었으므로 손이 닿기만 하면 잠글 수 있었다. 필은 곧바로 비디오 레코더와 카메라 컨트롤러를 내 무릎에 기우뚱하게 쌓아놓은 후 두 좌석 사이의 전자 장비 일체를 뜯어내 밸브까지 손을 뻗을 공간을 확보하기 시작했다. 밸브가 잠길까? 아니면 딥 로버에서처럼 꿈쩍도 안 하면 어떡하지?

필은 가장 밑에 있던 장비까지 다 치운 다음 여러 배관 및 배관을 잇는 플랜지 너머의 밸브에 손이 닿도록 최대한 아래쪽으로 팔을 뻗었다. 드디어 손잡이가 손에 잡혔고, 필은 힘껏 손잡이를 돌렸다. 손잡이가 돌아가자마자 크루노가 물이 멈췄다고 보고했다. 크루노가 처음 누수를 보고했을 때로부터 얼마나 시간이 흘렀는지는 알 수 없지만, 내가 잠수정 탐사를 한 이래 최악의 시간이었다는 것만큼은 분명하다. 당시에 필은 별다른 말을 하지 않았지만, 탐사를 계속하려고 전자 장비를 재조립할 때 보니 그의 손등과 팔뚝 여기저기가 긁혀서 피가 나고 있었다. 밸브 쪽으로 손을 밀어 넣다가 생긴 상처였다.

그것이 얼마나 끔찍한 사고였는지 다시 느낀 것은 우리의 쿠바 탐사를 담은 다큐멘터리를 시청하면서였다. 잠수정에서 겪은 위험했던 경험이 뭔지 묻는 립스컴의 질문에 필이 그 사고를 최악의 순간으로 꼽았기 때문이다. 필은 이렇게 고백했다. "아무리 만반의 대비를 했다고 자신하는 사람이라도 그런 상황이 오면 처음에는 패닉 상태가 될 수밖에 없습니다. … 그게 제 마지막 잠수가 될 뻔했지요. 상상도 하기 싫지만, 그만큼 위험한 일입니다." 이상한 말이지만, 나는 이 인터뷰 장면을 보고서야 데이비드와 크루노뿐 아니라 필과 나도 죽을 수 있는 상황이었음을 깨달았다.

◆◆◆

쿠바 탐사는 립스컴과 기딩스의 계획대로 진행되지 않았다. 훌륭한 영상도 꽤 있었지만 한계 수심 때문에 대부분이 천해와 해변에서 촬영한 장면이었다. 진짜 흥미로운 일은 일어나지 않았거나 적어도 우리 눈에 포착되지 않았고, 접근 불가 지역이라는 특이성이 빛을 발하지도 않았다.

탐사가 막바지에 이르렀고, 3~4m 높이의 파도와 거센 맞바람 속에서 새해가 밝았다. 우리는 집으로 돌아가기 전에 마지막 촬영지인 아바나 항구로 향했다. 그곳에서는 기딩스가 고대하던 두 가지 일이 계획되어 있었다. 하나는 '본야드'라는 곳에서의 잠수였다. 본야드란 아바나 항구 입구에 있는 180m 깊이의 협곡으로, 이곳에 난파된 상선들에서 반세기 동안이나 유물과 보물이 발굴되었다고 알려진 구역을 말한다. 두 번째는 카스트로의 방문이었다.

우리가 쿠바 해역 수중 탐사 허가를 받을 수 있었던 것은 무엇보다 앨 기딩스와 피델 카스트로의 개인적 친분 덕분이었고, 그 친분은 스쿠버다이빙과 해양 탐사에 대한 공통된 관심에서 비롯되었다. 두 사람은 기딩스가 1970년대 후반에서 1980년대 초반 사이에 촬영을 위해 쿠바를 방문했을 때 바다에 대한 애정을 바탕으로 친해졌는데, 기딩스는 이번 탐사를 기획할 때부터 카스트로를 잠수정에 동승시키자고 했다.

립스컴은 그 발상에 기함을 했고, 둘은 이 문제로 줄곧 부딪쳤다. 71세의 노쇠한 독재자를 심해에 데리고 가는 데에는 여러 문제가 있었지만 립스컴이 제기하는 우려 중 내가 보기에 가장 설득력 있는 논점은 이것이었다. "잠수정에서 카스트로가 심장마비를 일으키면요? 저들이 그걸 사고라고 믿을 리가 없어요. 우리가 이 나라를 떠나도록 내버려 두지 않을 겁니다. 우릴 죽일 거라고요!"

본야드 잠수와 카스트로 방문은 1998년 1월 2일 하루에 모두 이루어졌다. 오전에 있었던 잠수는 완전히 망했다. 잠수정이 협곡 경사면으로 내려갈 때 해류를 만나는 바람에 두꺼운 밧줄들이 얽혀 있는 곳으로 100m 가까이 떠밀려 갔고, 이것은 곧바로 '그 사건'의 상황을 연상시켰으므로 논의를 해 볼 것도 없이 즉각 작업을 중단하고 올라올 수밖에 없었다.

따라서 카스트로 방문은 기딩스와 립스컴이 바라는 장대한 피날레의 마지막 희망이었다. 그때까지도 우리는 그 방문이 정말 성사될 것인지 확신할 수 없었다. 보안상의 이유로 기밀이었으리라고 생각되지만, 관계자들이 우리에게 저녁에도 배에 머무르라고 해서 해변의 멋진 야외 카페에서 라이브 음악을 들으려 했던 꿈을 깨트렸을 때 그 이유를 짐작할 수 있었다. 해가 저문 직후 포함 한 척이 조용히 연구선 좌현 쪽으로 다가와 자리를 잡았고, 곧 검은 벤츠 차량 석 대가 연구선 우현에서 부두로 연결되는 건널판 끝을 향해 달려왔다. 팡파르 같은 건 없었다. 자동소총을 든 국방색 군복의 경비대원들과 겉으로 보기에는 무기를 갖고 있지 않은 것 같은 민간인 복장의 경호원들이 쏟아져 나오고, 총사령관이 가운데 차량에서 나왔다. TV에서 보던 군복 차림 그대로였고, 머리카락과 수염이 약간 희끗하긴 했지만 71세라기에는 무척 젊어 보였다.

기딩스는 행사의 주최자이자 사회자로서 카스트로를 맞이하고 안내했다. 기딩스와 수석 잠수정 조종사가 번갈아 잠수정 및 잠수정의 여러 기능을 설명하는 동안, 나머지 사람들은 모두 선미에 모여들어 구경하기 좋은 자리를 차지하려고 서로 밀치락달치락하고 있었다. 데님 재킷을 입은 자그마한 여성 동시통역사는 말한 사람의 손짓, 몸짓까지 그대로 복사할 만큼 뛰어난 실력을 보여 주었다. 대화의 대부분은 카스트로의 질문에 의해 이루어졌는데, 질문이 무척 많았다. 그는 우리 탐사의 모든 측면에 깊은 관심을 가진 것으로 보였다.

촬영기사뿐 아니라 너 나 할 것 없이 카메라를 들이댔다. 우리 모두가 이 역사적인 순간을 기록하고 싶어 했다. 나는 잠수정에서 쓰던 캠코더를 들고 있었지만 도저히 군중을 뚫고 앞자리로 갈 수가 없었다. 가까이에서 찍고 싶었던 나는 태미와 함께 조리실로 이어지는 좁은 복도를 통과하여 출입구 쪽으로 자리를 옮겼다. 배를 둘러보는 동안 한 번은 그 지점을 지날 것이라고 생각했다. 그는 정말 그리로 왔다. 그런데 그냥 지나가지 않고 멈추어 서서 촬영을 하고 있던 나에게 말을 걸었다.

나는 얼른 카메라를 내리고 오른손을 들어 악수에 응했다. 그의 성향에 어울리지 않게 손길이 부드러워 놀랐다. 훨씬 더 놀라

아무도 본 적 없던 바다

웠던 것은 그의 수준 높은 질문이었다. 그가 한 질문들의 과학적 깊이에 나와 태미 둘 다 깜짝 놀랐다. 자기가 아는 것을 과시할 때도 많았지만 거기에 그치지 않고 새로운 것을 배우려고 노력했다. "뭘 연구하십니까?"라는 질문을 받고 내가 햇빛이 없는, 그러나 거기에 사는 동물도 눈이 있고 그 눈으로 스스로 만든 빛을 볼 수 있는 세계에 관해 묘사하기 시작했을 때, 그는 말을 끊고 엉뚱한 질문을 했다. "그들은 왜 얼지 않나요?" 다음에 이어지는 말을 들어 보니, 그가 알고 싶은 것은 햇빛도 없고 수온이 0℃ 가까이 내려가는데 왜 물고기들이 얼어 죽지 않느냐는 것이었다. 여기에 답하려면 지구의 뜨거운 핵과 얇은 해양 지각, 해류의 순환 패턴, 염분에 의한 어는점 내림 현상 등 복잡한 설명이 필요한, 예리한 질문이었다. 내 대답을 들은 후, 그는 심해에 엘니뇨와 기후변화의 증거가 있느냐고 물었다. 기후변화와 그것이 몰디브 같은 섬나라에 미치는 영향, 그리고 전 세계 농업 및 어업에 어떤 영향을 줄 것인지에 관해 일장 연설이 이어지고, 급기야는 샤크 피닝[식재료로 판매하기 위해 상어를 잡아 지느러미만 도려내고 다시 바다에 버리는 일-옮긴이]에 의한 상어 개체 수 감소에 관해서도 얘기했다. 모든 면에서 전혀 예상하지 못했던 대화였고, 나중에서야 알았지만 카메라를 끄는 것을 잊은 덕에 그 모든 것을 카메라에 담을 수 있어 기뻤다. 카메라 렌즈가 비스듬하게 위쪽을 향하는 바람에 독재자의 코 안쪽을 아주 자세히 볼 수 있었는데, 아마도 피델 카스트로가 찍힌 가장 독특한 각도의 영상일 것이다.

카스트로의 방문은 훌륭한 스토리텔링의 재료를 제공했다. 문제는 그 촬영분을 써도 좋다는 허가가 날 것인가였다. 애석하게도 허가는 나지 않았다. 제작사는 반카스트로 진영으로부터의 반발을 지나치게 걱정했고, 결국 안전한 길을 택했다. 마틴 쉰이 내레이션을 맡은 약 2시간짜리 다큐멘터리에서 카스트로는 언급조차 되지 않았다. 제목은 《쿠바: 금지된 해역》에서 《쿠바: 금지된 깊이》로 변경되었고, '금지된'의 의미도 정치적 제한이 아니라 우리가 탐사하기에 '위험한 깊이'를 뜻하는 것으로 바뀌었다. 우리가 통상적인 한계 수심의 3분의 2까지만 잠항했다는 점에서 말도 안 되는 부제였다.

결국 아무도 만족할 수 없는 결과물이 되었다. 립스컴은 너무 실망한 나머지 텔레비전 방영분을 보지도 않았다. 회사 측도 낮은 시청률 때문에 만족하지 못했다. 과학자들은 실질적인 과학적 탐사가 거의 이루어지지 않았다는 점에 좌절했다. 하지만 그것은 매우 이례적인 탐사였고, 탐사가 끝났을 때 나는 독특한 시각에서 쿠바를 탐사하고 경험할 수 있었다는 점에 뿌듯했다. 다만 집에 돌아가서는 방송사에서 후원하는 탐사 기회가 또 주어지면 절대 수락하지 않겠다고 데이비드에게 맹세했다. 그러나 나는 이 맹세를 지키지 못했다.

아무도 본 적 없던 바다

10장

탐사와
심해용 카메라

♦ ♦ ♦

나는 촬영 영상을 검색하는 명령어를 입력했다. 아무것도 뜨지 않았다. 다시 시도해도 결과는 똑같았다. 얼굴이 일그러졌지만 표를 내지 않으려고 애썼다. 이미 이런 순간이 오기로 되어 있었던 것 같았다. 머피의 법칙은 변하지 않는다. 뭔가가 잘못될 수 있는 상황이라면 틀림없이 잘못되며, 절대 잘못되어선 안 될 순간이 있다면 그 일은 반드시 그 순간에 일어난다. TV 카메라가 와 있는 바로 지금이 그랬다.

2003년 영화 제작자 데이비드 클라크가 나에게 연락해 계획 중인 탐사에 동행할 수 있는지 물었다. 클라크는 에미상 수상에 빛나는 명성 높은 독립 영화 제작자였고 내가 주관하는 탐사에 그가 따라오는 것이므로 평소 같았으면 마다할 이유가 없었다. 하지만 이번 탐사는 망설여졌다.

그건 내가 수년 동안 자금 조달을 위해 고군분투했던 장비의 첫 필드 테스트였기 때문이다. 새로운 장비를 현장에서 테스트할 때 첫 번째 시도는 실패 확률이 매우 높았다. 실패 장면이 대중에게 공개될 수 있다는 생각에 썩 내키지 않았다. 하지만 클라크는 해양 탐사에서 엔지니어링의 중요성을 다루는 다큐멘터리를 찍고 싶다며 나를 설득했다. 그건 나도 절실히 느끼는 바였고, 대중에게 중요한 정보를 전달할 기회였다.

아무도 본 적 없던 바다

나와 같은 사람들에게는 바다 행성에서 살아간다는 것, 더 구체적으로 말하자면, 놀라울 정도로 알려진 바가 거의 없는 광대한 물의 세계에 둘러싸인 채 한 줌의 마른 땅에 산다는 것이 어떤 의미인지를 더 잘 알 수 있게 도와줄 의무가 있다. 앎의 첫 단계는 탐사다. 우리는 바다를 얼마나 탐사해 보았을까? 여러 주장이 있지만 가장 많이 듣는 답은 5%다. 재미있는 점은, 5%밖에 안 될 리가 없다는 사람도 있고 (나처럼) 5%나 될 리 없다고 하는 사람도 있다는 것이다. 그것은 각자가 생각하는 '탐사'의 의미에 달려 있다.

지도가 있다는 것만으로 우리가 탐사해 본 곳임을 선언할 수 있다면 바다를 100% 탐사했다고 주장할 수 있을 것이다. 그러나 그 지도는 우주에 떠 있는 위성에서 레이더로 바다 표면을 스캔하여 만든 것이다. 레이더는 바닷물을 투과하지 않는다. 그것은 해수면에서 반사되므로 정확한 해수면 높이를 측정하지만 그 외에는 정확한 정보를 주지 못한다. 여러 측정 방법을 동원하고 파도와 조수에 의해 생성되는 굴곡 및 진동의 평균을 산출하면 해저 산맥이나 해구 같은 해저의 특징을 파악할 수 있다. 하지만 안타깝게도 그렇게 그린 지도는 해상도가 너무 낮아서 5km 미만의 지형은 구별할 수 없고, 더 작은 것은 포착조차 하지 못한다. 많은 동물들에게 중요한 서식지 역할을 하는 해산, 심해 열수 분출공, 언덕이나 능선, 협곡, 계곡 등의 소규모 지형들에 관해서는 어떤 지도도 그려지지 않았다. 적어도 달, 금성, 화성에 관해서는 이보다 더 정확한 지도를 갖고 있다.

그나마 선박을 타고 해수면을 순항하면서 좁은 범위를 투사하는 다중음파탐지기로 해저의 약 30% 범위에 대해 고해상도 지도를 만들 수 있었다. 이 지도의 해상도는 약 90m까지를 판별할 수 있을 만큼 높아졌지만, 이것도 그리 훌륭한 수준은 못 된다. 비교해 보자면, 구글 어스는 우리 집을 약 60cm의 해상도로 보여 주니까 말이다.

바다에서 더 높은 해상도를 얻으려면 물이라는 베일을 물리적으로 뚫고 들어가야 한다. 따라서 탐사의 정의를 실제로 그곳을 방문하는 것이라고 한다면 우리는 심해의 0.05%도 탐사하지 못했다. 그것은 맨해튼에서 단 세 블록을, 그것도 1층에서만 둘러본 것과 같다. 그 미미한 비율에 해저와 해수면 사이의 드넓은 서식지—평균 수심은 약 3,700m로 건물로 치면 1207층에 해당한다—는 배제되어 있기 때문이다.

대체 우리 행성의 대부분을 차지하는 바다를 탐사하지 못하게 만든 장애물은 무엇일까? 그것은 과학적인 문제라기보다는 만성적 자금 부족 문제였다. 사실 달 탐사선 발사 같은 초대형 기획이나 NASA 같은 기관을 해양 분야에서는 찾아볼 수 없다.

1962년 케네디 대통령은 그 유명한 '달 연설'에서 우주를 매력적인 개척지로 묘사했다. 그는 이렇게 말했다. "우리는 이 새로운 바다를 향해 배를 띄웠습니다. 거기에는 우리가 얻을 새로운 지식이 있고 우리가 쟁취할 새로운 권리가 있기 때문입니다." 케네디

아무도 본 적 없던 바다

대통령은 우주가 '적대적인 방식으로 오용되는 일로부터' 국민을 보호하기 위해 미국이 우위를 점할 필요성을 강조하며, 소련과의 우주 경쟁에서 지금처럼 지고 있으면 어떤 무서운 결과가 초래될 수 있는지 암시했다. 그것이 엄청난 돈 낭비라고 생각하는 사람들의 상당한 반발이 있었지만, 그의 연설은 달 착륙 계획의 자금을 확보하는 데 큰 도움이 되었다.

반면에 해양 분야에는 달 착륙에 견줄 만한 지정학적 동인도 없고 명확히 정의된 목표도 없었으며, 따라서 해양 탐사에 대한 장기적인 대규모 재정 지원이 보장된 적이 없었다. 단 한 번의 우주 왕복선 발사 비용(탑재 장비 포함 약 10억 달러)이면 우리는 110년 동안 매일 두 번씩 심해 잠수(회당 12,500달러)를 할 수 있다. 그러나 2013년에 미국이 해양 탐사에 책정한 예산은 2,370만 달러로, 우주 탐사 예산인 38억 달러에 비하면 0.6%밖에 안 되는 규모다. 우리가 이 바다 행성에 관해 거의 아는 것이 없는 이유는 이 엄청난 격차에 있다.

과학적 성취는 기술적 발전과 떼어 놓고 생각할 수 없다. 그런데 혁신이 일어나려면 지속적인 자금 투입이 이루어져서 먼저 기술을 개발하고, 그 다음에는 그 기술을 계속 발전, 응용할 수 있게 지원해야 한다. 90억 광년 떨어져 있는 별을 포착할 수 있게 된 최근의 괄목할 만한 기술적 성취는 허블우주망원경에 30년이 넘는 기간 동안 총 100억 달러가 훨씬 넘는 비용을 장기적으로 지원하는 막대한 투자가 있었기에 가능한 일이었다. 해양 탐사 분야에서 이와 견줄 만한 예로는 심해 잠수정deep submergence vehicle;DSV 앨빈호를 들 수 있을 것이다. 이 작은 3인승 심해 유인 잠수정의 최초 개발에는 50만 달러도 안 들었지만 이를 통해 거둔 과학적 발견들은 놀랍기 그지없다. 하지만 우주 탐사처럼 홍보에 공을 들이지 않으면 훌륭한 과학적 발견도 명예와 명성을 얻지 못할 때가 많다. 대다수의 사람들에게는 그저 투박한 생김새에 재밌는 이름을 가진 작은 잠수함일 뿐이다.

연구용 유인 잠수정 개발이 처음 제안되었을 때는 폭넓은 호응을 얻지 못했다. 잠수정으로 무엇을 발견할 수 있는지 아무도 확신할 수 없었기 때문이다. 바닷속에 인간이 직접 가 보아야 할 필요성을 가장 잘 설명한 것은 1956년 워싱턴DC에서 열린 전국 규모의 한 심포지엄에서 우즈홀해양학연구소의 앨린 바인이 한 연설이었다. 당시에 그는 이렇게 말했다. "나는 우리가 무엇을 측정하고 싶은지 알기만 한다면 그게 뭐가 됐든 훌륭한 도구가 인간보다 더 잘 측정할 수 있다고 생각합니다. … 그러나 인간은 다재다능해서 그때그때 해야 할 일이 무엇인지 감지하고 문제를 조사할 줄 알죠. 비글호에 찰스 다윈을 대신하여 실을 만한 도구는 상상하기 힘듭니다." 이 연설은 여론을 좌우할 만큼 호소력이 컸고, 이 때문에 1964년 마침내 잠수정을 건조하여 진수할 때 앨린 바인의 앞 글자를 따서 앨빈호라고 명명했다.

해군연구청이 자금을 대서 개발한 최초의 앨빈호는 조종사 한

명, 탑승자 두 명을 태우고 수심 2,400m까지 잠수하도록 설계되었다. 그 후 수차례 재건조 및 업그레이드를 거쳤고, 2013년에 미국 국립과학재단의 자금 지원을 받아 성능을 더 높일 수 있었다. 앨빈호는 반세기가 넘는 기간에 걸쳐 계속 변신을 거듭하면서 화려한 업적을 쌓았다. 인상적인 성과로는 열수 분출공 발견, 스페인 남부 해안에서 유실되었던 수소폭탄 회수, 타이타닉호 탐사, 딥워터 허라이즌 원유 유출 사고로 끈적끈적해진 심해 산호 촬영을 들 수 있다. 앨빈호에 의해 이루어진 수많은 과학적 발견 중 몇 가지는 이 세계가 어떻게 작동하는지에 대한 우리의 이해를 급진적으로 바꾸어 놓는 데 기여하기도 했다.

◆◆◆

잠수정의 중요성에 대한 나의 믿음은 직접적인 경험에서 비롯되었다. 나는 생물발광을 연구하는 내내 어둠에 적응한 인간의 눈만큼 생물발광을 잘 포착하는 카메라를 거의 보지 못했다. 그것이 내가 심해의 잠수정에 앉아 조명을 끈 채 그렇게 많은 시간을 보낸 이유였다. 나는 거기서 다른 사람들이 거의 보지 못한 지구상에서 가장 큰 생태계를 볼 수 있었고, 이 영역에 사는 동물들의 삶이 어떤 것일지 생각해 볼 충분한 시간을 가졌다. 그러다 보면 종종 우리가 요란한 추진기와 눈부신 투광 조명을 가지고 그 세계에 침범한다는 것이 그들에게 얼마나 큰 영향을 주는지 궁금해졌다.

그럴 때면 시골에 살던 어린 시절 여름밤 동네 아이들과 숨바꼭질을 하던 기억이 떠올랐다. 우리는 길모퉁이 가로등 옆에 모였다가 술래에게 모습을 감추기 위해 주변의 어둠 속으로 흩어졌다. 가로등 불빛에서 단 한 발짝 떨어진 어느 이웃집 마당 한 구석은 최고의 은신처였다. 거기에 있으면 나는 다른 아이들의 움직임을 볼 수 있지만 다른 아이들은 나를 볼 수 없었다. 잠수정 안에서 나는 주변의 동물들이 삼수정 조명 비로 바깥에 숨어 숨바꼭질을 하고 있는 모습을 상상했다. 그렇다면 어떻게 하면 그들을 끌어낼 수 있을까?

앨린 바인의 말대로 측정하고 싶은 것이 무엇인지 확실히 안다면, 그에 알맞은 원격 시스템을 개발하는 일도 가능하다. 나는 심해 동물들을 겁먹게 하는 나의 물리적 존재를 제거하면 어떤 동물의 어떤 행동을 볼 수 있는지 알고 싶었으므로, 여기서는 원격 시스템이 답이었다.

나에게 필요한 것은 긴 시간 동안 아무런 조작 없이 놔둬도 되는 심해용 배터리 구동 카메라였다. 기존에도 그런 카메라는 있었지만 백색광이 있어야 촬영이 가능했고, 나는 생물발광을 찍고 싶었으므로 조명을 꺼야 했다. 이와 동시에 동물 자체는 볼 수 있어야 하므로, 동물들이 볼 수 없는 조명 시스템이 필요했다. 물속에서 멀리 가지 못하고 금세 흡수되는 성질 때문에 적색광은 사실상 무용지물이었다. 내 아이디어는 스플랫 스크린에 의해 자극을 받

아무도 본 적 없던 바다

은 생물발광을 기록하는 데 사용했던 것 같은 초강화 카메라로, 적색광의 부족한 빛을 보완하는 것이었다. 발광이 일어날 만큼 어둡되 그 동물을 볼 수 있는 정도의 조명이어야 했다. '아이-인-더-시Eye-in-the-Sea; EITS'라는 멋진 이름도 미리 지어 놓았다. 다만 이를 현실로 만들 돈이 없었다.

여기서 연구비 신청 과정을 구구절절 이야기하지는 않을 것이다. 핵심은 모든 지원 기관이 연구비를 지원하기 전에 내가 무엇을 발견할 것인지 정확히 알고 싶어 한다는 점이었다. 그건 나도 모르는 일이었고, 바로 그 점이 내가 이 연구를 하려는 이유가 아니겠는가! 나는 우리가 겁을 주어 쫓아냈기 때문에 존재조차 몰랐던 수많은 생명체가 거기에 있으리라고 확신했다. 내가 받아 본 연구제안서 검토 결과로 분명해진 사실은 이른바 개념 증명, 즉 나는 그들을 볼 수 있고 그들은 나를 볼 수 없는 형태로 심해 동물을 조명하는 일이 가능하다는 것을 보여 주는 현장 데이터가 필요하다는 것이었다.

내가 아이-인-더-시(이후 EITS로 표기) 제안서를 처음 쓴 것은 1994년이었고, 몬터레이베이해양연구소(MBARI, 이후 엠바리로 표기) 덕분에 개념 증명 방법을 찾아내기까지는 그로부터 6년이 걸렸다. 엠바리는 1985년에 내가 참여했던 몬터레이협곡 딥 로버 탐사를 계기로, 더 구체적으로 말하자면 해양 연구를 위해 브루스 로비슨(앞서 언급했던 와스프 및 딥 로버 탐사의 수석 과학자)과 데이비드 패커드

(휴렛팩커드 창업자)가 의기투합해서 설립한 세계적인 연구소였다.

패커드는 과학을 열렬히 지지하는 인물로 원래는 수족관과 연계된 연구 프로그램을 구상하고 있었는데, 로비가 딥 로버 잠수에서 담아 온 아름다운 고해상도 영상을 바탕으로 설득한 끝에 훨씬 더 큰 그림을 그리기 시작했다. 큰 그림이란 전문 연구기관을 세우는 것이었다.

로비는 당연히 이 신설 연구소의 중책을 맡아 1987년부터 엠바리에서 일했고, 최첨단 원격 제어 무인잠수정ROV으로 몬터레이협곡의 심해 생물을 연구했다. 그는 나에게 엠바리 겸임연구원직에 지원해 보라고 했다. 엠바리는 엄청나게 관대한 정책을 갖고 있어서, 겸임연구원도 연구를 위해 선박과 ROV를 자유롭게 이용할 수 있다고 했다. 나는 그 자리에 지원했고, 합격 소식을 듣고 무척 흥분했다. 마침내 적색광을 실험할 기회가 생긴 것이다. 아직 해저에 단독으로 설치해 놓을 수 있는 배터리 구동 카메라는 없었다. 그래서 이틀 동안 이루어진 첫 시험 가동에서 엠바리의 ROV 벤타나호로 미끼 상자를 해저에 내려보내 동물들을 유인해 보기로 했다. 적색광과 백색광을 번갈아 비추며 ROV에 연결된 강화 카메라로 관찰할 계획이었다. 나는 연구비 지원 기관에 적색 조명을 이 용도로 사용할 수 있다는 것을 입증하고 가능하다면 백색광보다 적색광을 사용할 때 더 많은 동물을 관찰할 수 있다는 증거도 제출할 수 있게 되기를 바랐다.

아무도 본 적 없던 바다

엠바리의 연구선 포인트로보스호가 구토유발선으로 악명이 높다고 경고하는 동료들도 있었지만, 나는 별문제 없을 거라고 생각했다. 16년 동안 바다에 나가는 동안 이와 비슷한 연구선을 수도 없이 탔지만 뱃멀미로 고생한 적은 단 한 번도 없었기 때문이다. 그래서 승선한 지 두어 시간 만에 몸이 안 좋아지는 느낌을 처음 받았을 때만 해도 플로리다에서 캘리포니아로 날아온 직후라 나타나는 시차라고 생각했다.

뱃멀미에는 다섯 단계가 있다고들 한다. 1단계는 부정, 2단계는 메스꺼움인데, 우리가 잠수 지점에 도착했을 즈음에 나의 멀미는 1단계에서 2단계로 빠르게 넘어가고 있었다. 3단계는 물고기들에게 먹이를 주는 것이고 그 다음에는 죽을까 봐 두려워지는 4단계가 온다. 마지막 5단계까지 가면 차라리 죽는 게 낫겠다는 지경에 이른다. 나에게는 뱃멀미에 걸리면 안 될 두 가지 이유가 있었다. 첫째, 앞으로 이 연구선을 타고 이 팀원들과 함께 해야 할 일련의 실험이 계획되어 있는데, 음식물을 게워 내는 것으로 내 첫인상을 심어 주고 싶지 않았다. 둘째, 로비가 나에게 ROV 작동법을 알려 주기 위해 동행했으므로 거기에 집중해야 했다.

잠수 지점에 도착했을 때 나는 갑판으로 나가 신선한 공기를 깊이 들이마시고 ROV 진수를 위한 준비에 집중하려고 노력했다. 웬만한 공구창고만 한 크기—높이 2.4m, 너비 1.8m, 길이 2.4m—에 그만큼 각종 장비도 가득 실은 벤타나호는 선미 갑판에 우뚝 서 있었다. 상부의 3분의 1은 귤색이 칠해진 신택틱폼이었는데,

파란색으로 엠바리 로고—몬터레이협곡을 상징하는 삐죽한 V자 가운데에서 심해 펠리칸장어가 꼬리를 흔들며 헤엄치는 그림—가 새겨져 있었다. 아래쪽 3분의 2에는 각종 장비와 케이블이 빽빽하게 뒤엉켜 있었다.

3.4톤에 달하는 ROV는 선미에 설치된 크레인에 의해 배의 우현 쪽 갑판에서 뭉거저 나왔다. 크레인이 팔을 들어 올려 ROV를 바다에 던져 넣는 데는 단 몇 초밖에 안 걸렸다. 그러고 나면 크레인 조종사는 연결부를 해제하고 갑판 승조원은 안전줄을 서서히 풀었으며, 갑판에 서 있던 ROV 조종사는 휴대용 원격 제어 장치로 잠수정을 선박에서 멀리 보낸 다음 잠항을 시작했다. 무사히 입수한 것이 확인되면 비로소 갑판 조종사가 관제실 안에 있는 조종사들에게 통제권을 넘겼다.

이 과정이 인상적이었던 것은 잠수정이 가장 취약해질 수 있는 대기와 바다 사이의 굴곡진 경계면 통과 시간을 최소화하도록 고안되었다는 점이었다. 그 덕분에 존슨-시-링크에 비해 훨씬 더 나쁜 해상 상태에서도 진수와 회수가 가능했다. 필요한 모든 동력이 안전줄을 통해 전달되었으므로 배터리 충전의 제약도 없었다. 그것은 동물들을 더 긴 시간 동안 관찰할 수 있다는 뜻이었다. 그러나 작은 문제가 하나 있었다. 선수에 위치한 관제실에서 ROV 관찰을 해야 한다는 점이었다. 전장 34m짜리 선박의 선수에 앉아 있는 것은 롤러코스터를 타는 것과 같다. 하지만 나에게는 선택의

아무도 본 적 없던 바다

여지가 없었다. 나는 신선한 공기를 훅 들이마신 후 관제실로 내려갔다.

관제실은 최첨단 장비를 갖춘 깜깜한 방이었는데, 항공기 조종석 같은 푹신한 고정형 의자 4개가 있고 그 앞에 대형 모니터들이 줄지어 있었다. 의자 2개는 ROV 조종사, 나머지 2개는 과학자를 위한 것으로, 과학자들은 여기에 앉아 조종사에게 지시를 내리고 잠항을 하는 동안 녹화되는 고해상도 동영상의 해설을 녹음했다.

나는 선수에서 가장 가까운 의자에 앉아서 정면의 모니터를 응시했다. 거기에는 ROV에 장착된 카메라 중 한 대가 녹화 중인 수중 장면이 나오고 있었다. 배의 움직임이 안전줄을 타고 잠수정에도 전달되었으므로 화면이 아래위로 흔들렸는데, 내가 느끼는 배의 진동보다 한 박자 느리게 움직였다. 그 엇박자가 바로 수년 동안 많은 희생자의 위장에 참사를 가져오고 이 배에 '구토유발선'이라는 오명을 씌운 주범이었다.

욕지기가 심해짐에 따라 로비의 지시에 집중하기가 점점 더 힘들어졌다. 정신력이 한계에 이르고 위장이 금방이라도 격란을 일으킬 것이 분명해졌을 때, 나는 조리실에서 커피를 한 잔 가져와야겠다고 중얼거리며 뛰쳐나와 화장실을 향했다. 로비와 조종사들은 나 같은 사람을 숱하게 봤기 때문에 그 누구도 내가 조리실에 간다고 생각하지 않았다. 나는 뱃속에서 출렁거리던 모든 것을 내보낸 후 아무 일도 없었다는 듯이 관제실로 돌아와 내 자리에 다시 앉았다.

이 시점에 잠수정은 해저에 도달해 있었고 우리는 미끼 상자를 놓기 좋은 장소를 찾기 시작했다. 벤타나호 정면에 협곡의 벽이 있었는데 조명을 비추어 보니 튀어나온 바위 몇 개가 적당해 보였다. 내가 그중 더 좋아 보이는 한 지점을 가리키자 조종사가 ROV를 그리로 조종했다. 이제 ROV의 작동 한계에 관해 배울 차례였다.

잠수정은 바위에 가까워지는가 싶으면 안전줄에 의해 다시 뒤로 끌려왔다. 와스프 잠수 때 안전줄이 얼마나 큰 제약인지 경험한 적이 있지만 수년 동안 존슨-시-링크 잠수를 하면서 잊고 있었던 점이었다. 그렇게 여러 번 더듬거리다 보니 ROV는 바위에 쌓여 있던 퇴적물을 헤집어 일종의 모래폭풍을 일으켰고, 다시 작동을 하려면 모래가 가라앉아 시야가 밝아질 때까지 기다려야 했다. 시간은 영원처럼 더디 갔고, 그러는 사이에 나는 몇 번 더 화장실로 달려가야 했다.

여러 번의 시도 끝에 마침내 ROV가 적당한 위치에 자리 잡았고, 조종사는 조작기를 사용하여 미끼 상자를 바위에 내려놓았다. 그런데 상자를 내리자마자 귀신에 씐 듯이 벼랑 끝으로 미끄러지는 것이 아닌가! 마치 영화 《폴터가이스트》의 부엌 의자 같았다. ROV의 또 한 가지 단점은 화면 속 이미지가 평면적으로 보인다는 것이었다. 분명 편평해 보였던 바위 바닥 면이 실제로는 경사져 있었고, 미끼 상자가 미끄러지는 속도로 미루어 볼 때 상당히 가파른 경사였다.

다행히 조종사가 재빨리 잡아채 심연으로 떨어지는 일은 막을 수 있었지만 우리는 또 다른 바위를 찾아 이 모든 과정을 되풀이해야 했다. 그리고 우리가 드디어 미끼 상자를 설치하는 데 성공했을 때, 마지막 허점이 드러났다. 추진기를 끈 채 중립 부력을 유지할 방법이 없었던 것이다. 존슨-시-링크나 딥 로버에서는 늘 해 왔던 일이었다. 그러나 ROV는 안전을 위해 전원을 끄면 양성 부력을 갖도록 즉, 수면으로 떠오르도록 설계되어 있었다. 이는 가라앉아 있으려면 추진기를 늘 가동시켜야 한다는 것을 뜻했다. 동물들에게 거슬리지 않기는 글렀다. 결국 우리는 데이터를 얻지 못했다.

다음번 시도에서 내 첫 번째 목표는 뱃멀미를 이기는 것이었다. 나는 지난번과 달리 실험 전에 푹 쉬었고 멀미약도 먹었다. 잠수 지점까지 가는 동안 갑판에 서서 수평선만 응시하라는 조언도 잊지 않고 따랐다. 위치도 새로 선정했다. 해안에서 더 멀리 떨어진 깊은 바다라서 내가 배의 흔들림에 익숙해질 시간도 좀 더 벌 수 있었다. 이 모든 것이 효과가 있어서인지, 다행히 멀쩡했다.

새로운 잠수 지점은 바닥이 더 부드러워서 평평한 곳을 찾느라 시간을 허비할 필요가 없었다. 우리는 미끼 상자를 떨어뜨린 다음 관찰을 위해 몇 미터 물러나 적색광에서 볼 수 있는 것과 백색광에서 볼 수 있는 것을 비교했다. 적색광과 강화 카메라의 조합은 의도했던 대로 훌륭하게 작동했다. 다만 흑백 카메라이고 자동이

득제어 기능이 작동하고 있어서 녹화분마다 적색광과 백색광 중 어느 것을 사용했는지를 꼼꼼히 기록해 두어야 했다.

적색광을 켜자 곧 미끼 상자 주위를 맴도는 먹장어와 은대구를 볼 수 있었다. 백색광을 켜면 은대구는 바로 흩어졌지만 먹장어는 남아 있었다. 먹장어의 눈은 이미지를 형성할 수 없고 주로 냄새를 따라 움직이기 때문에 당연한 일이었다. 백색광을 켠 상태에서도 시간이 한참 지나면 은대구가 돌아왔지만 미끼 상자 근처에 머무는 시간은 훨씬 짧았다. 10분 동안 적색광에서 볼 수 있는 은대구는 평균 39마리였던 반면에 백색광에서는 단 7마리밖에 볼 수 없었다. 우리가 원했던 데이터가 나오기는 했지만 적색광을 껐다가 잠시 후에 다시 켰을 때 은대구가 도망쳐 버리는 것을 보면 적색광을 아예 보지 못하는 것은 아니었다. 그러나 적색광이 백색광보다 기피 반응을 훨씬 덜 유발한다는 점, 그리고 강화 카메라가 적색광을 광원으로 활용할 수 있게 하는 열쇠라는 점도 분명했다.

ROV 자체를 거슬리지 않게 만들 방법은 없다는 것이 분명했으므로, 다음 단계로 해 볼 것은 애초에 내가 구상했던 배터리 구동 카메라 시스템을 개발하는 일이었다. 하지만 그 비용을 대줄 기관은 여전히 찾기 힘들었다. 나는 여러 지원금을 끌어모아 얼기설기 이 시스템을 만들어 내야 했다. 내가 찾은 것은 엔지니어링 클리닉이라는 프로그램이었다. 엔지니어링 클리닉은 '의뢰인'이 실제로 부딪히는 공학적 문제를 해결해 보는 경험을 학생들에게 제공하는, 캘리포니아주 하비머드칼리지에서 시작된 혁신적인 실습형 학부생 교육 프로그램이다. 의뢰인은 제안서를 제출하고 수수료 35,000달러를 지불해야 하며, 요청받은 재료 일체를 학교 측에 제공한다. 내가 쓸 수 있는 예산으로는 그렇게 큰돈을 지불할 수 없었으므로 하버브랜치연구소가 수수료를 내도록 설득해야 했고, 심해 동물 영상 자료 일부를 판매해 장비 구입비를 충당했다.

하비머드칼리지 학생들은 실제적인 공학적 과제를 해결하면서 동시에 심해 생물학에 관해서도 배우는, 실용적이고 다학문적인 교육을 분명 경험했을 것이다. 극복해야 할 문제도 많았고 해야 할 일도 많았지만 그들은 해냈고, 결국 컴퓨터 제어 카메라/녹화기/조명 시스템을 작업대에서 작동시키는 데 성공했다.

나는 이 시스템의 뼈대에 엠바리에서 얻은 적색광 데이터를 개념 증명으로 첨부하여 미국해양대기청(NOAA)에 지원금 15,000달러를 신청했다. 엠바리는 이 시스템을 구동할 수중 배터리를 제공하는 등 다시 한번 도움을 주었다. 무엇보다 2002년 첫 현장 검증을 위해 연구선을 사용할 수 있게 해 준 것도 엠바리였다. 데이브 클라크는 바로 이 '아이-인-더-시(EITS)'의 첫 현장 테스트의 동행 촬영을 원한 것이다.

사실 해양 탐사의 첨단 공학의 결실이라기엔 볼품없어 보이는 기계였다. 알루미늄 관 여러 개를 이어붙인 2m가 넘는 삼각대 맨 아래에는 배터리, 바로 그 위에는 원통형 수중 하우징이 있고, 그 안에 카메라/녹화기가 들어 있었다. 삼각대 꼭대기의 적색광 조명은 빛이 물속의 입자들에 반사되는 후방 산란으로 화상의 질이 저하되는 것을 방지하기 위해 가능한 한 카메라의 화각에서 멀리 장착되었다.

날은 화창하고 바다도 잔잔해서 뱃멀미는 걱정할 필요가 없었다. 테스트 지점에 도착하자 ROV 담당 승조원은 EITS를 재빨리 갑판에서 들어 올린 다음 수심 600m로 내려보냈다. 모든 작업이 일사분란하게 이루어져 우리는 이후의 탐사에 충분한 시간을 쓸수 있었다. 클라크는 우리가 갑판에 나와 있는 동안 가능한 한 많은 장면을 촬영하고 싶어 했다. 공동 수석 과학자로서 함께 온 로비는 우리에게 연약한 젤라틴 형태를 띤 생명체들을 고해상도 이미지로 담을 수 있는 ROV의 성능을 자랑하며 즐거워했다. 모든 것이 완벽한 날이었다.

그런데 다음 날, 상황이 바뀌었다. 문제는 EITS의 위치 확인을 위해 달아 놓은 음향 신호 장비가 아무런 신호도 보내오지 않으면서 시작되었다. 광활한 바다였다. 수색 작업은 원활하지 않았고, 나의 불안감은 점점 고조되었다. 다행히 ROV의 음파탐지기가 목표물을 찾아 우리를 그곳으로 인도했고, 우리가 놔둔 그대로 서 있는 모습을 보자 안도감이 몰려왔다. 한편 미끼 상자는 게와 성게에 포위되어 있었고 미끼가 든 플라스틱 망 안팎에는 먹장어들이 버둥거리고 있었다. 흥미진진한 영상이 꽤 많이 녹화되었을 것 같았다.

클라크는 나의 일거수일투족을 촬영하고 있었지만 나는 그와 카메라를 의식하지 않으려고 애쓰면서 갑판의 EITS와 내 노트북 컴퓨터를 케이블로 연결했다. 속으로 머피에게 기도하면서—제발 나에게 자비를 베푸소서!—카메라가 수집한 이미지를 검색하라는 명령어를 입력했다. '검색 결과가 없습니다.' 내가 아무리 상냥하게 물어봐도 시스템은 나와의 대화를 거부했다. 몇 번의 실패 후, 카메라 연결을 확인하려고 갑판으로 돌아갔을 때 나는 카메라가 들어 있는 돔형 하우징 내부에서 물이 출렁거리는 것을 발견했다.

나는 말문이 막혀 앞뒤로 출렁이는 물만 멍하니 바라보았다. 내 경력이 벼랑 끝에 몰린 기분이었다. 설리는 몇 분 동안 내 옆에 가만히 서 있다가 천천히 입을 뗐다. "당신도 알겠지만 인생의 성공은 플랜 B를 얼마나 잘 다루는지에 달려 있습니다. 플랜 A는 누구나 잘할 수 있으니까요." 그 말을 이해하는 데는 얼마간의 시간이 걸렸지만, 일단 이해하고 나니 나에게 꼭 필요한 말이라는 것을 알 수 있었다. 나는 그 말을 종이에 써서 사무실 벽에 붙여 놓았다. 그 덕분에 데이브 클라크가 EITS의 침수 사태에 대한 내 반응을 담으려고 카메라를 바짝 들이밀었을 때 곧바로 그 말이 튀어나왔다.

로비도 비슷한 반응이었다. 그는 부두로 돌아온 후 카메라 앞에 서서 우리는 언제나 실패 가능성을 생각해야 한다는 기조의 일장연설을 했다. 그러면서 데이비드 패커드의 다음과 같은 말도 인용했다. "전혀 실패하지 않는다는 것은 충분히 나아가지 않았다는 뜻이다. 나는 여러분이 자신의 상상력이 허용하는 한계까지 나아가기를 바란다."

　일반적으로 사람들이 실패할 용기 운운하기 시작한다는 것은 좋은 징조가 아니며, 그것이 전국에 방송되는 TV 카메라 앞이라면 말할 것도 없다. 내가 상상했던 최악의 시나리오가 바로 이런 일이었다는 사실은 전혀 도움이 되지 않았다. 나는 급소를 한 대 맞은 느낌이었지만 이렇게 될 수 있다는 사실을 알고도 자처한 촬영이었기 때문에 불시의 일격이라고 얼버무릴 수도 없었다. 공개적인 실패의 치욕스러움도 있었지만 그보다는 EITS에 대한 향후의 자금 조달이 위태로워질 수 있겠다는 우려가 훨씬 더 컸다. 그렇게 되지 않으려면 문제를 해결해야 했다. 그것도 빠른 시간 안에.

　다음 단계를 계획대로 진행하기 위해 상황을 되돌릴 수 있는 시간은 단 3개월이었다. 나는 우선 클라크에게 재실험을 촬영하겠느냐고 (그러기를 바라며) 물었다. 그는 그러기에는 시간도 돈도 부족하다며 내가 EITS로 좋은 영상을 얻으면 그것을 포함시켜 보겠다고 했다.

　재실험은 시간적으로나 재정적으로나 힘든 작업이 될 것이 뻔했다. 그러나 다행스럽게도 든든한 지원군이 있었다. 리 프레이는 1997년에 HBOI에 인턴으로 들어와 5년도 안 되어 선임엔지니어로 승진했을 만큼 열정적인 젊은 해양공학자였는데, 그에게는 심해 탐사에 대한 열정은 물론이고 주어진 예산에 맞추어 엔지니어

　　　　　　　　　　　　　　　　　　아무도 본 적 없던 바다

링을 조정하는 엄청나게 귀중한 재능이 있었다. 리는 문제가 발생할 때마다 어떻게든 차선책을 찾아내 내 빈약한 잔고가 바닥나지 않게 해 주었다. 그러나 아슬아슬한 느낌은 가시지 않았고, 그래서 재실험이 시작되었을 때 자신감이 뚝 떨어져 있었다.

처음에는 클라크가 없다는 사실이 다행스럽게 여겨졌다. 또 아무런 성과 없이 끝날 수도 있을 텐데, 그 순간을 공개하고 싶지 않았기 때문이다. 그러나 행운의 도움으로 이번에는 모든 것이 제대로 진행되었다. 전체적인 진행 과정은 이전과 정확히 동일했고, 이번에는 카메라 케이블을 연결하고 노트북 컴퓨터에 이미지 검색 명령어를 입력하자 잠시 후 화면에 동영상 파일들이 나타나기 시작했다. 오랫동안 굳건히 닫혀 있던 문을 어렵게 열어젖힌 순간의 순수한 승리감보다 더 큰 기쁨이 있을까? 드디어 내가 관찰하고자 한 동물들을 겁먹게 하지 않고 완전히 새로운 방식으로 심해를 바라볼 수 있게 된 것이다!

그 영상들은 넋을 잃을 정도로 매혹적이었다. 나는 어둠 속에 숨어서 친구들의 동태를 파악하던 어린아이로 돌아간 것 같았다. 생물발광은 없었지만 미끼 주변을 헤엄치는 물고기와 상어를 비롯해 동물들의 다양한 움직임을 볼 수 있었다. 클라크의 다큐멘터리는 2004년 초 사이언스 채널에서 《심해의 과학: 중층수 미스터리》라는 제목으로 방영되었고, TV 화면으로 본 영상은 훨씬 더 좋았다. 클라크와 공동 프로듀서 수 노턴은 이 다큐멘터리로 '학술 탐사에서 공학의 중요성을 보여 준 공로'를 인정받아 전미 학술원 커뮤니케이션 어워드를 수상했다. 그들은 EITS의 첫 번째 테스트에 실패한 장면과 결국 성공에 이르는 장면을 모두 담았다.

어떤 분야에서든 전인미답의 미개척지를 탐험하고 싶다면 기꺼이 실패를 감수하는 태도가 반드시 필요하다. 이에 관한 여러 격언이 있지만 그중에서도 내가 가장 좋아하는 것은 "성공이란 열정을 잃지 않고 실패를 거듭하는 것"이라는 윈스턴 처칠의 말이다. "가혹한 운명의 돌팔매와 화살"[『햄릿』의 대사-옮긴이]을 맞으면서도 열정을 유지하려면 그 열정의 뿌리가 깊어야 한다. 어떤 이들은 달이나 마리아나해구 같은 특정 장소에 가장 먼저 도달하고 싶은 마음에서 열정을 싹틔운다. 그러한 욕구는 가치 있는 기술 발전을 낳는 강력한 동력이다.

또 다른 사람들은 자연 세계의 숨은 비밀을 밝히는 데 열정을 불태운다. 그들의 열망이 꼭 지구에서 가장 외딴 곳을 향할 필요는 없다. 미생물을 처음으로 볼 수 있게 해 준 현미경의 발명도 숨어 있던 세계를 드러낸 한 가지 방식이다. 우리가 살고 있는 세계 안에서 또 다른 세계를 발견한다는 것은 실로 엄청난 일이다.

11장

물고기가
볼 수 없는
빛을 찾아서

◆◆◆

　우리는 물리적으로든 관념적으로든 어둠 속에서 미지의 영역을 더듬거릴 때 불가피하게 재난이 닥칠 수 있음을 안다. 하지만 만족을 모르는 호기심에 낙관주의가 더해지면 끝날 것 같지 않은 좌절에 부딪히면서도 계속 앞으로 나아갈 수 있게 된다. 다만 그러한 낙관주의를 유지하려면 때로는 작은 성공들에 집중할 필요가 있으며, 그러다 큰 성공을 거두면 격한 감동을 느낄 수 있다. 내가 아이-인-더-시EITS를 대규모 탐사에 처음 가져갔을 때가 바로 그런 순간이었다.

　EITS 설치에 처음 성공했을 때의 짜릿한 승리감은 오래 가지 않았다. 예전에 원격 제어 무인잠수정으로 진행했던 예비 실험에서 나는 백색광 조명을 빨간 플라스틱 필터로 덮어서 적색광으로 조정했었는데, 은대구가 이 빛을 볼 수 있는 것 같은 반응을 보인 바 있었다. 필터를 투과하는 빛을 측정해 보니 더 짧은 파장을 가진 빛, 즉 청색광이 새어 나가고 있었던 것이 문제였다. 그래서 EITS를 도입하고 나서는 단색광을 방출하는 적색 LED로 바꾸었다. 심해 어류는 대부분이 단 한 가지 색만 볼 수 있는 색맹으로 알려져 있다. 그 한 가지 색은 대개 파란색(470~495nm)이므로 나는 물고기들이 적색(660nm) LED에서 방출되는 빛을 볼 수 없을 것이라고 확신했다. 그런데 자세히 분석해 본 결과, 적색광도 볼

　　　　　　　　아무도 본 적 없던 바다

수 있다는 결과들이 나타나기 시작했다.

적색광을 켰을 때 반응하지 않는 물고기도 있었지만 일부는 유영 패턴이 점차 변하면서 빛에서 멀어졌고 불이 켜지자마자 황급히 달아나는 경우도 있었다. 다음 시도 때는 조명을 또 한 번 바꾸어 원적색광 LED(680nm)를 사용했다. 이 방법의 문제는 파장이 길수록 해수에서의 투과율이 낮아진다는 것이다. 이 때문에 촬영한 영상은 더 어두워졌고 따라서 분석하기도 더 힘들어졌음에도 불구하고 결과는 동일했다. 물고기들은 여전히 빛을 보고 있었다.

LED가 단색광을 방출한다거나 물고기가 단색성 색맹이라는 말을 오해하면 안 된다. 대부분의 심해 어종의 시각색소가 하나뿐이기는 하지만 그 색소는 모든 색을 흡수할 수 있다. 다만 물고기가 그 색상들을 구별하지 못하는 것뿐이다. 그들의 시각은 다양한 색상이 음영의 차이로만 구별되는 흑백 카메라와 같다. 은대구의 경우 청색광(491nm)까지 감지할 수 있으므로 청색은 백색, 같은 밝기의 녹색은 연한 회색, 황색은 중간 정도의 회색, 주황색은 짙은 회색, 적색은 검은색에 가깝게 보일 것이다.

이러한 시각 감도를 그래프로 표현하면 아주 펑퍼짐한 종 모양 곡선으로 나타난다. 청색에서 감도가 가장 높고 종의 아랫부분으로 가면 감도가 점점 떨어져 0에 가까워지지만 파장이 짧은 왼쪽은 400nm를 지나 자외선까지 이르고, 파장이 긴 오른쪽으로는 놀랍게도 600nm인 주황색을 지나 적색 근처까지 간다. 반면에 LED로 방출되는 적색광의 파장은 고점이 680nm인 매우 좁은 종 모양의 곡선을 이룬다. 이 두 곡선을 한 그래프에 그리면 처음에는 겹쳐 보이지 않겠지만 세로축을 아주 길게 늘이고 두 종의 고점을 일치시키면 실제로 두 곡선이 겹쳐 보일 것이다.

진퇴양난이었다. 물고기들의 시각색소 흡수 스펙트럼은 생각보다 넓었고 그 스펙트럼을 피할 수 있는 파장, 즉 원적색광을 사용하면 해수에서 극도로 어두워졌으므로, 물고기가 볼 수 없는 빛으로 물고기를 본다는 것은 불가능에 가까운 일이었다.

◆ ◆ ◆

아이-인-더-시 실험에 성공한 직후, 나는 NOAA의 해양 탐사 및 연구 사무소에 서식 동물의 시각적 능력을 고려한 완전히 새로운 방법의 해양 탐사를 제안했다. 멕시코만 탐사에서 EITS를 주요 탐사 장비로 사용하자는 거였는데, 문제는 탐사 날짜가 점차 다가오고 있음에도 물고기들이 거슬려 하지 않을 조명을 해결하지 못했다는 거였다.

그러던 중 신호등고기가 나에게 영감을 주었다. 예전에 다양한 발광생물이 만들어 내는 빛의 색을 조사하면서 신호등고기의 생물발광을 광학 다채널 분석기로 측정한 적이 있었다. 다른 여러 심해 어류와 마찬가지로 신호등고기도 눈 옆에 청색광을 방출하는 손전등을 달고 있었다. 그런데 이 어종은 눈 아래에 훨씬 더 큰 손전등이 하나 더 있었고, 그 빛은 붉은색이었다. 붉은색을 방출

아무도 본 적 없던 바다

할 뿐만 아니라 그 빛을 볼 수도 있는 것이다. 그렇다면 이 물고기는 자신은 보면서 다른 동물에게는 자신이 보이지 않게 하는 수단을 가진 셈이었다.

자신을 볼 수 없는 먹잇감에게 곧장 다가갈 수도 있고 포식자에게 들킬 걱정 없이 미래의 짝을 유인할 수도 있다니, 이 얼마나 엄청난 이점인가! 이 적색광 발광기관의 놀라운 특징 중 하나는 아주 예리한 차단 필터가 있다는 것이다. 발광기관이 생성한 빛은 원래 밝은 주홍색이지만 이 필터를 통과하면 훨씬 어두운 적외선으로 바뀐다. 그러한 색 변화는 나에게 깊은 인상을 주었고, 나는 측정 결과를 통해 이 물고기가 짧은 파장의 빛을 가리기 위해 얼마나 많은 빛 에너지를 소진했는지 확인하고 충격을 받았다. 그렇게까지 해서 남의 눈을 피한다는 것은 엄청난 선택압의 결과물임에 틀림없었다.

나는 대자연의 가르침대로 신호등고기를 모방하여, 조명이 물고기들의 눈에 덜 띄게 할 방법으로 적색 LED와 함께 차단 필터를 사용해 보기로 했다. 새로운 고출력 680nm LED가 출시되었다는 기쁜 소식도 있었다. 이것을 사용하면 필터를 사용함으로써 버려지는 에너지를 보상하고도 남을 터였다. 나는 엠바리와 함께 이 신규 조명 시스템을 사전 시험해 보고 싶었지만, 차단 필터는 제작 기간이 오래 소요되는 특별 주문 품목이었던지라 탐사 전에 테스트를 해 볼 기회가 없었다.

새로운 필터 시스템 외에도 꿍꿍이가 하나 더 있었다. 나는 동물들과의 대화를 한 번 더 시도해 보고 싶었다. 와스프와 딥 로버로 잠수하던 20년 전, 나는 막대기에 단순한 청색광 조명을 달아 일종의 생물발광 교신을 끌어내 보려고 했었다. 이제 와 생각해 보니 당시에 이 빛 지팡이로 아무런 반응을 이끌어 내지 못한 이유가 내 존재를 충분히 숨기지 못한 데 있다는 확신이 들었다. 새로운 조명 시스템이 내가 바라는 대로 작동한다면 드디어 그 가설을 검증해 볼 수 있다. 또한 나는 그 사이에 수십 번의 탐사를 통해 생물발광의 여러 독특한 양상에 관해 알게 되었다. 따라서 이번에는 청색광 한 가지만 사용하지 않고 특정 동물의 발광 모습을 모방해서, 즉 그들이 인식할 수 있는 언어를 사용하여 동물들과 대화해 볼 생각이었다.

장치에 프로그래밍해 둔 조명 모드 중 가장 화려한 것은 무늬연판해파리라는 심해 해파리를 흉내 낸 것이었다. 이 해파리는 밝은 데서 보나 어둠 속에서 보나 멋진 생명체다. 조명이 있을 때는 연판이라고 불리는 반투명의 붉은 꽃잎 사이로 진홍색 촉수를 길게 늘어뜨린 모습이 붉은 해바라기처럼 보인다. 불을 끄면 얼마나 센 자극이 어디에서 주어지는지에 따라 다양한 양상의 생물발광 반응을 보인다. 연판을 건드리면 은밀하게 어둠 속으로 도망치면서 포식자에게 "어이, 여기 좀 봐!"라는 듯이 가느다란 빛줄기를 내뿜어 주의를 분산시킨다. 종 부분을 툭 치면 접촉 지점에 희미한 빛이 잠깐 나타났다 사라진다. 내가 해석하기로는 "어허, 여긴 내

자리야"라고 말하는 것 같다. 포식자에게 잡아먹힐 때처럼 훨씬 더 긴 시간 동안 자극이 이어지면 모든 에너지를 쏟아 화려한 사파이어 블루 빛깔의 빛을 내뿜는데, 이 푸른 빛의 물결이 빙글빙글 도는 모습이 마치 바람개비 같다.

바람개비가 다른 동물들의 시선을 끌며 길게 이어진다는 사실은 그것이 소리 대신 빛을 이용한 비명이며, 주변 동물들이 공격자를 볼 수 있게 하면서 도움을 요청하는 도난 경보일 것이라고 추정할 수 있게 해 준다. 심해 서식자들의 초고감도 시각은 포식자를 먹잇감으로 이끌 수 있는 섬광들을 모두 감지할 수 있도록 적응한 결과다. 이 경우에 그 먹잇감은 해파리가 아니라 공격자다. 해파리의 비명은 구조 요청이다. "도와줘! 이리로 와서 내가 잡아먹히기 전에 이놈을 잡아먹으라고." 이 정도 발광이라면 수백 미터 밖의 포식자도 유인할 수 있을 것이다. 이 발광 방식을 우리의 실험에 이용한다면, 대형 포식자를 EITS의 시야로 불러들임과 동시에 그것이 정말 도난 경보기 역할을 하는 것인지도 확인할 수 있다는 이점이 있었다.

그래서 우리는 회로 기판에 청색 LED 고리를 만든 다음 투명한 에폭시로 방수 처리를 해서 새로운 미끼를 만들고 전자 해파리라는 별명을 붙였다. 그다음 EITS를 대형 포식자들이 돌아다닐 만한 심해 오아시스-생물학적으로 풍부한 해저의 특정 구역-에 설치하고 하루 또는 그보다 길게 놔두면서 그 주변에 어떤 동물들이 오는지 지켜보기로 했다. 나는 심해 오아시스에 관해 처음 알게 되었을 때부터 가 보고 싶었던 곳을 실험 장소로 선택했다. '브라인 풀'이라고 알려진 그곳은 멕시코만 북부의 수중 호수였다. 물속의 호수라니, 실제로 가 보기 전에는 믿기 힘들 것이다.

공룡이 지구를 배회하던 시절, 멕시코만은 오늘날과 매우 다른 모습이었다. 만의 넓이는 지금보다 작았고, 바다로 향하는 입구도 더 좁았다. 이곳의 물이 주기적으로 빠지면서 두터운 소금 층이 생겼는데, 그러다 판의 이동으로 만이 넓어지고 물이 들어찼다. 침전물들은 해저에 쌓였다. 고대에 퇴적된 이 소금이 흘러나와 녹은 곳의 해수는 염도가 매우 높아진다. 브라인이라고 불리는 이 물은 일반 해수보다 무거워서 다른 곳과 구별되는 해안선을 형성하는 만 바닥의 웅덩이에 모인다.

더 신기한 현상은 탄화수소 침전과 브라인이 동시에 발생할 때 만들어지는 화학 합성 생물 군집이다. 이런 곳은 열수 분출공 주변과 유사하지만 높은 수온에 의한 것이 아니므로 냉용수 지역이라고 불린다. 여기서는 메탄, 황화수소, 암모늄 등 에너지가 풍부한 화합물이 해저로 스며들어 관벌레나 초대형 홍합 같은 생물들—이들은 화학 합성 세균과의 공생 관계를 통해 이 화합물로 연명한다—에게 영양분을 제공하기 때문에 햇빛이 없어도 생명체들이 번성한다. 브라인 풀 주변에는 멕시코만에서 지금까지 발견된 가장 큰 화학 합성 홍합 군락이 있다.

아무도 본 적 없던 바다

내 눈으로 이 환상적인 장소를 직접 보게 된다는 사실만으로도 흥분되었지만, 신호등고기를 모방한 조명 시스템과 전자 해파리 미끼로 무장한 EITS가 어떤 새로운 발견을 가져다줄 것인지에 대한 기대감도 컸다. 게다가 이번 탐사는 여러 나라의 광학해양학 및 시각생태학 전문가들과 해양동물들의 삶에서 빛이 담당하는 역할을 이해하고자 하는 나의 열정을 나눌 기회였다. 금상첨화로 그들은 무척 재밌는 사람들이기도 했다.

탐사에 동행한 과학자 그룹은 총 열여섯 명이었다. 나와 함께 공동 수석 과학자를 맡은 태미 프랭크는 어둠 속에서 포착된 동물들의 시각 민감도 연구를 담당했고, 내 연구실 박사후연구원이었고 이후 듀크대학교 종신직으로 자리를 옮긴 쇤케 존슨은 심해 해저 서식자들의 위장 전략을 분석할 예정이었으며, 호주에 거주하는 영국인 저스틴 마셜은 쇤케와 함께 심해의 시각적 생태에서 편광이 어떤 역할을 하는지 연구했다. EITS 실험에는 내 지도 학생인 대학원생 에리카 몬터규가 참여했다. 쇤케, 에리케, 저스틴은 삐딱한 유머 감각이 비슷해서, 과거의 경험으로 볼 때 그들이 서로에게 치는 장난은 나머지 사람들에게 큰 즐거움이 될 것이라고 예상할 수 있었다.

우리의 임무는 열흘 동안 네 곳의 잠수 지점을 탐사하는 것이었다. 출발지는 플로리다주 패너마시티였으므로 가장 먼 브라인 풀은 마지막 목적지였다. 이전의 존슨-시-링크 탐사 때는 하루에 두 번 잠수를 실시했지만 이번에는 계획된 모든 실험을 수행하고 여섯 명의 수석 연구원 모두에게 잠수정 잠수 기회를 주기 위해 1일 3회 잠수를 계획했다. 모든 일이 잘되리라는 전제가 깔린, 무척 빡빡하고 복잡한 일정이었다.

임무 수행에 들어간 지 불과 8시간밖에 안 되었을 때 날씨가 험악해졌다. 풍속이 20노트까지 올라가고, 더 심해질 것이라는 예보가 떴다. 우리는 가만히 앉아서 날이 맑아지기를 기다리며 귀한 잠수 시간을 허비하느니 미시시피 삼각주에서 남쪽으로 약 240km 떨어진 브라인 풀까지 긴 이동을 하며, 우리가 그곳에 도착했을 때 일기예보대로 날이 개기를 바라기로 했다.

다음 날 늦은 오후에 브라인 풀에 도착했고, 날씨는 기적처럼 화창해졌다. 첫 번째 잠수를 시작한 것은 오후 4시가 막 지났을 때였다. 조종사와 내가 관측구에 올랐고, 뒤쪽의 잠수사실에는 에리카와 보조승무원 한 명이 탔다. 일정을 맞추려면 자정 전에 두 번의 잠수를 해야 하므로 시간이 빠듯했다. 수심 640m가 약간 넘는 바닥에 도달하는 데 30분, EITS와 동물을 가둘 포획틀을 설치하는 데 1시간, 복귀하는 데 30분이 걸린다. 우리는 하강하면서 생물발광의 징후를 열심히 관찰했다. 첫 번째 섬광은 약 300m 수심에서 나타났다. 여전히 수면에서 들어오는 흐릿한 청색광을 감지할 수 있는 깊이였다. 수심 370m에 이르자 푸른 천장이 짙은 회색으로 변했고, 점차 어두워져서 수심 550m에서 완전히 깜깜해졌다. 그때 조종사가 잠수정의 조명을 켰다.

아무도 본 적 없던 바다

수심 640m를 지나면서 브라인 풀의 가장자리가 어렴풋이 시야에 들어왔다. 웅덩이의 표면을 알아볼 수 있는 것은 염도가 높은 브라인과 그보다 훨씬 염도가 낮은 그 위의 해수의 굴절률 차이 때문이다. 뚜렷한 경계가 있는 바닷속의 호수. 그것은 판단력을 잃게 하는 장면이었다. 그 경계는 초대형 홍합으로 뒤덮여 있었는데, 내가 이전에 보았던 그 어떤 홍합보다 2배 이상 컸고, 1m²당 수천 마리가 있을 정도로 빼곡했다. 홍합 군락지는 밤색, 적갈색, 황갈색, 암회색 등이 만화경처럼 뒤섞인 데다가 열린 껍데기 때문에 군데군데 흰 얼룩이 있는 것처럼 보였다. 반면에 호수는 검은색에 가까웠고 잠수정의 조명이 직접 떨어지는 곳으로 갈수록 어두운 청록색으로 변했다.

우리가 그곳에 다가갈 때, 나는 잠수정 앞을 헤엄쳐 지나는 먹장어 한 마리를 보았다. 녀석은 염호 표면을 지나 호수 안으로 사라졌다가 다시 나타나 멀리 가 버렸다. 호수 위에 물고기 몇 마리의 사체가 떠 있는 것으로 보아, 먹장어만큼 원시적이지 않은 물고기들도 들어가 보려고 했지만 그렇게 짠 물을 견딜 수 없었던 것 같다. 나는 조종사에게 우리가 염호 안에 들어가면 어떻게 되는지 물었다. "불가능합니다. 밀도가 너무 높아요." 그는 이렇게 대답한 후 호수 위로 잠수정을 운전했다. 호수 표면에서 잠수정이 움직이자 파도가 일어나 슬로모션으로 호안에 철썩거리는 기이한 일이 벌어졌다. 환상적이면서도 낯설고 으스스한 장면이었다.

우리는 염호 표면을 한 바퀴 돌고 서쪽 가장자리를 따라 올라가

EITS를 설치하기 좋은 지점을 물색했다. 에리카와 나는 호수 주위를 넓게 뺑 두르고 있는 홍합 해변이 카메라를 설치하기에는 너무 울퉁불퉁하다는 데 의견의 일치를 보았고, 그래서 호수의 북동쪽 끝의 홍합 군집 지대 바로 바깥을 택했다. 잠수정 전면에 EITS를 고정하고 있던 장치가 풀리지 않을까 봐 걱정이 됐지만, 로봇 팔과 조종사의 숙련된 솜씨 덕분에 배치는 완벽하게 이루어졌다.

다음 잠수 때 카메라를 회수하기 전까지는 카메라에 무엇이 포착될지 알 수 없으므로 어림짐작으로 시야를 설정해야 했다. 우리는 전경에 홍합, 배경에 염호 가장자리가 화면에 잡히도록 조절했다. 카메라 하우징에 케이블로 연결된 전자 해파리는 카메라 몇 미터 앞, 미끼가 가득 든 그물 주머니 옆에 배치했다. 목표는 가능한 한 많은 동물을 카메라의 시야 안으로 유인하는 것이었다. 인근에 포획틀도 비치했다. 동물들이 포획틀에 어떻게 반응하고 어떤 행동을 보이는지도 보고 싶었기 때문이었다. 염호를 가로질러 그 남동쪽 모퉁이로 되돌아가 거기에 있는 넓은 관벌레 덤불에 포획틀 2개를 더 설치했을 때, 우리는 벌써 수면으로 올라가야 할 시간이 된 것을 깨달았다.

에리카와 나는 이 놀라운 장소에 더 머물며 탐험을 계속하고 싶은 마음이 굴뚝같았지만, 조종사에게 생물발광을 만끽할 수 있게 상승하는 동안 조명을 꺼 달라고 하는 것으로 위안을 삼았다. 숨막히는 장관이었다. 우리는 물리적으로 건드리기도 하고 손전등이나 카메라 스트로브로 섬광을 비추기도 하면서 생물발광을 유도할 수 있었다. 우리가 손전등을 비추는 곳마다 가느다란 빛줄기가 나타났다 사라졌다. 카메라 스트로브를 사용하면 그 효과는 훨씬 더 커서, 생물발광의 은하가 잠수정을 둘러싸고 일제히 응답하는 것 같았다.

우리는 밤새 카메라를 놔 두었다. 이튿날 아침 가장 먼저 한 일은 그 카메라를 회수하러 가는 것이었다. 이번에는 태미가 앞에 타고 나는 뒷자리에 앉아서 바닷속에 투과되는 햇빛을 측정하기 위해 분광계를 작동했다. 협소한 잠수실 넓이에 비해 너무 덩치가 큰 분광계 때문에 나와 보조승무원은 옴짝달싹 못 할 지경이었지만, 그 장비 덕분에 하강하는 동안 빛의 스펙트럼이 점점 좁아지는 심해의 특징을 아름다운 그래프로 그려 낼 수 있었다.

마지막 스펙트럼을 컴퓨터에 저장하고 나서 장비를 재배치하여 다리를 뻗을 공간을 만들어 보려는 순간, 헤드셋에서 태미가 외치는 소리가 들렸다. "저것 봐!" 나는 비디오 모니터에서 잠수정 전면 카메라가 비추는 영상을 확인했다. 화면을 꽉 채우고 있는 것은 거대한 여섯줄아가미상어였다. 그것은 EITS를 스쳐 지나가고 있었다. 거대하다는 단어로는 부족하다고 느껴졌다. 조종사는 측량용 레이저를 쏘아 보더니 체장을 약 4.6m로 추정했다. EITS가 아직 녹화 모드로 설정되어 있었으므로 잠수정이 도착하기 전에 이 골리앗을 촬영한 영상이 EITS에 들어 있을 것이라고 믿어 의심치 않았다. EITS를 갑판에 올린 후 녹화분을 확인하는 순간까지 기다리기가 힘들었다.

그런데 아무것도 없었다. 단 한 장면도. 참담했다. 우리는 적어도 카메라에 물이 차지는 않았다고 자위했다. 에리카와 나는 곧바로 시스템을 하나하나 점검했지만, 기계적인 문제는 찾을 수 없었고, 결국 우리 중의 누군가가 실수로 예전 구성 파일을 적용했다는 결론에 이르렀다. 쉰케가 바다에서는 누구나 IQ가 최소 10씩 낮아진다는 말을 한 적이 있는데, 정말 그런 모양이었다. 에리카와 나는 모든 EITS 설정을 둘이서 한 번씩 점검하기로 했고, 올바른 구성 파일을 적용했는지 세 번이나 확인하다 보니 점심식사를 마친 후에나 카메라를 다시 내려보낼 수 있게 되었다. 우리는 브라인 풀에서의 마지막 잠수가 있을 다음 날 아침까지 영상을 수집하도록 프로그래밍했다.

마지막 잠수 때는 저스틴이 앞에 타고 대학원생 한 명이 뒷자리에 탔다. 여섯줄아가미상어의 흔적이 없다는 보고는 실망스러웠지만 EITS를 무사히 회수한 뒤 오전 10시가 안 되어 갑판으로 복귀했다. 에리카와 나는 즉시 카메라를 확인했고, 이번에는 다행히 영상이 들어 있어서 안도했다. 그러나 파일을 얼른 다운로드하고 다음 장소에서 카메라를 다시 내려보낼 준비를 해야 했으므로, 찍어 온 영상을 볼 시간은 없었다. 다음 장소는 그린캐니언이라는 곳이었다.

아무도 본 적 없던 바다

이번에는 쉰케가 앞자리에 앉고 나는 뒷자리에서 분광계를 작동했다. 잠수가 빨리 끝나기를 바란 적이 평생 몇 번 없었는데, 이번만큼은 그랬다. 오랜 시간 동안 어둠 속을 들여다보려고 노력해 온 결실을 이번에는 드디어 거둘 수 있으리라는 기대감에 나는 얼른 돌아가 브라인 풀에서 무엇이 찍혔는지 보고 싶었다. 우리는 그린캐니언의 관벌레 덤불 근처에 카메라를 배치하고 30m 위를 맴돌며 전자 해파리의 작동을 확인했다. 이번에는 촬영 시작과 동시에 전자 해파리가 발광하도록 프로그래밍했는데 계획대로 불이 켜졌고 30m 거리에서도 잘 보였다. 나는 진심으로 전자 해파리가 먼 거리의 시각적 포식자를 유인하기를 기대했다.

배로 돌아오자마자 브라인 풀 영상을 검토하러 실험실로 이동했다. 좋은 소식은 모든 영상의 초점이 잘 맞았다는 것이었고, 나쁜 소식은 전자 해파리와 미끼 주머니가 화면상에 보이지 않는다는 것이었다. 삼각대가 진흙 속으로 파고들면서 카메라가 위쪽을 향하게 되었고, 이 때문에 바닥에 놓인 미끼 주머니와 전자 해파리가 화각에서 벗어나게 된 것 같았다.

그래도 화면상에 홍합 군집의 일부와 염호 가장자리가 보이기는 했다. 어류와 대형 등각류가 헤엄치는 모습도 볼 수 있었다. 카메라 조명은 의식하지 않는 듯했다. 다른 사람들에게는 대수롭지 않아 보이겠지만 나에게는 고개를 들이밀고 모니터를 뚫어지게 보게 만드는 장면이었다. 마침내 또 하나의 세계를 그 서식자들 몰래 바라볼 수 있게 된 것이다. 이는 지금까지 아무도 본 적 없는 장면을 언제든지 볼 수 있게 됐음을 의미했다. 나에게 이것은 투탕카멘의 무덤 입구를 발견한 것과 같은 일이었고, 당시에는 몰랐지만 황금빛 석관을 열기 직전까지 온 것이었다.

당시 우리는 아무런 방해도 받지 않은 상태에서의 동물들을 제대로 오래 보기 위해, 촬영을 시작하고 4시간이 지난 뒤 전자 해파리가 작동되도록 했다. 영상이 드디어 전자 해파리를 활성화한 시점에 도달했을 때, 작동 불이 켜지고 불과 86초 만에 초대형 오징어로 보이는 어떤 생물이 화면 전체를 장악했다. 나는 자리에서 벌떡 일어나 탄성을 질렀고 그 소리에 배 곳곳에 있던 사람들이 몰려왔다. 우리는 함께 그 장면을 몇 번이고 다시 보았다.

특이하게 생긴 오징어였다. 가장 이상한 부분은 촉완이었다. 보통의 오징어 촉완은 신축성이 있고 가늘고 긴 반면에 이 오징어의 촉완은 짧고 근육질이었다. 이 오징어는 화면 아래에 있어 보이지 않는 전자 해파리를 공격하고 있는 것 같았다. 공격에 실패한 오징어는 지느러미를 펄럭이며—사실 지느러미의 움직임은 화면의 위쪽 가장자리에서 일부만 볼 수 있었지만—후퇴하면서 촉완 하나를 옆으로 구부렸다. 너무 굵고 짧아서 다리처럼 보였지만 다리보다 밝은색이고 흡반이 없었으며 길이도 다리보다 3분의 1 정도가 짧았다.

현대 해양학의 큰 축복이자 저주 중 하나는 해상에서도 이메일을 주고받을 수 있다는 것이다. 그 덕분에 나는 해안으로 복귀할

아무도 본 적 없던 바다

때까지 기다리지 않고 비디오 클립을 스미스소니언의 오징어 전문가에게 보낼 수 있었다. 거의 즉각 보내온 그의 회신에는 이 오징어가 학계에 보고된 적 없는 완전히 새로운 종류라는 놀라운 소식이 들어 있었다. 단지 새로운 종이나 속이 아니라 완전히 새로운 과일 수도 있다고 했다! 그 의미를 충분히 이해하기까지는 얼마간의 시간이 필요했지만, 한 가지는 확실했다. 더 이상의 개념 증명은 필요하지 않게 되었다는 것. 새로운 동물 종을 발견했다는 것만으로도 이 탐사의 대성공을 선언하기에 충분했다. 그러나 우리의 발견은 이것이 끝이 아니었다.

둘러앉아 미지의 오징어 영상을 지켜본 사람들은 하나같이 전자 해파리와 미끼 주머니가 시야 안에 있지 않은 점을 한탄했다. 그것들은 오징어가 전자 해파리에 의해 유인된 것이라고 확실히 말할 증거이자 오징어의 크기를 가늠할 비교 대상이기도 했다. 1.8m 정도라고 짐작되기는 했지만, 정확히 알려면 전자 해파리와 카메라 사이의 거리를 알아야 했다. 짧은 시간 안에 이 문제를 해결하려면 앞으로 EITS를 설치할 때마다 전자 해파리를 정확히 카메라 시야 안에 두기 위해 최선을 다하는 수밖에 없었다. 그러나 다음번 배치 때에도 똑같은 문제에 부딪혔다. 전자 해파리와 미끼가 또다시 프레임 아래쪽으로 움직여 시야를 벗어나 버린 것이다.

우리는 카메라 하우징에 전자 해파리가 카메라와 일정 거리를 두고 고정되도록 하는 장치를 달아야 한다는 데 의견 일치를 보았다. 잠수정을 진수하거나 회수할 때 그 전면부에 탑재하는 EITS와

선박 후미가 바짝 붙게 되기 때문에, 그 장치는 EITS를 바닥에 내려놓은 후 펼치고 회수할 때는 다시 접을 수 있는 것이라야 했다. 하버브랜치의 엔지니어들이라면 당연히 해법을 찾아내 주겠지만, 그 해법은 다음 탐사 때나 쓸 수 있을 터였다.

적어도 그날 밤 잠들 때까지의 내 생각으로는 그랬다. 하지만 밤새도록 기발한 아이디어를 찾아 고심하던 저스틴과 에리카는 이튿날 아침에 새로운 대안 하나를 내놓았다. 그들은 알루미늄 사다리 하나를 찾았고, 선장에게 사다리를 잘라도 좋다는 허락을 받아냈다. 그들은 사다리 한쪽을 EITS 프레임의 아래쪽 가로대에 링 클램프로 연결하여 상하, 좌우로 회전할 수 있게 하고, 스프링이 장착된 후크로 고정했다. 전자 해파리는 잘라낸 사다리의 일부인 별도의 알루미늄 막대에 부착하여 프레임 바닥 중앙에 비스듬하게 설치했다. 어설퍼 보였지만 상당히 견고한 엔지니어링 작품이었다. 이 장치는 처음 실전에 투입했을 때부터 구상한 대로 정확히 작동했다. EITS를 내려놓고 사다리를 지탱하던 스프링을 풀기 위해 잠수정의 로봇 팔을 뻗은 순간이 하이라이트였다. 첫 시도에서는 제대로 작동하는지 확인하기 위해 단 몇 시간 동안 내려놓았다. 영상을 보고 사다리가 카메라의 시야각에 비해 약간 높고 반사가 너무 심하다고 판단한 우리는 위치를 다시 조정하고 모두 검게 페인트칠했다. 두 번째 시도에서는 전자 해파리 옆에 미끼 주머니도 놓고 사다리의 가로대에 물고기 대가리도 묶어 두었다. 흥미로운 손님들이 오기를 바라며 마련한 일종의 심해 회 뷔페였다. 이틀 후 갑판으로 끌어올려 보니, 우리가 괜찮은 메뉴를 선보인 게 틀림없어 보였다. 미끼 주머니는 사라지고 물고기 대가리 주변의 페인트가 온통 긁혀 있었다.

녹화된 영상을 검토하는 내 주위에 사람들이 모여들었고, 여기저기서 탄성이 터져 나왔다. 모니터 속에서는 대구류 물고기와 거대 등각류가 미끼를 뜯어 먹고 있었다. 홍감펭 한 마리는 전자 해파리에 불이 들어올 때마다 찾아왔고, 어둠 속에서 불쑥 나타난 더 거대한 여섯줄아가미상어가 머리로 등각류를 밀어낸 다음 입을 쩍 벌려 미끼를 먹어치우며 피날레를 장식했다. 우리는 NOAA가 우리의 탐사에 대한 관심을 촉발하기 위해 만든 웹페이지에 이 영상들을 게시했고, 나중에 알게 된 사실이지만 큰 반응을 일으켰다.

나는 NOAA에 낼 제안서를 쓰면서 우리가 새로운 기계 눈으로 심해를 들여다보고, 동물들의 눈이 무엇을 보는 데 적응했는지에 초점을 맞춘다는 점을 강조하기 위해 이 탐사에 '딥 스코프Deep Scope'라는 이름을 붙였다. 2004년 딥 스코프의 대성공으로 NOAA는 우리 팀이 2005년, 2007년, 2009년의 후속 탐사로 이 연구의 연속성을 확보할 수 있도록 연구비를 지원했고, EITS는 이 모든 탐사에서 중요한 역할을 담당했다. EITS 탐사는 늘 심해의 빛과 생명에 관한 새로운 사실을 알게 해 주었지만, 나에게 가장 짜릿한 경험을 선사한 것은 2007년 바하마 원정 때였다. 그곳에서 마침내 동물들과 대화를 나눌 수 있었다.

우리는 전자 해파리와 미끼를 고정하기 위해 저스틴과 에리카가 고안한 기발한 장치를 더 능률적인 시스템으로 교체했지만, 그들의 독창성에 경의를 표하기 위해 새로운 시스템도 쉰케가 제안한 이름인 CLAM^{cannibalized ladder alignment mechanism} [사다리를 재활용한 정렬 메커니즘]으로 불렀다.

전자 해파리는 여러 발광 양상을 모방하여 설계되었다. 그중 하나는 청색 단일광 LED로 섬광을 빠르게 반복하여 방출하는 것이었다. 그런데 2007년 탐사에서는 이 섬광이 생명체의 정교한 반응을 이끌어 내는 것으로 보이는 몇 번의 사례가 있었다. 나선형으로 빠르게 헤엄치는 무엇인가—내 짐작에는 새우였을 것 같다—에 의해 연속적으로 빠른 빛이 방출된 것이다. 그로 인해 생긴 코르크스크루 같은 나선형 물결은 마치 '이러면 어쩔 건데!'라고 말하는 것 같았다. 이처럼 전자 해파리가 일련의 짧은 섬광을 발하면 뭔가가—대개는 여러 생물이—반응을 보였다. 그것은 빛으로 나누는 대화였다. 나는 내가 전자 해파리로 무슨 말을 하고 있는 것인지 전혀 알지 못했지만, 그에 대한 반응이 갯반디가 짝짓기를 할 때와 놀라울 정도로 닮아 있었던 것을 보면 내가 뭔가 섹시한 메시지를 던진 것 같았다. 갯반디(발광 패충류)의 빛줄기는 바닥에서 솟아오르기도 하고, 반짝거리는 진주목걸이 가닥처럼 수평이나 대각선으로 드리워지기도 한다. 진주의 간격, 빛의 밝기, 위치, 크기는 암컷이 자기 종의 예비 짝을 알아볼 수 있게 해 주는 복잡

아무도 본 적 없던 바다

한 암호다. 서로 다른 여러 종이 짝짓기의 교란 없이 공존할 수 있게 해 주는 이 경이로운 복잡성은 높은 밀집도에 대한 진화적 반응이 아닐 수 없었다.

분명 생물발광으로 짝을 유인하는 방법은 그 빛이 포식자에게도 쉽게 눈에 띌 수 있다는 단점이 있다. 그러나 오래 지속되는 빛구름을 방출하는 방식으로 진화하여 빛과 자신의 몸이 물리적으로 떨어져 있게 할 수 있다면 문제가 해결된다. 갯반디의 경우, 특정 종의 암컷은 수컷의 생물발광 착륙등에 기반하여 수컷의 유영 궤적을 계산하고, 그에 따라 짝에게 다가갈 수 있도록 공진화한다.

이 조명 쇼는 잠수정을 타지 않아도 경험할 수 있다. 스쿠버다이빙을 할 줄 몰라도 된다. 스노클링을 하면서 관찰할 수 있을 정도로 얕은 물에서 일어나는 일이므로, 일몰 직후에 바다로 뛰어들어 공연이 시작되기를 기다리기만 하면 된다. 한때는 플로리다키스 부근에서도 흔히 볼 수 있었는데, 지금은 슬프게도 오염 때문에 대부분 사라졌다. 그래도 카리브 제도에는 여전히 1년 내내 이 현상이 나타나는 곳이 많으므로, 꼭 한번 가 보기 바란다. 수백 개의 생물발광에 둘러싸이면 빛의 교향곡에 푹 빠져 있는 기분이 들 것이다. 분명히 버킷리스트에 넣어둘 가치가 있는 일이니, 더 늦기 전에 즐기기를.

3부

이해한다는 것

삶에 두려울 것은 없다. 단지 이해해야 할 것이 있을 뿐
이다. 지금은 더 많이 이해해야 할 시간이며, 그러면
두려움은 줄어들 것이다.

- 마리 퀴리

12장

바다는
언제나 빛나고 있다

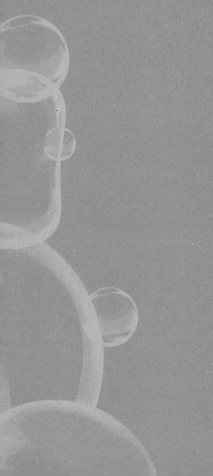

우리는 모두 탐험가다. 이 세상에 태어날 때는 모두가 낯선 나라에 온 이방인이었다. 우리는 탐험을 통해 우리를 둘러싼 세계를 점차 이해해 나간다. 우리가 아기였을 때 방문 저쪽에 무엇이 있는지 보려고 안전한 엄마의 품에서 기어 나온 것은 뭔가 새로운 것을 찾고 싶은 본능을 만족하기 위해서였다. 언젠가 자연의 숨은 비밀을 드러낼 수 있으리라는 기대감으로 지도의 가장자리를 탐험하는 일은 원초적이라고 느껴질 만큼 우리의 본능에 뿌리를 깊이 내리고 있다.

내가 아는 가장 행복한 사람들은 새로운 것을 발견했을 때 어린아이가 느끼는 것 같은 경이감을 여전히 잃어버리지 않은 사람들이다. 사실 쉽지 않은 일이다. 이 세상이 풀어야 할 거대한 수수께끼가 아니라 이미 아는 사실들의 집합체인 것처럼 다가올 때가 너무 많기 때문이다. 어지러울 정도의 복잡성과 경이로운 기이함으로 가득한 바다에는 탐험가를 유혹하는 무한한 퍼즐이 있다. 빛—햇빛이든 생명체에서 나오는 빛이든—이 바다에 사는 생물들에게 어떤 영향을 미쳤는지를 알아낸다는 것은 그중에서도 최고의 퍼즐이다.

20세기 초에 그물망으로 수집한 생물 표본들을 조사하던 초기 연구자들은 자신들이 본 것에 너무 당혹한 나머지 다음과 같이 선언했다. "해양생물에 관한 연구에서, 눈의 발달과 바다의 수심에 따른 밝기 차이의 관련성을 밝히려는 시도보다 더 절망적인 연구 주제는 없다." 그러나 점차 밝혀진 수중 광장의 본질은 깜깜한 심해에 서식하는 생물에게 눈이 있다는 기이한 사실을 이해할 수 있게 해 주었다.

잠수정을 타고 햇빛이 닿는 끝 지점, 즉 어둠의 가장자리까지 내려가면 눈앞에 펼쳐지는 풍경의 드라마틱한 변화에서 이 기이함을 설명해 줄 단서를 찾을 수 있다. 수심이 깊어질수록 점점 더 어두워지던 광장이 어둠의 가장자리에 이르면, 먹물 같은 암흑을 배경으로 생물발광의 불꽃놀이가 펼쳐진다. 이 구역에 서식하는 많은 동물들은 위쪽에서 헤엄치는 먹잇감의 작은 실루엣을 찾아내 공격한다. 혹은 아래쪽의 생물발광 섬광을 감지하여 잡아먹고 사는 동물도 있다. 그리고 일부는 두 방법을 모두 쓴다.

그러한 예로 '갈색주둥이스푸크피시'라는 심해어를 들 수 있다. 이 어종은 놀라운 능력을 발휘한다. 커다란 머리에 4개의 눈이 툭 불거져 있는데, 위쪽을 향해 있는 큰 눈 2개는 위에서 내려오는 희미한 빛을 모으고, 아래를 향한 작은 눈 2개는 생물발광 광원으로부터 나오는 빛에 초점을 맞춘다. '짝눈오징어'는 단 2개의 눈으로 똑같은 일을 해낸다. 크고 돌출되어 있는 왼눈은 위를 쳐다 보는 반면 작고 움푹 들어가 있는 눈은 아래를 내려다본다. 세번째 방법은 '태평양통안어'에게서 볼 수 있다. 이 어종은 망원경 같은 눈 자체를 회전시킬 수 있다. 괴상하게 생긴 이 물고기는 검은색 몸을 지녔지만 머리는 투명해서 전투기 캐노피 같은 돔이 눈을 보호한다. 심해 생물을 처음 조사하던 사람들이 이 기이한 적응 형태를 보고 어떻게 당황하지 않을 수 있었겠는가?

서로 다른 수심에 서식하는 동물들의 상대적인 눈 크기도 그들을 어리둥절하게 만들었을 것이다. 눈 크기를 좌우하는 주요 요인은 두 가지다. 첫 번째는 감도다. 눈이 클수록 더 많은 빛을 모을 수 있다. 두 번째는 비용이다. 큰 눈을 만들고 유지하려면 더 많은 에너지가 소요된다.

생명체는 에너지를 필요로 하며, 심해에서는 대체로 에너지 공급이 부족하다. 생명을 유지하기 위한 연료 대부분은 태양에서 온다. 그런데 광합성이 일어나기에 충분한 햇빛은 수심 200m 이내의 얕은 물에만 존재한다. 식물성 플랑크톤 형태의 식물은 표층수에서 생장하다가 죽으면 깊은 곳으로 가라앉거나, 해파리, 갑각류, 오징어, 어류 같은 포식자에 의해 심해로 운반되어 사체나 배설물의 형태로 다른 생명체들에게 귀중한 식량을 공급한다. 심해 서식자들에게 그것은 하늘에서 내려오는 기적의 만나와도 같다. 그러나 해저까지 내려오는 도중에 많은 동물들이 먹어치우므로 처음에는 폭우처럼 쏟아지지만 바닥에 도달할 때는 이슬비가 되고 만다. 따라서 깊은 곳으로 내려갈수록 동물의 수와 크기가 줄어든다.

그래서 초기의 연구자들이 도저히 이해할 수 없었던 것은 수심이 깊어질수록 동물의 크기가 줄어들고 눈 크기는 점점 커지다가,

어둠의 가장자리를 지나면 완전히 상황이 반전되어 수심이 깊어 질수록 오히려 눈 크기가 줄어든다는 점이었다. 대체 왜 그런 일이 일어나는 것일까?

내가 수술 후의 고통 속에서 배웠듯이, 시력을 좌우하는 진짜 열쇠는 빛을 감지하는 것이 아니라 대상과 배경 간의 밝기 차이, 즉 대비를 알아보는 능력이다. 어둑한 곳에서 작고 희미한 실루엣을 찾아내야 하는 동물들에게 이미지의 대비를 향상시키는 최선의 방법은 배경에서 더 많은 빛을 모으는 것이다. 그러려면 눈이 클수록 유리하다. 따라서 배경의 빛이 어두워지는 황혼지대twilight zone [일정 수심에서 더 이상 햇빛이 투과하지 않아 빛과 어둠이 교차하는 구역-옮긴이]의 아래쪽에서 위를 쳐다보며 먹잇감을 노리는 포식자는 상대적으로 더 큰 눈을 가진다. 반면에 검은 배경에 생물발광처럼 밝은 대상이 있다면 그 자체로 엄청난 대비가 이루어지므로 에너지가 많이 드는 큰 눈 없이도 효율적으로 감지할 수 있다.

내가 처음으로 와스프를 타고 잠수했을 때 본 은빛 물고기를 예로 들어 보자. 꼬리 쪽으로 갈수록 가늘어지고 잘 닦은 은처럼 반짝거리는 그 물고기는 칼날 모양의 길쭉한 몸 때문에 단검cutlass 이라는 뜻의 이름을 갖게 된 갈치cutlass fish였다. 갈치가 무리를 지어 있으면 마치 손잡이 없는 양날 검 여러 개가 수중에 수직으로 떠서 번갈아 위를 향해 솟구쳤다가 천천히 내려왔다가 하며 엇박자로 춤을 추는 것처럼 보인다. 빛이 이들의 생활에 어떤 영향을 미

아무도 본 적 없던 바다

치는지를 알기 전에는 절대 이해할 수 없는 행동이다.

　갈치는 송곳니 같은 이빨을 가진 왕성한 식욕의 육식동물로, 황혼지대에서 큰 눈으로 머리 위의 먹잇감 실루엣을 찾는다. 수직으로 떠 있는 자세는 먹잇감을 똑바로 볼 수 있으면서 동시에 아래쪽의 포식자가 올려다봤을 때 자신의 실루엣을 가장 작게 만들 수 있는 자세이므로, 그들의 사냥 전략에 유리하다. 그들은 사냥할 때 특정 밝기를 선호하므로, 배나 잠수정이 크고 밝은 투광 조명을 켜고 등장하면 빛을 피해 더 어두운 곳으로 도망친다. 그러다 바닥에 닿아 더 이상 내려갈 수 없게 되면 위로 솟구친다. 이따금 멀리 헤엄쳐 달아나기도 하지만 대개는 주변을 얼쩡거리며 이 행동을 반복하고, 그 결과 광란의 포고 댄스를 추게 되는 것이다.

◆ ◆ ◆

　심해 해저 동물들의 눈 크기에 대한 수수께끼가 또 하나 있다. 어둠의 가장자리 아래에서는 깊이 내려갈수록 눈이 작아지지만, 이 경향이 한 번 더 뒤집히는 구간이 존재한다. 많은 해저 서식 동물들은 몸에 비해 큰 눈을 갖고 있으며 햇빛이 투과하지 못하는 깊이라는 점을 생각하면 그 눈이 가용한 유일한 빛, 즉 생물발광을 볼 수 있도록 적응한 결과라고밖에 설명할 수 없다. 그러나 이 설명의 문제는 서식 동물 대부분이 발광 능력을 가진 중층수와 달리 해저에는 발광생물의 숫자가 상대적으로 적다는 것이다.

2009년, 나는 이 수수께끼를 풀기 위해 심해 해저 생물발광 연구를 위한 탐사를 기획하고 미국해양대기청의 지원을 받았다. 심해 서식자들의 표본 수집은 대개 그들을 완전히 헤집어 놓는 무자비한 저인망 방식에 의존한다. 어쩌면 그들도 발광생물인데 빛을 생성하는 화학물질이 포획하는 동안 소진되어 우리가 몰랐을 수도 있다. 잠수정이나 ROV로 수집한 표본들도 상승할 때의 급격한 온도 변화로부터 충분히 보호받지 못해, 우리가 그들의 빛 생성 여부를 조사하기 전에 고온에 익어버려, 온전히 살아 있는 상태로 해수면에 도달하지 못할 수 있다.

이 가설을 검증하기 위해 해저 서식 동물들을 바이오박스라는 단열 상자에 담아 해수면까지 차가운 상태를 유지하도록 조심스럽게 수집하고, 조명을 끈 채로 잠수정 조작기로 바닥을 쿡쿡 찔러서 생물발광을 유도할 수 있는지 확인해 보는 것이 우리가 제안한 연구 계획이었다.

우리가 선택한 탐사 장소는 그랜드바하마섬 서쪽 끝 인근 심해였다. 나란히 줄지어 있는 석회암 언덕들이 경사면을 덮고 있었다. 이 언덕들은 뒤집힌 선체 모양이고 크기는 작은 통나무 카누만 한 것에서부터 대형 유람선만 한 것까지 다양했으며 플로리다 해류와 평행하게 남북 방향으로 나란히 누워 있었다. 그 하나하나가 다 퇴적물이 풍부한 바다에 둘러싸인 오아시스였으므로 우리는 두 유형의 해저 서식 생물들을 다 수집할 수 있었다.

나는 이 탐사에서 심해 해저의 발광생물 숫자에 관해 우리가 예상할 수 있는 결과가 두 가지일 것이라고 생각했다. 한편으로는 생물발광을 잘 보는 것이 그곳에서의 생존에 유리하기 때문에 눈의 크기가 그렇게 커진 것일 수 있다. 다른 한편으로는, 중층수에서 그렇게 생물발광이 많은 것은 은신처가 마땅치 않은 곳에서 숨바꼭질을 하기 위한 방편이므로, 숨을 곳이 있어서 자신의 실루엣을 숨기기 위한 역조명이 필요하지 않은 해저에서는 생물발광이 그렇게 흔하지 않을 것이라는 주장도 가능하다. 연안 지대의 경우에는 후자가 확실하다. 중층수에서는 서식 종의 75%가 생물발광을 하는 데 비해 바닥에 사는 종 중에서는 생물발광을 하는 비율이 1~2%에 불과하기 때문이다. 그러나 연안 지대는 심해와 달리 햇빛과 달빛이 바닥까지 들어오므로 시각적 커뮤니케이션을 위한 생물발광이 필요치 않다. 확실히 알 수 있는 방법은 직접 가서 보는 것밖에 없었다.

이 탐사는 시각적 향연의 연속이었으며, 그 향연은 첫 잠수 때부터 시작되었다. 내려가면서 본 그 모두가 놀라운 발견이었지만, 조명을 끄고 어둠 속에 가만히 앉아 있을 때 목격한 것에는 비할 바가 아니었다. 중층수에서 그렇게 할 때는 내가 아무것도 하지 않는 한 아무것도 보이지 않았다. 즉, 아무런 자극 없이 일어나는 자발적인 생물발광은 존재하지 않았고, 절대적이고 완전한 암흑뿐이었다. 그러나 이곳, 해저에서는 생물발광이 빈번히 일어났고, 그것은 바닥에 사는 잔사식생물detritivore[생물의 유기쇄설물을 먹고 사는 생물-옮긴이]들의 발광이 아니라 해류에 떠내려온 플랑크톤이 잔사식생물에 부딪혀 물리적인 자극을 받을 때 일어나는 발광이었다. 나는 강화 흑백 카메라로 이 장면을 찍었고, 그 영상에는 황금빛 산호 가지에서 일어나는 짧은 섬광이 담겼다. 그러나 최고의 영상은 쇤케가 니콘 카메라로 찍은 10초짜리 컬러 영상이었다. 그는 그 장면을 포착하기 직전에 조종사에게 소삭기로 황금빛 산호 사이를 훑어 달라고 했고, 그 결과 발광이 일어났다. 이 영상에서는 산호 가지에서 청록색으로 빛나는 폴립들이 분명히 보이고, 플랑크톤들은 여기에 부딪히면서 푸른 줄무늬의 흔적을 남기며 지나간다.

우리는 수집한 모든 동물의 발광 스펙트럼을 측정한 결과, 대개 청색광을 생성하는 중층수 서식 발광동물들과 달리 해저 서식자 중에는 녹색광을 생성하는 동물이 많다는 사실을 알아냈다. 바닥 가까이에서 부유하는 퇴적물들은 청색광보다 녹색광을 더 잘 투과시키므로 이러한 색상 차이는 최대의 가시성을 확보하기 위한 적응의 결과일 수 있다. 퇴적물이 많은 연안 해역의 발광생물들에게서도 청색보다 녹색 빛이 나는 경우가 많았다.

◆ ◆ ◆

심해 해저에 부딪혔을 때 빛을 내는 중요한 식량 공급원이 또 하나 있다. 그것은 바다눈이다. '바다눈'이란 먹이가 천천히 심해로 흩뿌려지는 현상을 묘사하기 위해 윌리엄 비비가 만든 용어다. 늘 그랬듯이 그의 단어 선택은 탁월했다. 그것은 눈과 무척 비슷하다. 보드랍고 하얀 입자들은 느릿하게 떨어지는 눈발 같을 때도 있고 세찬 눈보라 같을 때도 있다. 그러나 자세히 들여다보면 서로 차이가 있음을 알 수 있다. 하나하나가 미세한 조각인 것도 있고 흰 솜털이나 지저분한 뭉치인 것도 있다. 이누이트족이 다양한 눈의 형태를 묘사하기 위해 50개가 넘는 단어를 갖게 된 것처럼, 바다눈도 그만큼 풍부한 어휘를 가질 가치가 있다.

놀라운 점은 조명을 꺼도 이 다양한 바다눈을 볼 수 있을 때가 있다는 것이다. 바다눈의 생물발광은 물리적인 자극 또는 빛의 자극에 의해서만 발생하며, 한 번 발광이 일어난 다음에는 쉽게 재점화되지 않아서 표본 채취가 힘들다.

바다눈의 발광을 관찰하기 위한 가장 좋은 방법은 조명 없이 수주의 위아래로 상승 혹은 하강하다가 간헐적으로 어둠 속에 섬광을 비추는 것이다. 손전등을 비추면 빛이 닿는 곳에서 국지적인 반응이 일어나는 것을 볼 수 있다. (잠수정 조종사 중 한 명으로부터 무척 빽빽한 바다눈을 손전등으로 자극해서 자기 이름을 쓸 수 있었다는 얘기를 들은 적도 있다.) 그러나 잠수정의 투광 조명을 켰다 껐다 하면 더 강렬한 반응을 이끌어 낼 수 있다. 인공조명을 켰다가 끄면, 빛이 사라지는 순간 주변의 모든 눈송이가 동시에 밝게 빛나다가 점차 사라져 가는 모습을 볼 수 있다. 그것은 눈보라지만 겨울에 내리는 눈이 아닌 바다눈이다. 조명을 켜고 그 빛의 원천을 보려고 해도 보이지 않는다. 바다눈의 조각들을 볼 수 있을지도 모르지만, 그것이 빛을 낸 것인지는 확인할 길이 없다.

바다눈은 중요하고 또 중요하다. 그것은 심해의 주요 식량 공급원이며, 따라서 우리는 바다눈의 생물발광에 관해 지금보다 좀 더 많이, 그리고 심해 동물의 생존 전략에서 그것이 어떤 역할을 담당하는지에 관해 알아야 한다. 아직까지는 이 현상을 기록할 방법이 없다. 부디 카메라 기술 발전이 그 길을 열어 주기를 고대할 뿐이다. 그것은 지도의 가장자리에 있는 심원한 미스터리이며, 매우 흥미로울 뿐만 아니라 중요한 의미가 담겨 있을지도 모르기 때문이다.

특히 생물학적 펌프, 즉 해양 탄소 순환에서 바다눈이 하는 역할에 관심이 많다. 최근에 사람들이 생물학적 펌프에 관해 주목하고 있는 것은 그저 지나가는 관심이 아니라 그것이 대기 중 이산화탄소 농도를 낮추고 지구온난화를 늦추는 데 일정 역할을 담당하기 때문이다.

나는 수년 간 바다눈을 직접 관찰하면서 내가 본 심해 바다눈의 생물발광 대부분이 세균에 의한 것이라는 결론에 이르렀다. 이것은 다소 논쟁의 여지가 있는 가설이다. 보통의 생물발광은 자극을 필요로 하기 때문이다. 세균의 생물발광은 섬광을 발하는 것이 아니라 지속적으로 빛을 방출한다는 점에서 다른 대부분의 생물발

아무도 본 적 없던 바다

광과 큰 차이를 보인다. 이것은 세균의 발광에 관여하는 화학반응이 호흡 관련 화학반응, 즉 호흡사슬과 직접적으로 연계되어 있기 때문에 일어나는 현상이다.

대부분의 사람들은 세균의 생물발광에 익숙하다. 아귀나 손전등고기의 발광이 이에 해당한다. 이 종들은 스스로 빛을 생성하는 화학물질을 제조하는 것이 아니라 세균이 생성한 빛을 이용하고 그 대신 성장실에서 먹이와 보금자리를 제공한다. '에스카esca'라고 불리는 세균의 성장실은 낚싯대 역할을 하는 기다란 지느러미선 끝에 달려 있어서, 대롱대롱 매달린 세균의 불빛이 이빨을 드러낸 낚시꾼의 입까지 닿는다. 꼭 알맞은 이름을 가진 손전등고기의 경우에는 눈 바로 밑에 있는 커다란 발광기관에 세균이 입주해 있다. 이 물고기는 눈꺼풀을 닫아 빛을 차단하는 방식으로 전등을 끈다.

세균과 공생하도록 진화한 어류 및 오징어류는 다양한 방식, 대개는 물리적으로 차단하는 방식으로 빛을 제어한다. 그러나 개중에는 세균이 산소 없이는 성장하지 못한다는 점을 이용해 가용 산소를 제어함으로써 빛을 조절한다. 샌프란시스코 과학관에 가면 발광세균 전시에서 이러한 빛 조절의 멋진 시연을 볼 수 있다. 오래전에 내가 처음 그곳에 갔을 때는 셰이커 테이블 위에 플라스크가 놓여 있고 그 안에서 발광세균 배양액이 들어 있었다. 테이블의 진동을 멈추면 플라스크에서 아무런 빛도 나오지 않다가, 셰이커를 작동하면 배양액이 휘저어지면서 산소가 유입되고 빛이 활성화되었다. 최근에는 동일한 현상을 시연하기 위해 더 정교한 방법을 고안했다. 지금 그곳에 가면 세균 배양액이 공기 유입구가 달린 얇은 수조에 담겨 있어서 관람객이 살아 있는 빛의 소용돌이 패턴을 직접 만들어 볼 수 있다.

여기서 중요한 점은 산소가 있어야 세균이 성장할 수 있다는 사실이다. 바다눈에서는 미생물에 의해 식물성 플랑크톤과 다른 유기물이 분해되는데, 그 미생물들은 산소를 소비한다. 이것은 물에 이산화탄소를 배출하는 생물학적 펌프 현상의 한 부분이다. 이 때문에 바다눈을 둘러싼 물에는 산소가 함유되어 있더라도 입자 자체에는 무산소성 미세환경이 조성된다. 바다눈 입자들에 충돌이 일어나면 셰이커 테이블을 작동할 때처럼 산소가 유입되고 세균이 성장한다. 바다눈이 빛을 받으면 바다눈에서 흔히 볼 수 있는 '남세균'이라는 광합성 세균을 자극하여 산소가 유입될 수도 있다. 이것은 바다눈의 발광이 어떻게 일어나는지를 설명해 준다. 그러나 그러한 발광이 왜 일어나는지를 설명해 주지는 못한다.

내가 생물발광 연구를 시작했을 당시의 가장 뜨거운 논쟁 주제 중 하나는 세균에서 어떻게 발광생물이 처음 나타나게 되었냐는 것이었다. 달리 말하자면, 빛을 생성하는 것이 개별 세균의 생존에 왜 도움이 되었을까? 진화론적 관점에서 볼 때 이 질문에 답하기가 특히 까다로운 이유는 하나의 세균이 생성하는 빛의 밝기는 어떤 생물의 눈으로도 보기 힘들다는 데 있다. 한 마디로, 너무 어둡다. 세균이 눈에 보이려면 수백만 마리가 모여 있어야 하는데, 최초의 발광세균은 어떻게 선택될 수 있었을까? 문제를 더 혼란스럽게 만드는 것은 동일 종의 두 균주, 즉 발광 형질을 가진 세균과 그렇지 않은 세균이 섞여 있으면 빛을 생성하는 데 에너지를 소모해야 하는 발광세균이 불리해지고 비발광세균이 빠르게 우위를 차지하게 된다는 점이다. 어떻게 생각해도, 세균의 생물발광 진화는 말이 안 되는 결과로 보인다.

이 수수께끼를 풀 단서는 폴란드 과학자들이 발광 변이와 비발광 변이의 혼합 배양액에 자외선을 쬐었을 때 나타났다. 상황이 갑자기 역전되어 발광세균들이 우위를 점한 것이다. UV 광선을 켰을 때는 발광 균주가 우위를 유지하지만 끄면 곧바로 다시 비발광 균주가 우세해졌다. 그 이유는 UV 광선이 DNA를 손상시킨다는 사실과 관련된다.

UV 광자는 DNA 구조를 엉망으로 만들 만한 위력을 발휘하며, 그 에너지는 청색광이나 녹색광 또는 그 어떤 가시광선 색보다 크다. UV 광선은 매우 파괴력이 커서 세균은 UV로 손상된 DNA를 복구하는 포톨리아제라는 광분해효소를 진화시켰다. 흥미롭게도 이 효소가 마법을 부리려면 가시광선—정확히 말하면 청색광—이 필요한데, 생물발광의 선택적 우위는 아무것도 보이지 않을 정도로 어두울 때에도 광분해효소를 자극하여 DNA 복구 작용을 일으킬 수 있다는 점에 있다.

이제는 생물발광을 일으키는 다양한 화학작용의 진화가 세포 복구 메커니즘의 필요성 때문에 일어났다고 간주된다. UV 광선의 파괴력뿐 아니라 산소의 유해성도 지구상의 생명체들이 싸워야 할 대상이다. 우리는 무작정 산소가 좋은 것이라고 생각하기 마련이지만, 늘 그런 것은 아니다. 산소는 전자에 너무 굶주려 있어서 DNA나 단백질 같은 생명에 필수적인 분자들에서 산소를 빼앗는다. 신선한 과일이나 채소처럼 항산화물질을 함유한 음식을 먹는 것이 중요한 이유가 바로 산소의 이러한 파괴적인 영향에 있다. 항산화물질은 노화나 암, 파킨슨병, 알츠하이머병, 심장병 같은 질병으로 이어질 수 있는 세포 손상을 방지한다.

밝혀진 바와 같이, 루시페린은 항산화 작용을 한다. 루시페린은 애초에 세포에 유독한 산화제를 제거하기 위해 발달한 경우가 많다. 이 분자들은 이후에 특정한 루시페라아제가 진화하면서 비로소 빛 생성 기능을 갖게 되었다. 흥미롭게도 세균의 생물발광에서는 기질이 아니라 효소가 해독제 역할을 하는 것으로 보이지만, 두 경우 모두 생물발광을 일으키는 화학작용의 핵심 요소가 산화로부터의 보호를 위해 진화했다는 점에서는 동일하다.

앞서 말한 폴란드 연구자들의 실험에 비추어 보면, 세균의 경우 진화상의 그다음 단계는 UV 광선으로부터 세포 손상을 막기 위해 희미한 빛을 생산하는 것이었다고 볼 수 있다. 빛이 눈에 보일 만큼 밝아지는 단계로 나아가려면 전혀 다른 종류의 선택적 이점이 있어야 한다. 예를 들어 밝은 빛이 먹이가 부족한 환경에서 세균에게 확실한 식량 공급원을 확보하는 데 도움이 된다면, 그것은 진화의 충분한 동력일 수 있다.

◆◆◆

바닷속에서는 똥도 빛날 수 있다. 많은 해양 분변립이 빛을 내는 것은 분변의 분해를 돕는 세균의 생물발광 때문이다. '미끼 가설'에 따르면 그 이유는 세균이 분변에서 집단적으로 빛을 낼 때 시각으로 먹이를 찾는 포식자를 쉽게 유인할 수 있다는 데 있다. 세균이 분변립과 함께 포식자에게 먹힌다는 것은 곧 포식자의 내장이라는 먹이가 풍부한 환경에 들어가게 된다는 뜻이다. 이로써 발광세균은 비발광세균에 비해 상당한 이점을 갖게 된다. 비발광세균은 눈에 보이지 않아 먹잇감에서 배제되기 쉽고, 그러면 식량 공급원이 부족한 깊은 곳으로 가라앉을 가능성이 훨씬 커지기 때문이다. 이것은 브루스 로비슨 등이 일찍이 1977년에 한 논문 초록에서 제시한 주목할 만한 통찰이었으며, 이후 다른 학자들이 논의를 확장해 왔다.

분변립이 심해로 가라앉아 햇빛의 유해한 UV 광선으로부터 멀어지면, DNA 복구에서 생물발광이 하는 역할에서 비롯되었던 선택적 이점이 사라진다. 에너지가 소요되는 일인데 더 이상 유용하지 않다면 그 일을 덜 하는 변이가 선택될 것이고, 결국 그 형질은 사라질 것이다. 그러나 이 경우에는 전혀 다른 또 하나의 목적,

즉 영양분에의 접근성 향상에 생물발광이 유리하기 때문에 새로운 선택적 이점이 작용하게 되었다. 박테리아는 빛을 내서 이동식 뷔페식당, 즉 포식자의 위 내용물이 스스로 다가오게 할 수 있다. 단, 이 전략이 먹히려면 빛이 눈에 보일 만큼 세균이 모여 있어야 한다.

그래서 또 한 가지 대단한 적응 방법이 진화했다. 이른바 정족수 감지라는 능력이다. 이 놀라운 수법 덕분에 세균은 서로 의사소통하여 서로의 생존에 도움이 되도록 각자의 활동을 조율할 수 있다. 생물발광의 경우, 방출한 빛이 눈에 보일 만큼 충분한 개체수가 모이지 않았을 때는 빛을 생성하는 화학물질을 제조하는 데 쓸데없이 에너지를 소비하지 않게 해 주는 것이 바로 이 정족수 감지 능력이다. 개체 수 파악을 위해 세포들은 작은 신호 분자를 만든다. 이 분자가 충분히 모여 특정 임계 수준에 도달하면, 유전자 발현에서 변화가 일어나서 세포들이 빛 방출에 필요한 화학물질을 생산하기 시작한다. 정족수 감지가 처음 발견된 것은 발광세균에서였지만, 이후에 발병력, 항생물질 생산, 운동성 등 놀랍도록 다양한 세균 활동에서 세균들 간의 이 소통 방법이 쓰이고 있음이 밝혀졌다.

빛을 내는 똥이라니 어울리지 않는 단어의 조합 같지만 알고 보면 무척 매력적인 개념이다. 예를 들어 아귀의 에스카가 미끼 역할을 할 수 있는 이유를 설명하는 데에도 이 개념이 도움이 된다. 에스카는 많은 동물들이 먹잇감으로 삼는 발광 분변립과 닮았

아무도 본 적 없던 바다

다. 미끼 가설을 입증할 정황 증거도 많다. 어류의 내장 내용물에서 많은 발광세균이 발견되었고, 발광세균은 어류의 내장을 통과하는 동안 생존할 수 있다는 사실도 확인되었으며, 실험실 실험을 통해 야행성 물고기가 발광세균이 주입된 동물성 플랑크톤을 더 쉽게 찾아 잡아먹는다는 사실도 입증되었다.

분변립에 운집하는 것이 발광세균의 생존에 유익하다면, 바다눈에 모이는 것도 비슷하게 유익할 것으로 보인다. 그러나 내 관찰에 따르면 바다눈은 물리적 또는 광학적 자극이 주어져야 빛을 발한다. 조명을 끄고 한참 동안 잠수정에 앉아 있을 때는 아무 조짐도 없다가, 조명을 켰다 껐다 하면 그제서야 바다눈 발광을 볼 수 있었다. 내가 보낸 메시지에 대한 반응은 "뭐야, 시시하게"일 수도 있고 "오, 대단해!"일 수도 있지만, 어쨌든 늘 뭔가 반응이 있었다. 또한 모양은 다양해도 동역학은 늘 동일하다. 빠르게 최대 밝기까지 밝아져서 수 초 동안 빛나다가 천천히 꺼진다. 또한 가장 큰 반응은 가장 처음에 나오고, 이후의 반응은 점점 흐릿해진다.

아마도 이렇게 자극이 있어야 빛을 내는 특성은 에너지를 절약하기 위한 방법일 것이다. 심해에 바다눈이 내릴 때 아무도 보는 이가 없다면 빛을 낼까? 내 생각에는 그러지 않을 것 같다. 바다눈의 발광은 충격이든 빛—여러 심해 거주자들의 생물발광—이든 자극을 필요로 한다. 그 빛을 보거나 소비하는 이가 아무도 없다면 바다눈은 바닥에 닿을 때까지 깜깜한 속에서 내려오다가 바닥에 부딪히면서 비로소 그 물리적 자극에 의해 불이 켜질 것이다. 실제로 이런 과정을 거친다는 증거는 전혀 예상하지 못한 분야인 물리학에서 나왔다.

짐 케이스의 연구실에 들어간 지 얼마 안 되었던 어느 날, 나는 실험실로 걸려 온 전화를 한 통 받았고, 몹시 흥분한 물리학자와 대화를 나누게 되었다. 그는 가능한 한 햇빛이 닿지 않는 깊이의 바닷속에 대형 초고감도 빛 감지기를 설치하는 대규모 중성미자 탐지 프로젝트에 참여하고 있다고 했다. 그들의 계획은 가장 어두운 곳을 찾아 그곳에 광검출기를 설치하여, 전하를 띤 입자가 광속보다 빠르게 물을 통과할 때 발생하는 희미한 섬광으로 중성미자를 식별하는 것이었다.

문제는 그들의 감지기에 예상보다 많은 빛이 감지되었다는 점이었다. 누군가가 그 빛이 생물발광일 수 있다는 의견을 제시했고, 그래서 그 물리학자가 우리 실험실에 전화를 건 것이다. 그는 떨리는 목소리로 이렇게 물었다. "그 말이 사실일까요?" 나는 그럴 수 있다고 대답했다. 그는 긴 침묵 끝에 다시 물었다. "바닷속에 생물발광이 전혀 없는 곳이 있나요?" "제가 아는 바로는 없습니다." 내 대답은 그를 실망시켰다.

이렇게 규모도 크고 비용도 많이 드는 프로젝트가 그렇게 큰 허점이 있는 실험 설계를 가지고 연구비를 지원받았다는 사실을 납득하기 힘들 수도 있지만, 이는 바닷속에서 일어나는 생물발광에 관해 알려진 바가 얼마나 적었는지를 잘 보여 준다.

그 후에 유사한 다른 프로젝트가 시도되었다. 이번에는 지중해 프랑스 해역 수심 2,500m에 중성미자 탐지기를 설치했다. 이 프로젝트는 안타레스 망원경 프로젝트로 잘 알려져 있는데, 이 시스템도 생물발광이 검출 한계에 영향을 끼쳐 정교한 배경 억제 기법이 요구된다는 문제가 있었지만 중성미자 탐지는 가능했고, 지금까지 나온 심해 생물발광 측정 기록 중 가장 긴 연속 측정치도 얻을 수 있었다.

이 프로젝트에서는 몇 가지 주목할 만한 관찰이 이루어졌다. 첫째, 연구진들은 그들이 관찰하고 있는 생물발광에 관해 더 잘 이해하기 위해 표본 조사를 수행했는데, 그 결과 안타레스 망원경으로 기록한 생물발광 대부분이 발광세균에 의한 것이며 이 세균들이 '자유생활' 상태가 아니라 '입자부착' 상태라는 정황 증거를 발견했다. 연구자들은 수압이 발광세균에 미치는 영향에 관해서도 실험했고, 높은 압력이 가해지면 낮은 압력일 때의 5배 이상의 빛을 방출한다는 것을 발견했는데, 이는 이 세균들이 심해 생활에 독특하게 적응했음을 시사하는 결과였다. 무엇보다 흥미로운 발견은 계절적으로 바다눈의 눈보라가 많아지는 시기일수록 안타레스 망원경에 더 많은 생물발광이 기록된다는 점이었다.

바다눈 눈보라가 심해 해저를 강타할 때 생물발광이 증가한다면, 이를 단서로 생명체가 전혀 살지 않는 것처럼 보이는 해저의 4

분의 3에서 동물들이 먹이를 찾아내는 방법을 알아낼 수 있을지도 모른다.

◆ ◆ ◆

심해 해저에는 바다눈 외에 또 다른 식량 공급원이 있다. 그것은 죽은 생물의 유해다. 이 먹이 선물세트는 '데드폴deadfall'이라고 불리며, 그중 가장 큰 선물인 '웨일폴whale fall'은 치열한 경쟁이 이루어지는 노다지다. 여기서도 생물발광이 할 일이 있다.

심해의 평지에 사체가 떨어지면 발광성 바다눈과 플랑크톤이 사체와 충돌하면서 물리적 자극이 일어나고, 그 빛에 의해 먹이의 존재가 노출될 수 있다. 혹은 사체를 향해 다가온 동물이 포식자로부터 자신을 보호하기 위해 발광을 할지도 모른다. 또 다른 가능성으로, 사체가 생물발광세균에 감염되어 초대형 분변립처럼 빛을 발할 수도 있다. 어떤 경우든 여섯줄아가미상어처럼 시각으로 먹잇감을 찾아다니는 대형 포식자가 확실히 유리할 것이다. 자고로 뷔페는 일찍 가야 많이 먹을 수 있는 법이다.

여섯줄아가미상어 같은 거대 동물에 관한 대체적인 견해는 그들의 몸 크기가 많은 에너지 저장을 가능케 하기 때문에, 먹이 뷔페를 즐길 기회가 이따금 찾아오더라도 그 사이의 긴 기간을 견딜 수 있다는 이점이 있다는 것이다. 최근 심해 생물학자들 사이에서는 심각한 남획의 영향으로 심해저에 도달하는 사체 낙하 빈도가 크게 줄어들면서 거대 동물들의 공복 기간이 길어지는 데 대한 우려가 있다. 그러나 우리의 딥 스코프 탐사에 따르면 여섯줄아가미상어에게는 먹이 조달 수완이 한 가지 더 있다.

2007년 바하마에서 수행된 딥 스코프 탐사 때 우리는 EITS 카메라 근처로 다가온 여섯줄아가미상어들을 보았다. 우리는 이 상어들이 미끼 냄새를 맡았거나 전자 해파리의 시각적 자극에 유인된 것이라고 생각했지만, 이 거대 동물들은 미끼를 향하는 것이 아니라 머리를 아래로 한 채 몸을 수직으로 세워 해저 퇴적물을 흡입하더니 뭉게구름을 일으키며 아가미로 다시 내뱉었다. 우리는 그들이 부드러운 퇴적물 상층부에 굴을 파고 서식하는 생물들을 걸러내어 먹이로 삼는 것이라고 추측했다.

심해 해저의 4분의 3에 달하는 드넓고 특색 없는 구역을 사막처럼 생각했던 때도 있었지만, 이제 우리는 그렇지 않다는 사실을 안다. 그곳에는 굴을 파고 거기에 침전되어 있는 유기쇄설물을 먹고 사는 벌레, 갑각류, 복족류, 선충류 같은 소동물들이 그 나름의 멋진 군집을 이루고 있으며, 이 군집은 사체 낙하가 드물 때 요긴한 식량 공급원이 된다.

그러나 이 놀라운 발견을 발표하려면 후속 연구가 필요했다. 우리는 이것이 실제로 먹이의 한 형태라는 것을 입증하기 위해 각각의 현장에서 퇴적물 표본을 수집할 생각이었다. 그러나 안타깝게도 이 계획을 실현할 기회가 없었다. 2009년의 탐사가 내가 존슨—

시-링크 잠수정을 탄 마지막 임무가 되었기 때문이다. 하버브랜치 연구소는 2010년에 존슨-시-링크를 퇴역시켰고, 단 하나 남아 있던 선박을 매각했다. 잠수정의 황금시대가 그렇게 막을 내리는 듯했다.

13장

크라켄의

정체를 밝히다

◆◆◆

우르르 쾅쾅! 귀청이 떨어질 듯한 소리였다. 그것은 분명 해안에서 멀리 떠나 온 배 위에서 듣고 싶은 소리가 아니었다. 조명등이 모두 꺼졌고, 나는 방금 다운로드한 영상을 보려고 기대에 차서 노트북 컴퓨터 주위로 모여들었던 다른 과학자들과 함께 선미로 달려 나갔다. 갑판에 오르자마자 배가 벼락을 맞았다는 사실을 알 수 있었다. 안테나 조각들이 갑판 여기저기 흩어져 있었고, 황갈색의 연기 기둥이 피어올라 선미 쪽으로 퍼져 나갔다. 우리의 적지 않은 항해 경력을 통틀어 보아도, 벼락 맞은 배를 타 본 사람은 아무도 없었다. 서로 난생처음 겪는 일임을 확인하는 와중에도, 모두의 머릿속에는 같은 생각이 떠올랐던 것 같다. '젠장! 동영상 파일을 백업해 놓지 않았잖아! 컴퓨터가 나갔으려나?' 미국 해역에서 최초로 촬영한 살아 있는 대왕오징어 영상을 잃을 수도 있다니, 끔찍했다.

해양생물학자들 사이에서 대왕오징어는 에이해브 선장의 모비 딕처럼 '애석하게 놓친 존재'의 상징이다. 대왕오징어에 관한 비유나 농담은 항해 문화의 일부가 되었다. 주낙이 갑자기 팽팽해지면 누군가 "대왕오징어라도 잡혔나 보네"라고 말했고, 그물이 텅 빈 채 갈갈이 찢겨서 올라오면 대왕오징어 탓으로 돌리곤 했다.
에이해브 선장 같은 열정으로 대왕오징어를 찾기 위해 노력해

아무도 본 적 없던 바다

온 일부 해양생물학자들에게는 세계에서 가장 유명한 이 무척추동물을 자연 서식지에서 처음으로 목격할 기회를 갖는 것이 일생의 목표이기도 했다.

고대 뱃사람들 사이에서는 무시무시한 바다 괴물에 관한 많은 이야기가 전해 내려왔으며, 이야기가 구전되는 동안 이야기꾼이 들이킨 술잔만큼 괴물의 크기와 잔인함은 점점 더 커졌다. 그중 가장 유명한 괴물은 노르웨이 선원들의 심장을 공포로 떨게 만든 크라켄이다. 크라켄은 다리가 여러 개 달린 괴수로, 바다에 떠 있으면 섬으로 오인할 정도로 크고 사람과 배를 끌고 가서 수장시키는 무서운 존재로 묘사되었다. 사실 지금 생각해 보면 이러한 묘사는 대왕오징어를 제법 잘 설명한 것이긴 하다.

처음에는 크라켄이 실존 생물이라는 데 대한 과학적 회의론이 많았지만 1861년에 드디어 증거가 나타났다. 카나리 제도 인근에서 항해 중이던 한 프랑스 군함이 우연히 이 거대 동물 한 마리와 마주친 것이다. 이미 죽어 가고 있는 것으로 보였지만 모험을 원치 않았던 수병들은 몇 발의 총을 쏘아 완전히 숨을 끊은 다음, 밧줄로 묶어 선상에 끌어올릴 시도를 했다. 그 짐승의 엄청난 무게 때문에 밧줄이 몸을 둘로 갈라놓았고, 그 결과 여러 개의 다리가 달린 머리 부분은 다시 바다로 떨어졌다.

그래도 생김새를 스케치하고 꼬리 쪽을 수습해 설명을 뒷받침할 수는 있었고, 이는 그들의 관찰 결과를 프랑스 과학 한림원에서 발표하기에 충분한 증거가 되었다. 보고서를 읽은 쥘 베른은

이 내용을 참고하여 당시에 집필하고 있던 『해저 2만 리』에 크라켄과의 혈투 장면을 담았는데, 이 소설은 전설적인 공포심만 고조시키고 말았다.

우리는 아주 어릴 적부터 큰 것에 매료된다. 어떤 아이들은 큰 공룡, 큰 기계, 큰 상어에 집착하기도 한다. 어쩌면 그것은 인생에서 상상력이 가장 풍부하고 모두가 자신보다 큰 시기의 자연스러운 반응일 것이다. 해양학자들도 거대한 생명체에 흥미를 느낀다. 물론 멋지기 때문이기도 하지만 거대 동물이 심해에 사는 대부분의 다른 생명체들과 너무 다르기 때문이기도 하다. 심해에서 거대한 생명체가 나타나면 반드시 이 질문이 뒤따른다. 먹이가 극히 부족한 곳에서 그렇게 크게 자랄 영양분을 어떻게 찾아냈을까?

심해의 거대증은 비현실적으로 기묘한 생명체의 모습으로 나타난다. 우선 갑각류로는 거대 등각류, 덤프트럭만 한 공벌레, 두 집게발 사이의 거리가 3.5m가 넘는 키다리게 등이 있다. 다리가 7개인 문어도 있는데, 몸길이가 폭스바겐 비틀만 하다. 그린란드상어 같은 거대 상어도 7m까지 자라며, 대왕오징어는 적어도 13m 이상이고, 거대 해파리도 많다. 호주 해역의 해저 협곡에서 발견된 45m짜리 관해파리는 지금까지 발견된 가장 긴 바다 생물로 기록되었다.

이 기이한 동물들 가운데서도 대왕오징어는 독보적이다. 무엇보다, 나이에 대한 의문이 있다. 어떤 동물이 4층짜리 건물 높이

아무도 본 적 없던 바다

로 자라려면 얼마나 걸려야 할까? 일반적으로 오징어는 수명이 3년에서 5년 사이로 짧고, 성장 속도는 빠른 편이다. 대왕오징어의 평형석(인간의 내이에 해당하는 균형 담당 기관)에 나타나는 나이테가 하루에 하나씩 새겨진다고 보면, 대왕오징어는 대략 1년 반 안에 성체 크기에 도달할 수 있다. 그 추측이 맞다면 대왕오징어는 2주 반마다 크기가 두 배로 늘어나는 뜻이다. 물론 대왕오징어의 경우에는 나이테가 다른 대부분의 오징어처럼 매일 새겨지는 것이 아니라 먹이를 먹었을 때 한 번씩 새겨질 가능성도 있다. 평형석의 탄소 연대 측정에 따르면 그 수명이 14년 이내일 것으로 추정되는데, 그렇다면 성장 속도의 비현실성이 조금 완화되기는 하지만, 그래도 먹이가 부족한 환경을 고려하면 엄청나게 빠른 속도다. 대왕오징어가 배불리 먹을 수 없도록 진화했다는 점을 알고 나면 더욱 이해하기 힘들어진다.

어쨌거나 대왕오징어처럼 비현실적이고 신비로운 생물이라면 사람들이 그렇게 오랫동안 찾아다닌 것도 당연하다. 자연 서식지에서의 대왕오징어 촬영은 자연사 다큐멘터리 제작자들에게 성배와도 같고, 1997년과 1999년에 뉴질랜드에서 있었던 두 번의 대규모 다국적 탐사를 포함하여 많은 사람들이 이 성배를 찾아 나섰다. 하지만 그 모든 시도는 무위로 돌아갔고, 그 결과로 남은 다큐멘터리들은 탐사 책임자가 뱃머리에 서서 낙조를 바라보는 장면에 탐험의 고난에 대한 감동적인 헌사가 내레이션으로 깔리면서 끝나곤 했다.

　그 후로 한동안은 막대한 비용을 지원하는 곳이 없어서 재시도가 이루어지지 못하다가, 2004년에 일본 오징어 전문가 쿠보데라 쓰네미가 최초로 심해의 자연 서식지에서 살아 있는 대왕오징어의 사진을 찍었다. 그는 미끼가 달린 낚싯줄에 카메라를 매달고 30초마다 사진을 찍도록 프로그래밍해 두었다. 쿠보데라가 어선을 타고 대왕오징어가 나타날 것이라고 생각한 지점에 나가 촬영을 한 지 거의 3년이 다 되어갈 때였다. 마침내 그는 수심 900m에서 대왕오징어가 갈고리에 매단 미끼를 공격하는 일련의 사진을 얻는 데 성공했다.

　쿠보데라가 사진을 공개하자 대중의 폭발적인 반응을 보였고, 이는 NHK를 움직였다. NHK가 디스커버리 채널과 협업하여 자연 서식지의 대왕오징어 영상을 촬영하는 더 야심 찬 시도에 투자하기로 한 것이다. 내가 이 역사적인 탐사 원정대의 일원이 될 수 있었던 데에는 아이-인-더-시EITS의 성공이 큰 역할을 했다.

◆ ◆ ◆

　내가 대왕오징어 사냥꾼이 된 계기는 2010년 TED 강연 때문이었다. TED와 실비아 얼은 2010년 4월, 바다가 처한 큰 문제들을 해결할 방법을 모색하기 위해 정책입안자와 유명인사, 최고의 과학자, 혁신가, 활동가, 사회공헌사업가, 음악가, 아티스트를 데리고 거의 일주일에 걸쳐 갈라파고스 제도를 함께 탐사했다. 사람들을 이 특별한 장소로 불러 모으고 바다에 대한 정서적 유대감을 일으킨 것이 어떤 힘을 발휘했는지는 참가자들이 해양 보전 활동에 1,700만 달러의 기부를 약정함으로써 입증되었다.

당시 내 강연 주제는 생물발광의 찬란한 아름다움이었다. 나는 EITS에 관해 설명하고 우리가 심해 생물들을 방해하지 않기 위해 적색광을 이용해 촬영한 영상과 광학적 미끼로 전자 해파리를 활용해 찍은 영상 몇 가지를 보여 주었다. 또 한 명의 TED 연사는 바다를 지극히 사랑하는 마이크 드그뤼였는데, 언어만으로 생생하고 자세한 이미지를 그려 낸 그의 TED 강연은 바다에 관한 한 편의 서사시 같았다.

그런데 내 강연이 끝난 후 마이크가 나를 따라왔다. 그는 떨리는 목소리로 "당신이 사용한 적색광 미끼가 대왕오징어 촬영에도 효과가 있을까요?"라고 물었다. 그 문제에 관해 생각해 본 적은 없었지만 안 될 이유가 없을 것 같았다. "그럼요. 저는 그 거대한 눈이 우리가 대왕오징어의 시각적 생태에 더 주의를 기울여야 한다는 것을 말해 주고 있다고 생각합니다. 적어도 밝은 백색광은 사용하지 말아야 합니다. 그러면 오징어는 겁을 먹고 도망칠 테니까요. 그리고 대왕오징어가 능동적 포식자라면, 저는 그렇게 생각하거든요, 그들이 평소에 보던 생물발광을 모방한 광학적 미끼로 유인할 수 있을지도 모릅니다." 이어서 나는 메두사에 관해, 그리고 메두사를 해저나 수중에 어떻게 설치하는지에 관해서도 설명해 주었다. 메두사는 EITS에 기반해서 저스틴 마셜, 쉰케 존슨과 함께 새로 개발한 심해 촬영 플랫폼이었는데, 이는 카메라를 배의 측면에서 떨어뜨릴 수 있을 만큼 작게 설계하고, 회수할 때는 음향 신호로 무게추를 분리해서 해수면으로 떠오르게 한 다음 건져 올리는 방식이었다.

마이크는 자신이 대왕오징어에 관한 TV 프로그램을 비밀리에 준비하고 있다면서 8월에 메릴랜드주 실버스프링에서 있을 회의에서 내가 사용하고 있는 방법과 지금까지의 연구 결과에 관해 발표해 줄 수 있는지 물었다. 마이크의 열정은 굳건한 데다가 전염성도 있어서 TV라는 말에 잠시 주저했지만 결국 그러겠다고 했다.

우리는 방송 관계자들과 오징어 전문가들이 모인 이 회의를 '오징어 정상회담'이라고 불렀다. 전문가로는 심해에서 대왕오징어 사진을 최초로 찍은 일본 과학자 쿠보데라 쓰네미, 세계적인 오징어 전문가이며 스미스소니언 소속 생물학자로 수차례 대왕오징어를 찾기 위한 탐사에 나섰던 클라이드 로퍼, 우즈홀에 있는 해양 생물학 연구소의 두족류 행동 전문가 로저 핸론 등이 있었고, 나머지는 NHK와 디스커버리 채널 쪽 사람들이었다. 나는 방송인 틈바구니에서 왜 내가 이 자리에 있나 싶은 회의감이 들었고, 나를 이 자리에 앉게 하기 위해 마이크가 그들에게 상당한 압력을 행사했을지도 모른다는 의심도 들었다.

나는 학술적인 시각에서 내 접근법의 장점을 데이터로 보여 주었다. 백색광을 사용했을 때보다 적색광을 사용했을 때 미끼 주변에 모여드는 동물의 수가 많다는 것을 통계 수치로 제시했고, 적색광 차단 필터와 강화 카메라 사용의 중요성도 설명했다. 메두사의 사진과 여러 예상 배치도를 보여 준 다음에는 전자 해파리와 그것으로 재현한 원래의 생물발광 모습도 제시했고, 유기분해물을 먹는 동물들보다 능동적 포식자를 유인할 때 광학적 미끼로 유인하는 것이 더 중요한 이유도 설명했다. 오징어가 전자 해파리를 공격하는 영상은 아껴 두었다가 마지막에 공개했다. 영상을 틀자 TV 관계자들 몇 명의 몸이 앞으로 기울었다. 발표를 마치며 마이크를 보니 그의 얼굴에 미소가 번지고 있었다. 그들을 설득하는데 성공했다는 뜻이었다.

탐사는 이듬해인 2011년 여름에 일본 해역에서 이루어질 예정이었다. 나는 개인 소유 선박인 알루샤호와 2인승 딥 로버와 3인승 트리톤을 임대하여 진행할 이 전체 과정이 온통 불안했다. 내가 버틸 수 있었던 이유는 딱 두 가지였다. 기존의 연구비로는 상상도 못할 6주라는 긴 탐사 기간이 나에게 주어질 것이라는 점, 그리고 마이크의 전염성 있는 열정. 촬영 시간의 대부분을 그와 함께하는 한 나를 드러내지 않아도 되고 방송의 논리에 매몰될 필요가 없을 것 같았다.

그런데 2011년 3월 11일, 리히터 규모 9.0이 넘는, 역사상 네 번째로 큰 대규모 지진이 일본 해안을 강타했다. 높이 40m가 넘는 쓰나미가 인근 지역 전체를 쓸어 버렸고, 후쿠시마 원자력발전소를 침수시켜 세 차례의 원자로 노심용융을 일으켰다. 이 비극으로 인한 피해가 너무 심각하고 광범위했으므로, NHK는 탐사를 이듬해인 2012년 여름으로 연기해야 했다. 그런데 2012년 2월 12일, 또 다른 비극이 일어났다. 마이크 드그뤼가 호주에서 다큐멘터리를 촬영하다가 헬리콥터 추락으로 사망한 것이다. 그의 죽음은 그를 아는 모든 사람에게 엄청난 충격이었다.

이 미친 프로젝트에 나를 끌어들인 사람은 마이크였고, 나는 그 없이 이 일을 계속하고 싶은 의욕이 없었다. 다 때려치우고 싶었다. 나만 그런 건 아니었는지 몇 명의 과학자가 불참을 선언했고, 그 바람에 프로젝트에 참여할 수석 과학자를 다시 찾아야 했다. 설상가상으로 그 즈음에 내 연구실에서 유일하게 메두사 작동을 훈련받은 테크니션 브랜디 넬슨이 임신 사실을 알려 왔고, 탐사 일정과 출산예정일이 겹쳐 동행할 수 없다고 했다. 하지만 결국 내가 끝까지 해낼 수 있었던 것은 그렇게 하지 않으면 마이크를 배신하는 것 같았기 때문이었다. 나는 호주의 저스틴 마셜에게 연락해 메두사 작동 훈련을 받은 사람을 우리 프로젝트에 파견해 줄 수 있는지 알아보았다. 다행히 마셜의 연구실에는 메두사 시스템 전문가인 데다가 오징어에도 깊은 관심이 있고 적극적으로 탐사에 참여하고 싶어 하는 청 웬성이라는 박사과정 학생이 있었다.

탐사는 모든 면면이 파격적이었다. 탑승자 마흔한 명 중 열한 명이 일본인이었는데, 그 대부분은 영어를 거의 할 줄 몰랐다. 하

아무도 본 적 없던 바다

지만 이 엄청난 규모의 탐사 비용 대부분이 그들에게서 나왔으므로, 실권 역시 그들에게 있었다. 디스커버리 채널도 관여하고 있었고 세 명의 관계자가 탑승하고 있었지만, 그들의 재정적 기여도로 미루어볼 때 세력 순위가 어떻게 될지 뻔했다.

이 모든 절차상의 우려에 더하여, 과학에 대한 헐리우드식 접근법 자체도 문제였다. 그것은 내가 상상했던 것보다 더 심각한 문제였다. NHK 버전과 디스커버리 채널 버전이 각기 제작되고 있었는데, 내 환상 중 하나는 NHK 다큐멘터리는 쿠보데라가 중심이 되고 디스커버리 채널 버전에서는 카메라 앞에 서는 것을 좋아하는 게 틀림없어 보이는 동료 과학자 오세이가 주된 역할을 하리라는 점이었다. 이런 생각이 오류였다는 사실은 배에서 맞은 첫 번째 아침, 습식 실험실에서 디스커버리 팀으로부터 인터뷰 촬영을 요청받았을 때부터 드러났다.

그때 나는 그들이 서로 다른 접근 방법에 주목하는 세 과학자 간의 경쟁 구도로 프로그램을 찍으려고 한다는 것을 알게 되었다. 쿠보데라는 최초의 대왕오징어 사진을 찍을 때 사용했던 큼직한 오징어 미끼를 사용할 예정이었다. 그는 잠수정에 미끼 오징어를 줄로 매달아 두고 눈에 띄지 않게 어둠 속에 앉아서 적색광 조명과 고감도 카메라로 촬영한다고 했다. 오세이는 주사기로 분쇄한 오징어 조직을 뿜어 화학적 미끼로 사용할 계획이었고, 나는 잠수정과 메두사에 설치한 광학적 미끼와 전자 해파리로 대왕오징어를 유인해 볼 작정이었다. 우리 셋 다 경쟁만 부각하는 스토리라인에 강하게 반발하며 우리가 힘을 합해 일하는 모습이 담겨야 한다고 주장했지만, 그들은 우리의 항의를 귓등으로도 듣지 않았다.

◆ ◆ ◆

잠수 지점은 도쿄에서 약 1,000km 남쪽, 아열대 기후의 오가사와라 군도 근해였다. 쿠보네라가 대왕오징어 사진을 찍은 해역이 바로 이곳이었고, 쿠보데라에 따르면 향고래가 해마다 대왕오징어를 쫓아 이곳에 온다고도 했다. 처음에 그가 이 장소를 찾게된 것은 현지 어부들의 목격담 때문이었다. 그들은 롱라인 낚시로 고기를 잡다가 잘린 대왕오징어 촉완이 미끼에 걸려 있는 것을 보았다고 했고, 물 위로 뛰어오르는 향고래의 입에 긴 오징어 촉완이 매달려 있었다는 사람도 있었다. 우리는 현장에 도착한 지 얼마 안 되어 해수면에서 헤엄치는 향고래 몇 마리를 만났다. 지느러미로 물을 강타할 때마다 만들어지는 한쪽 방향의 물결로 쉽게 알아볼 수 있었다. 장소는 제대로 찾은 것 같았다.

탐사를 위한 첫 잠수의 날이 밝았다. 맑고 고요했다. 수석 과학자인 쿠보데라(이후 쿠로 표기)가 먼저 잠수정에 올랐다. 나는 쿠, 오세이와 함께 아침을 먹으면서 이야기를 나누었는데, 놀랍게도 그들 둘 다 한 번도 잠수정을 타 본 적이 없다고 했다.

나는 첫 잠수를 앞두고 있거나 막 마친 사람들과 이야기 나누는 것을 좋아한다. 특히 그 사람이 평생 바다를 연구해 온 과학자라면 더욱 흥미진진하다. 잠수 경험이 그들의 관점을 어떻게 변화시켰는지를 들을 수 있기 때문이다. 그래서 나는 쿠가 7시간 동안의 첫 잠수를 마치고 들려줄 감상을 고대하고 있었다. 그런데 이상하게도 그는 그리 많은 이야기를 하지 않았다. 청새리상어 한 마리를 보았다고 했고 수심 600m 아래까지 꽤 많은 햇빛이 들어온다는 점에 놀랐다는 얘기도 했지만, 생물발광에 관해 문자 별로 없었다고 했다. 어둠 속에서 7시간 동안이나 안전줄에 매달려 까딱까딱하는 잠수정에 앉아 있었는데 생물발광을 별로 보지 못했다고? 이상했다. 어쩌면 그가 그저 흥분을 잘 드러내지 않는 부류의 사람일 수도 있고, 언어 장벽 때문에 제대로 표현하지 못한 것일 수도 있겠다고 생각했다. 직접 가 보는 수밖에 없었지만, 내 차례는 며칠 뒤에나 올 예정이었고, 그 사이 나는 메두사 배치를 준비하는 데 집중했다.

드디어 내가 트리톤을 탈 차례였다. 계획은 간단했다. 나는 긴 막대 끝에 전자 해파리를 달아 잠수정 앞에 거치해 두고 가만히 앉아서 강화 카메라와 적색광 조명으로 전자 해파리를 공격해 오는 동물을 관찰할 예정이었다. 우현 쪽의 푹신한 좌석에 자리를 잡자 흥분이 고조되었다. 단지 대왕오징어를 볼 수 있을지 모른다는 기대 때문만은 아니었다. 중층수에서 장기간 동물들의 눈에 띄지 않고 관찰할 전례 없는 기회라는 점이 더 설렜다. 대왕오징어를 발견하지 못하더라도 뭔가 놀라운 장면을 볼 수 있으리라는 절대적인 확신이 있었다. 그래서 시간이 흘러도 아무것도 볼 수 없었을 때 매우 실망했다. 그곳은 텅 비어 있었고, 이제까지 내가 본 가장 척박한 심해 풍경이었다. 수정처럼 맑았고 바다눈도 거의 없었으며 하물며 생물발광은 더더욱 없었다. 이해할 수 없었다. 대왕오징어와 향고래를 먹여 살릴 먹이그물은 대체 어디로 간 것일까?

메두사로 촬영한 영상은 다를지도 모른다고 생각했다. 우리는 잠항을 마치자마자 메두사를 끌어올리려고 했지만 그 지점이 우리가 잠수한 곳에서 한참 북쪽으로 떨어져 있어서 회수하기까지는 시간이 좀 걸렸다. 마침내 메두사를 회수하여 갑판에 올려놓았을 때 나는 일단 데이터가 있는 것을 보고 한시름 놓았다. 그런데 영상을 빠르게 훑어본 결과, 거의 아무것도 없었다. 관해파리 한 마리와 새우 몇 마리가 다였다. 그다음 차례인 오셰이와 쿠의 잠수도 실망스럽기는 마찬가지였다. 일본 측에서 매일 저녁 전체 회의 자리를 마련했는데, 회의가 열리는 라운지 공기의 무거움이 피부로 느껴졌다. NHK는 이 기획에 막대한 투자를 했고, 그 성과에 많은 이들의 앞날이 걸려 있었다.

나의 두 번째 트리톤 잠수는 7월 3일에 이루어졌다. 그 사이에 우리는 메두사 2차 배치 및 회수를 마쳤다. 간밤에 영상을 잠깐 본 바로는 첫 번째 배치 때처럼 이번에도 아무것도 없어 보였지만, 내가 잠수정을 타는 동안 웬성이 촬영 파일을 자세히 검토하기로

아무도 본 적 없던 바다

했다. 역시나 별다른 게 없었던 두 번째 잠수를 마치고 왔을 때, 스티브 오셰이가 말했다. "웬성이 영상에서 뭔가 발견했다면서 위더 박사님에게 보여 줘야겠다고 하던데요." 그렇게 흥분된 목소리는 아니었으므로, 웬성 옆자리에 앉을 때만 해도 좀 확인이 필요한 해파리나 새우 같은 것을 예상했다. 디스커버리 팀이 우리를 찍고 있었지만 그것도 일상적인 일이어서 대수롭지 않게 생각했다. 웬성은 별로 흥미롭지 않은 장면 몇 개를 건너뛰었고, 물밖에 안 보이는 긴 시퀀스가 이어졌다. '역시 아무것도 없군'이라고 생각하고 있을 때, 모니터 오른쪽에서 갑자기 거대한 오징어 다리 3개가 시야로 들어왔다. 오징어가 전자 해파리와 카메라 렌즈 사이를 가로지르자 심장이 요동쳤다. 처음에는 얇은 끝부분만 보이다가 점차 근육질의 굵은 다리로 확대되었는데, 곡선을 그리며 움직이는 모습이 힘차면서도 유연했다. 단면은 원형이 아닌 삼각형이었고, 삼각형의 밑면을 따라 두 줄의 흡반이 돌출되어 있었다. 적색광 조명 아래에서 흑백 카메라로 찍은 영상이라 모비 딕처럼 하얗게 보였다.

나는 소리쳤다. "세상에!" 그리고 이것이 실제 상황인지 확인하기 위해 쿠를 돌아보았다. 이것이 정녕 자연 서식지에서 찍은 최초의 대왕오징어 동영상이란 말인가? 쿠, 오셰이, 웬성은 핼러윈 호박처럼 활짝 웃고 있었고 우리는 사실상 제정신이 아닌 상태로 뛰고 소리치고 끌어안았다.

오징어가 시야각에 들어온 것은 총 세 번이었다. 앞의 두 번은

4분 간격이었고, 세 번째는 1시간 뒤였다. 앞의 두 영상에서는 다리만 클로즈업으로 볼 수 있었지만 세 번째 영상에서는 반쯤 펼친 우산처럼 다리와 촉완을 벌리고 있는 몸 전체가 멀찍이 흐릿한 회색빛 윤곽으로 드러났다. 수십 년 동안 추적에 실패했던 대왕오징어를, 나는 광학적 미끼를 사용한 첫 번째 메두사 배치에서 포착한 것이었다. 그것도 세 번이나! 이것은 내가 아는 가장 달콤한 승리였다. 나는 이 유명한 사냥감을 격퇴하기보다는 유인하고자 했는데, 이 새로운 방식이 가능하다는 것을 입증하고 완전무결한 성공까지 거두었다는 것은 내 상상을 초월하는 일이었다.

오징어가 화면을 가득 채울 만큼 크다는 것을 확인한 나는 전자 해파리를 카메라에서 더 멀리 떨어뜨려야겠다고 판단했고, 웬성과 함께 해파리를 고정하는 60cm짜리 알루미늄 지지대를 90cm 짜리로 교체했다. 우리는 다음번 메두사 배치 때 또 한 마리의 대왕오징어를 포착했다. 첫 번째 촬영 지점으로부터 5km 떨어진 곳에서였고, 날짜로는 5일 후였다. 이들이 같은 오징어인지는 알 수 없었다.

선상의 분위기는 들떠 있었다. 방송 제작이 목적이니만큼, 이제는 바닷속 장면과 교차해서 쓸 메두사의 진수와 회수 장면 촬영에 초점이 모아졌다. 잠수정에서도 메두사처럼 적색광 조명과 광학적 미끼를 사용하면 대왕오징어의 고해상도 컬러 카메라 촬영분을 얻을 수 있을 것이라는 기대감도 드높아졌다.

그런데 그로부터 불과 며칠 뒤, 쿠의 잠수 때였다. 조종사 짐과 '매직 맨'이라고 불리는 NHK 촬영기사 타츠히코가 동행했는데, 잠수정의 진수와 회수는 이제 아주 일상적인 일이 되어서 이른 아침부터 갑판에 나와 쿠, 짐, 매직 맨을 배웅하는 사람도 거의 없었다. 흥분이 시작된 것은 점심 식사 후, 짐이 대왕오징어를 촬영했다는 소식을 관제실을 통해 전해 들었을 때부터였다. 나는 더 자세한 상황을 파악하기 위해 관제실로 달려갔는데, 들어가자마자 긴장감이 느껴졌다. 촬영용 조명이 켜져 있었고 모든 카메라가 돌고 있었다. 관제실에 있는 사람들의 반응을 찍고 있는 것으로 보였다. 뭘 보고 있길래 그 반응을 그렇게 열심히 촬영하고 있단 말인가?

어느 누구도 그 어떤 말도 하지 않고 있었으므로 당최 뭘 찍고 있는 것인지 알 수 없었다. 오징어라는 말을 들은 다음에는 그저 몇 초 동안 오징어가 지나갔겠거니 생각했지만 촬영은 계속되었다. "얼마나 오래 찍고 있는 거죠?"라고 물으니 "15분쯤 됐어요"라는 믿기 힘든 대답이 돌아왔다. 잘못 들은 것이라고 생각했다. 그러자 그때 통신 장비 너머로 짐의 목소리가 들려왔다. "계속 촬영 중." 총 촬영 시간은 23분이나 되었다! 잠수정에서 모선으로 실시간 비디오 피드가 전송되는 것은 아니었으므로 우리가 그것을 볼 방법은 없었다. 나는 그렇게 긴 시간 동안 무슨 일이 일어난 것인지 어리둥절했다.

모두가 갑판에 나와 잠수정 탑승조의 금의환향을 환영했다. 홍분과 감상을 나누느라 핵심적인 세부사항들을 뽑아내는 데에는 조금 시간이 걸렸지만, 요점은 적색광만 켜고 하강했다는 것, 그리고 짐이 잠수정의 하강 속도를 섬세하게 조절해서 미끼 오징어와 같은 속도가 되도록 했다는 것이었다. 어둠의 가장자리를 지나면서는 적색광이 너무 어두워 미끼 오징어를 강화 카메라로밖에 볼 수 없었고, 그래서 짐은 미끼의 위치를 판단하기 위해 작은 점멸 지그 불빛을 이용했다. 대왕오징이가 미끼를 공격할 때 그들의 위치는 수심 600m였다.

우리는 날이 저물어 라운지에서 회의가 열릴 때 비로소 그들이 말로 설명한 것을 눈으로 확인할 수 있었다. 화면 속의 오징어는 8개의 다리를 넓게 벌려 잠수정에서 한참 떨어진 곳에서 미끼를 집어삼키고 있었다. 카메라가 이 장면을 찍고 있을 때 쿠는 잠수정 안에서 어둠 속을 뚫어지게 바라보았지만 아무것도 볼 수 없었다고 한다. 무슨 일이 일어나고 있는지 더 잘 보고 싶은 절실함과 흥분 때문에 그는 백색광 손전등을 켰다. 다행히 오징어가 그 불빛에 놀라 도망가는 일은 일어나지 않았고, 쿠는 잠수정의 백색광 조명을 켜는 모험을 감행하기로 했다. 화면을 보고 있자니 내가 그 자리에 함께 있는 기분이었다. 조명이 켜지고 화면이 하얗게 변했을 때 나는 숨을 죽였다. 곧 카메라의 자동이득제어 기능이 작동되고, 오징어가 고해상도의 화질로 다시 나타났다. 굉장했다. 내 예상과 전혀 달랐다.

아무도 본 적 없던 바다

첫인상부터가 무척 놀라웠는데, 무광의 구릿빛으로 보였다가 유광 은색으로 보였다가 하는 그 금속성의 색깔 때문이었다. 다리는 매우 뚜렷한 삼각형의 단면을 갖고 있었고, 물결에 따라 굽이 쳤다. 다리는 회백색이었고, 바코드처럼 불규칙한 간격으로 구릿빛 가로 줄무늬가 있었다.

우리를 응시하는 듯한 눈은 거대하고 낯설었다. 아몬드 모양의 눈은 매우 넓고 검은 동공과 홍채로 보이는 얇은 부분, 그리고 그 주위를 둘러싼 흰색의 넓은 부분으로 이루어져 있었다. 그 안에 빠지면 길을 잃을 것 같은 눈이었다. 처음에는 밝은 빛을 피하려는 듯 안구가 잠수함에서 먼 쪽으로 회전했지만 나중에는 카메라를 똑바로 바라보았다. 쿠는 그 모습을 보고 "외로운가 봅니다"라고 말했지만, 내가 보기에는 배가 고픈 것 같았고, 그래서 백색광 조명을 켰을 때도 겁먹지 않았던 것 같았다. 동물의 행동에는 우선순위가 있다. 이 오징어의 경우, 먹이 활동을 개시하고 나니, 먹으려는 생물학적 욕구가 도망치려는 본능을 압도했을 것이다.

오징어는 머리를 위로 하고 지느러미를 천천히 펄럭이며 물에 수직으로 떠서 튼실한 근육질 다리 안쪽으로 미끼 오징어를 잡고 있었고, 하강할 때는 다리 끝이 위아래로 움직였다. 꼬리 끝에서 다리 끝까지의 길이는 약 3m로 추정되었다. 즉, 그 2배가 넘는 길이의 촉완을 최대로 뻗으면 2층 건물 높이만큼 길어질 수 있다는 뜻이었다.

우리는 넋을 잃고 화면만 쳐다봤다. 오징어가 미끼를 포식하는 동안 짐은 잠수정이 오징어와 나란히 움직이도록 하강 속도를 조절하고, 매직 맨은 고해상도 카메라로 그 장면의 롱 숏과 클로즈업 장면을 모두 담았다. 촬영은 수심 900m까지 계속되었다. 밧줄이 끝까지 풀려 하강이 멈추자 오징어는 뭔가 변화가 일어났다는 것을 감지한 듯 남은 먹이를 떨구고 어둠 속으로 사라졌다.

    이 순간은 탐사의 절정이었고, 다큐멘터리의 클라이맥스가 되리라는 것도 분명했다. 그러나 나에게는 또 다른 최고의 순간이 탐사가 끝나기 일주일 전쯤 찾아왔다. 나는 이 해역에 대왕오징어과 향고래가 존재하는데도 다른 생명체가 전혀 없는 것처럼 보이는 이유를 알아내려고 애쓰고 있었다. 한 번은 해저까지 잠수해 보기도 했는데 그곳에서도 다른 동물들을 거의 찾아볼 수 없었으므로 영양분이 풍부한 해수 용출과는 무관해 보였다. 가장 가능성이 높은 가설은 일본 남동 해안을 따라 흐르는 쿠로시오 해류에서 플랑크톤이 풍부한 소용돌이가 생성되기 때문이라는 것이었다. 쿠로시오 해류는 북대서양의 멕시코 만류와 유사하게 바다를 흐르는 거대한 강처럼 열대 해수를 북쪽으로 실어나른다. 이 해류의 동쪽 끝에서는 고리 모양의 소용돌이가 발생하는데, 직경이 160km가 넘는 경우도 있으며 그 안에서 독특한 생태계가 만들어진다. 이 소용돌이는 포식자들에게 훌륭한 사냥터를 제공하므로 가장 유력한 식량 공급원으로 보였다.

하지만 탐사 중에 실시간으로 소용돌이의 정확한 위치를 알아낼 직접적인 방법은 없었다. 그래서 나는 잠수 지점을 더 북쪽으로 이동할 것을 주장했다. 그렇게 선택된 잠수 지점은 메두사가 대왕오징어의 사냥 장면을 기록한 곳이자 소용돌이를 만날 가능성이 가장 높은 곳이었다. 또 한 가지, 생물발광을 촬영할 수 있으리라는 기대로 잠수 시간도 야간으로 바꾸었다. 결국 원했던 대로 잠수를 할 수 있게 되었고, 나는 거의 즉각적인 보상을 받았다. 수심 170m밖에 안 되는 곳에서 두터운 크릴새우 층이 만들어 낸 강렬한 생물발광을 볼 수 있었던 것이다. 수심 370m에서 640m 사이의 넓은 층에서도 인상적인 섬광들을 보았다. 여기가 바로 그 초대형 동물들을 먹여 살린 식량 공급원이었다.

게다가 수심 300m를 막 지났을 때 손을 뻗으면 만질 수 있을 듯한 거리에 엄청난 크기의 오징어—그것은 내가 잠수정을 타고 내려가 직접 본 가장 큰 오징어다—가 나타났다. 처음에는 그 크기 때문에 대왕오징어라고 생각했지만 곧 큰지느러미오징어임을 깨달았다. 큰지느러미오징어는 문어오징어라고도 불리는데, 어릴 때는 여느 오징어처럼 촉완 2개, 다리 8개지만 꼬리에서 다리 끝까지의 길이가 2m가 넘는 성체는 대개 촉완이 없기 때문이다. 대신 그들에게는 다른 어떤 발광생물보다 더 크고 밝은 발광기관 2개가 있다. 발광기관은 2개의 다리 끝에 있으며, 레몬 크기에 색깔도 레몬색이지만 푸른색 빛을 생성한다.

우리는 앞서 대왕오징어 유인에 성공했던 쿠의 방법을 따르고 있었지만, 이번에는 미끼 오징어와 전자 해파리를 함께 사용했다. 이 방법은 큰지느러미오징어를 처음 목격한 후 1시간 반 후 수심 408m 지점에서 다시 그 오징어(혹은 그와 비슷한 오징어)를 보게 되었을 때 큰 효과를 발휘했다. 이번에 나타난 큰지느러미오징어는 미끼 오징어를 너무 세게 잡아당겨 그 충격이 잠수정 안에까지 전달될 정도였다. 초대형 오징어와 접촉한 것이다! 이 탐사에서 내 마지막 잠수는 그렇게 흥미진신하고 극적인 결말을 맞았다.

잠수 지점에서 보낸 마지막 날 해 질 녘에 마이크 드그뤼를 기억하는 사람들이 선미에 모여 추모식을 열었다. 그는 이 엄청난 성공에 빠져서는 안 될 사람이었다. 우리는 마이크와의 추억을 나누고 그가 이 세상에 가져다준 경이로운 긍정적 에너지에 관해 이야기했다. 나도 뭔가 말하려고 했지만, 정작 내 차례가 되자 말이 나오지 않았다. 아무 말도 하지 못한 게 못내 마음에 걸렸는데, 이후 TED 강연 '우리는 어떻게 대왕오징어를 발견했는가'를 통해 만회할 수 있었다. 마이크에게 헌정한 그 강연은 500만 회 이상의 조회 수를 기록했다.

디스커버리 채널은 탐사 종료 6개월 후에 다큐멘터리를 방영할 예정이었고, 그들이 제안한 제목은 《대왕오징어: 괴물은 실존했다》였다. 나와 쿠, 오셰이는 이 제목에 극렬히 반대했다. 그것이 진짜라는 것은 너무 당연했고—이미 과학자들이 1800년대 중반부터 사체 표본을 연구해 오지 않았던가—괴물도 아니기 때문이었다.

역사 속에 등장했던 여러 공포의 대상이 그랬듯이, 이 전설적인 괴물도 막상 대면하고 보니 덩치는 크지만 겁 많은 동물이었다. 자신의 유명세나 악의적인 평판은 알지 못한 채 어두운 심연에 몸을 숨기고 있었고, 잠수정의 밝은 조명을 보면 본능적으로 몸을 피했다.

쿠의 잠수 후 올라온 잠수정에서 우리는 대왕오징어에 대한 선입견이 잘못되었다는 또 다른 증거를 볼 수 있었다. 미끼 오징어가 여전히 붙어 있었던 것이다. 대왕오징어가 지느러미오징어 사체를 먹는 모습을 23분 동안이나 지켜보았는데, 아직도 많은 부분이 남아 있었다. 미끼의 외피에 남아 있는 자국을 보니 베어 물었다기보다는 조금씩 뜯어 먹었다고 봐야 할 것 같았고, 살점을 찢는 상상 속의 공포스러운 장면과는 거리가 멀었다.

결국 굴복한 디스커버리 측은 제목을 《괴물 오징어: 거대 동물은 실존했다》였다. 바뀐 제목에서는 '괴물'이 도덕적인 의미를 띠지 않고 오징어의 거대한 크기를 가리키기 위한 수식어로 쓰였다는 것이 그들의 논리였다.

NHK와 디스커버리는 2013년에 다큐멘터리가 방영될 때까지 우리의 성과를 비밀에 부쳤다. 방영일 직전 시작된 홍보는 큰 대중적 관심을 불러일으켜서 전국적으로 첫 방송을 축하하는 수많은 행사와 대왕오징어 파티가 열렸다. 내가 그 사실을 알게 된 것은 사람들이 나에게 대왕오징어 모양 사탕 바구니, 케이크, 그림,

기념 타투 등의 사진을 보내 주었기 때문이다. 솔직히 나는 그렇게 많은 사람들이 깊은 관심을 갖고 있다는 데 대해 깜짝 놀랐다.

◆ ◆ ◆

시간이 지나면 대왕오징어에 대한 열기가 식을 것이라고 생각했지만 그렇지 않았다. 내가 그 사실을 알게 된 것은 메두사를 전혀 다른 곳에 데려간 2019년의 일었다. 나는 NOAA의 연구비 지원으로 멕시코만에서 탐사를 하게 되었는데, 우리는 이 탐사를 '한밤으로의 여정'이라는 애칭으로 불렀다.

그때까지 나, 쇤케, 태미는 돌아가며 수석 과학자 역할을 맡아 시각적 생태계 연구를 위한 딥 스코프 탐사를 수행하고 있었는데, 이번에는 쇤케 차례였다. 우리가 탈 배는 전장 40m짜리 연구선 포인트서호였고, 네이선 로빈슨이 메두사 운용을 돕기 위해 우리 팀에 합류했다.

2019년 6월 17일 월요일, 이 탐사의 다섯 번째이자 가장 얕은 수심에서의 메두사 진수가 이루어졌다. 앞선 네 번의 메두사 배치 지점은 모두 수심 1,000m보다 깊은 곳이었는데, 이번에 메두사를 배치할 곳은 수심 760m 지점이었다. 우리는 화요일 오후에 메두사를 회수했다. 팀원들은 모두 하던 일을 중단하고 누가 빨리 줄을 감아 상자에 넣는지 내기를 하며 작업을 도왔다. 네이선은 저녁 식사를 마치고 영상을 다운로드하기 시작했다.

네이선과 나는 화요일 밤이 늦도록, 그리고 다음날 아침까지 그의 노트북 컴퓨터 앞에 번갈아 앉아 영상 파일을 검토했다. 검토한 영상이 20시간 분량을 넘어서고 네이선이 교대한 지 2시간쯤 지났을 때, 그가 나를 불렀다. 그는 말없이 따라오라는 손짓만 했지만, 표정만 보아도 그가 뭔가 발견했다는 것을 알 수 있었다. 나는 그를 뒤따라 실험실로 들어가 어깨 너머로 화면을 지켜보았다.

처음에는 바다눈밖에 보이지 않았다. 바다눈은 수평으로 부유하고 있었는데, 이는 메두사가 해류에 의해 움직이고 있다는 뜻이었다. 그때 화면 왼쪽에서 오징어 한 마리가 나타났다. 녀석은 다리부터 내밀고 몸이 뒤따르는 식으로 전자 해파리와 보조를 맞추어 수평으로 이동했다. 해수면의 파동이 줄을 따라 전달되면서 메두사와 메두사에 달린 전자 해파리가 부드럽게 위아래로 진동했는데, 오징어도 전자 해파리를 따라 똑같이 위아래로 움직였다. 오징어는 분명 전자 해파리의 움직임을 눈으로 추적하고 있었다!

공격을 할 때는 오히려 무심해 보였다. 다리를 구부려 창끝처럼 만들고 전자 해파리를 향해 다가간 후, 해파리가 닿으면 다리를 사방으로 쫙 펼쳤다. 다리 하나가 전자 해파리의 측면에 흡반을 붙이면, 나머지 다리는 전자 해파리와 그 옆에 달아 놓은 미끼 주머니를 훑었다. 그리고 미끼를 맛보더니 마음에 들지 않았는지 이내 놔두고 가 버렸다.

네이선과 나는 미친 듯이 소리를 질렀고, 배 여기저기서 과학자들과 승조원들이 그 소리를 듣고 달려왔다. 우리는 이 장면을 돌려 보고 또 돌려 보면서 그 크기와 다른 중요한 분류학적 특징들을 파악했다. 이것이 대왕오징어가 맞다면 심해에서 대왕오징어를 촬영한 두 번째 탐사가 되는 것이었다. 뉴올리언스에서 남동쪽으로 불과 160km 떨어진 우리 뒷마당 같은 곳에서 말이다. 메두사가 이 일을 또다시 해낸 것이 정말 맞다면, 지난번의 성과가 그저 운이 좋았던 게 아니었음을 보여 주는 명백한 증거였다. 그러나 대외적으로 발표하기 전에 확인이 필요했다. 그래서 스미스소니언의 오징어 전문가 마이크 베키오네에게 동영상 클립을 보내기로 했다. 하지만 매우 안타깝게도 그럴 수 없었다. 극심한 스콜로 인해 인터넷이 두절되었기 때문이다.

우리가 오징어 크기를 추정하는 가장 좋은 방법에 관해 토론하고 있을 때 번개가 쳤다. 귀가 찢어질 듯한 굉음을 듣고 우리는 모두 갑판으로 뛰쳐나왔다. 선박의 원거리 안테나가 벼락을 맞아 산산조각이 났다. 직접 벼락을 맞았을 때의 파괴력이란 실로 어마어마하다. 전자기기는 특히 취약하다. 네이선도 나도 그 사실을 알고 있었으므로 벼락을 맞았다는 것을 깨닫자마자 노트북 컴퓨터를 확인하러 실험실로 서둘러 돌아갔다. 실험실에 있던 컴퓨터 중 한 대가 타 버렸지만, 네이선의 노트북은 기적처럼 무사했다. 우리가 최악의 상황을 면한 것을 자축하고 있던 바로 그때, 선교에서 선장이 내려오더니 좌현 이물 쪽에 대규모의 용오름 현상이 나타났다고 경고했다. 마치 우리가 리바이어던을 세상에 드러내려고 해서 포세이돈의 노여움을 사기라도 한 것 같았다.

감사하게도 용오름은 우리를 내버려 두었고, 바다가 잔잔해지기 시작했다. 우리는 계속 인터넷 연결을 확인하면서 다시 오징어의 몸길이 추정을 시도했다. 쉰케의 표현에 따르면 우리를 겨누어 한껏 당긴 고무줄 길이를 측정하는 것과 비슷한 일이었다. 우리가 이미 알고 있는 전자 해파리 크기를 기준으로 산출한 보수적인 추정치는 약 3m였지만 나중에 좀 더 섬세하게 측정, 계산한 결과, 그 2배 이상일 수도 있겠다는 결론에 도달했다.

드디어 인터넷이 연결되어 동영상 파일을 마이크에게 보내고 초조한 마음으로 답을 기다렸다. 그가 긍정의 회신을 보내왔을 때 우리는 이미 이 소식을 발표할 준비가 되어 있었다. 나는 쉰케, 네이선과 함께 포인트서호의 위성 통신으로 〈뉴욕타임스〉와 인터뷰를 했다. 이와 동시에 NOAA의 '한밤으로의 여정' 웹사이트에 글과 영상을 게시했고, 이 소식은 빠르게 퍼져 나갔다. 전 세계 통신사가 기사를 썼고, 인터뷰 요청이 빗발쳤다.

나는 인터뷰를 할 때마다 우리가 이 행성에서 실제로 탐험한 영역이 얼마나 적은지를 강조한다. 향고래의 뱃속에서 나온 대량의 대왕오징어 부리를 볼 때, 혹은 메두사를 이용한 대왕오징어 촬영이 얼마나 쉬웠는지를 볼 때, 대왕오징어는 희귀한 동물이 아니라 단지 겁이 많은 동물이다. 우리는 그들이 죽어서 떠오르는 것을 보고서야 그 존재를 알았다. 우리가 탐험하지 않은, 혹은 잘못된 방식으로 탐험해 온 저 깊은 곳에는 얼마나 많은 놀라운 생명체들이 살고 있는 것일까?

또한 우리는 얼마나 많은 동물들을 오해하고 있는 것일까? 크라켄은 수 세기 동안 무시무시한 괴물이라고 매도되었지만, 가까이에서 본 그것은 괴물이 아니라 멋진 동물이었다. 인류는 역사적으로 자연을 싸우고 격퇴해야 할 괴물로 보아 왔다. 『모비 딕』에서 에이해브는 희고 커다란 향고래를 악으로 보고, 그것으로 상징되는 자연의 지배에 굴복하기를 거부했다. 멜빌은 또 다른 포경선 선장의 반대되는 관점도 제시한다. 에이해브가 한 다리를 잃었듯이 그 또한 모비 딕에게 한 팔을 잃었지만 고래에게 악의가 있었던 것은 아니라며 에이해브에게 고래를 내버려 두라고 충고한다. 하지만 결국 에이해브는 자기중심적인 집착 때문에 몰락한다. 고래는 에이해브와 그의 배, 그리고 단 한 명을 제외한 모든 선원을 파괴한다. 인구가 증가하고 인간의 파괴력이 점점 커지는 것을 보며, 나는 우리가 자연을 정복해야 할 괴물로 보는 관점을 고집하다가 에이해브와 같은 운명을 맞이할까 두렵다.

아무도 본 적 없던 바다

14장

훔볼트오징어에게

말 걸기

◆◆◆

첫 번째 훔볼트오징어는 수심 330m의 어둠 속에서 나타났다. 오징어는 다리부터 왼쪽 위에서 오른쪽 아래로 호를 그리며 내려왔고, 커다란 삼각형 지느러미는 구부러진 채 거의 움직이지 않았다. 그렇게 힘들이지 않고 속도를 낼 수 있는 것은 고효율의 제트 추진 시스템 덕분이다. 오징어가 딥 로버의 붉은 조명 아래 암흑 속으로 뛰어들기 전에 잠깐 보았을 뿐이었지만 그 인상은 강력했다.

두 번째 오징어는 수심 450m에서 나타났다. 이번에는 우리 위쪽의 어둠 속에서 나타나 잠수정 앞에 매달아 놓은 장대 끝의 전자 해파리를 공격했다. 훔볼트는 다리 8개를 모아 끝을 뾰족하게 만든 다음 전자 해파리를 찌르고 마지막 순간에 다리를 뒤쪽으로 벌려 집어삼켰다. 크고 힘센 오징어의 몸은 세로로 화면을 꽉 채웠다. 오징어는 먹이가 아닌 고철 덩어리라는 것을 알고는 곧바로 거대한 지느러미를 펄럭이고 출수관 방향을 바꾸어 후퇴했다. 그 모습을 보니 탄성이 저절로 나왔다. "말이 통하고 있어!"

잘될 것 같았다. 나는 전자 해파리로 훔볼트오징어를 유인해서 그 모습을 BBC 신작 자연 다큐멘터리 《블루 플래닛 II》를 통해 공개할 생각이었다. 훔볼트오징어는 TV에 어울리는 모든 덕목을 갖춘 동물이다. 크고 공격적인 포식자인 데다가 다양한 움직임을 보여 주고 시각적 커뮤니케이션 능력도 탁월하다. 색소포라는 작은

아무도 본 적 없던 바다

색소 주머니 주변 근육을 수축하여 몸의 무늬와 색(빨간색 또는 흰색)을 순식간에 바꾸어 몸 전체를 광고판처럼 사용할 수 있을 뿐만 아니라, 푸른색 빛을 방출하는 발광포도 갖고 있어서 또 다른 조명 쇼를 보여 줄 수도 있다.

이번에 원정을 간 곳은 세계 최대의 무척추동물 어장에 속해 있는 칠레 앞바다였다. 그 명성의 근간에는 훔볼트오징어가 있다. 해마다 수십만 톤에 달하는 오징어가 이곳에서 잡혀서 전 세계의 식탁에 오른다.

우리는 이 오징어를 촬영하기 위해 일본 원정 때와 똑같이 알루샤호와 3인승 잠수정 트리톤, 2인승 잠수정 딥 로버를 사용했다. 트리톤에는 조종사와 BBC 프로듀서 올라 도허티, 촬영기사 휴 밀러가 탑승했다. 이번에는 트리톤에 고해상도 카메라 두 대가 실렸다. 그중 한 대는 초고감도 카메라였고 둘 다 잠수정 전면에 장착되었다. 딥 로버에는 조종사 토비 미첼과 내가 탔고, 강력한 적색광 및 백색광 조명을 장착하여 트리톤의 카메라가 찍는 피사체를 비출 예정이었다. 토비가 피사체에 따라 딥 로버의 위치를 정교하게 조정하여 올라와 휴가 촬영하려는 피사체를 역광이나 측광으로 비추면, 대비를 극대화하고 후방산란을 최소화할 수 있다는 계산이었다. 이번에는 메두사를 가져오지 않았으므로 잠수정에서 우리가 보고 촬영하는 것에 모든 성패가 달려 있었다.

◆◆◆

첫 잠수 지점은 해안에서 20km 떨어진 곳이었고, 해저 수심은 약 900m였다. 우리는 일몰 전후의 수주를 모두 관찰하기 위해 오후 4시에 잠수정을 진수했다. 오징어는 저녁마다 먹이를 찾아 해수면으로 올라오므로, 우리가 햇빛이 사라지는 지점까지 내려가면 수직 이동을 시작하는 오징어를 볼 수 있으리라는 것이 내 예상이었다.

그러나 나는 하강이 시작되고 얼마 지나지 않아서 수심에 관한 예측을 수정할 필요가 있다는 것을 깨달았다. 이곳의 물은 내가 익히 알고 있던 바다와 매우 달랐다. 해수면으로부터 60m 정도에 두텁고 빽빽한 플랑크톤 층이 형성되어 있어서 햇빛을 모두 집어삼켰다. 수심 90m에서는 빛이 거의 사라졌다. 크리스탈처럼 투명했던 바하마의 바다에서는 수심 600m에 이르기 전에 이렇게 햇빛이 어두워지는 것을 수백 번의 잠수 중에 한 차례도 본 적이 없었다.

이곳이 훌륭한 어장이 될 수 있었던 것은 바로 이 생명체들로 가득한 표층수 덕분이다. 훔볼트 해류는 멕시코 만류와 쿠로시오 해류처럼 태평양의 해수 순환 패턴의 중요한 한 부분으로 남아메리카 서쪽 해안을 따라 남에서 북으로 흐른다. 게걸스러운 오징어의 이름이 바로 이 해류 이름을 딴 것이다. 훔볼트 해류는 영양분의 용승을 일으키며, 이것이 바로 여기서 발견되는 엄청난 생물량

아무도 본 적 없던 바다

의 토대가 된다.

이런 사실을 이론적으로는 알고 있었는데도 실제로 보니 놀라웠다. 해수면의 물은 식물성 플랑크톤으로 가득해 짙은 청록색을 띠었고, 수심 45m에는 식물성 플랑크톤을 먹는, 혹은 서로를 먹이로 삼는 젤라틴 형태의 생명체들이 모여 있어서 마치 걸쭉한 수프 같았다. 그러나 그 아래로 내려가자 생명체의 밀도가 낮아졌다. 수심 200m쯤에서는 육안으로 식별 가능한 크기의 생명체들이 사라지고 물이 우윳빛으로 바뀌었다. 이곳은 산소최소층의 중심—즉 '양'에 해당하는 해수면과 짝을 이루는 '음'의 구역—이었다. 우리는 햇빛이 닿는 곳보다 훨씬 깊은 곳으로 내려갔다. 약 330m 수심의 산소최소층 맨 밑을 막 벗어났을 때 첫 훔볼트가 나타났다. 우리는 계속 내려갔고, 훔볼트오징어의 흔한 먹이인 샛비늘치가 산발적으로 나타나는 곳을 지나쳤다. 몸에 발광기관이 박혀 있어서 랜턴피시라고도 불리는 샛비늘치는 깊고 염도가 높은 곳이라면 전 세계의 거의 모든 바다에서 발견된다. 이 해역에서는 수심 550~640m 구역에 집중적으로 서식하는 것 같았다. 우리는 이 층을 통과하면서 훔볼트오징어 일곱 마리를 더 보았다. 마지막 두 마리가 나타난 것은 수심 630m에서였는데, 그중 한 마리는 전자 해파리를 공격했다. 그 후 수심 910m인 바닥에 도달할 때까지는 동물의 존재를 거의 찾아볼 수 없었다.

그때 관제실에서 기상이 악화되고 있으니 빨리 올라오라는 실망스러운 교신이 전해졌다. 곧 해가 질 시간이었는데, 때맞추어 샛비늘치의 수직 이동도 시작되고 있었다. 샛비늘치가 출발하는 지점은 깜깜했으므로 빛으로 시간을 알 수는 없을 터였다. 나는 그들의 생체 시계가 출발 신호를 주는 것인지 궁금했다. 우리가 하강할 때는 수심 550m 아래에서만 보였던 샛비늘치가 지금은 300m에서도 보였다. 우리가 훔볼트오징어를 다시 발견한 것도 300m~400m에서였다. 이제 훔볼트오징어의 본격적인 사냥 시간이었다.

　이전에 전자 해파리에서 우리가 본 것과는 다른 종류의 공격이었다. 오징어가 다리를 모아 물고기를 조준하는 것까지는 똑같았지만 그 다음에는 8개의 다리를 넓게 벌린 채 탄력 있는 두 촉완을 뻗어 물고기를 움켜쥐었고, 그러자 물고기는 비명을 지르듯이 발광기관의 섬광으로 구조를 요청했다. 그와 동시에 오징어 몸 색깔이 1초에 2~4회씩 붉은색에서 흰색으로 바뀌는 스트로보스코픽 효과[조명 등의 영향으로 원래는 연속된 동작인데도 여러 개의 정지 동작이 연이어 일어나는 것처럼 보이는 시각적 효과-옮긴이]가 일어났다. 안 그래도 크고 공격적인 포식자인데 더 위협적으로 보였다. 흥미로운 것은 오징어가 혼자 있을 때는 결코 그런 모습을 보이지 않았다는 점이다. 스트로보 효과는 시야에 두 마리 이상의 훔볼트가 있을 때만 일어났다. 그것이 대화, 즉 정보 전달을 위한 행동이라는 것은 너무나 분명했다. 그렇다면 그들은 무슨 말을 하고 있는 것일까?

동족 포식 동물의 식사 시간에는 의사소통에 오류가 일어나지 않게 하는 것이 상당히 중요하다. 동족 포식 동물 두 마리가 동시에 하나의 먹잇감을 두고 경쟁하다가 어느 한쪽이 이겨서 그 먹이를 차지한다면, 패자는 애초의 먹잇감 대신 승자를 공격해 잡아먹으려 할지도 모른다. 오징어 간의 공격에서 누가 먹고 누가 먹힐 것인가를 결정하는 중요한 요인 중 하나는 크기 차이다.

전신의 섬광은 자신의 크기와 힘을 표시—어이, 물러서! 내가 너보다 더 크다는 거 알지?—하면서, 동시에 의사를 전달—내가 이 물고기를 공격하려고. 내 거니까 저리 비켜!—하는 한 가지 방법이다.

우리는 첫 번째 잠수 때 서른 마리가 넘는 오징어를 보았고, 그 것은 나에게 황홀경을 선사했다. 그러나 트리톤을 타고 있던 올라와 휴는 오징어가 눈에 보인다는 것만으로 만족할 수 없었다. 원하는 영상을 찍기에는 여전히 너무 멀었기 때문이다. 그래도 오징어가 여기 있다는 것은 확인했으니, 이제는 인내심을 갖고 계속 시도하기만 하면 될 거라고 생각했다.

이후의 잠수에서도 우리는 계속 오징어를 목격했고 전자 해파리로 오징어를 유인하는 데도 계속 성공했지만, 올라가 필요로 하는 장면은 여전히 얻지 못했다. 안타깝게도 문제는 설계에 있었다. 도난 경보용 생물발광은 구조를 요청하는 최후의 비명이므로 2차 포식자는 1차 포식자가 먹이를 다 먹어치워 그 신호를 꺼 버리고 떠나기 전에 신속하게 대응해야 한다. 즉 훔볼트는 빠른 속도로 전자 해파리에 접근했다가 먹을 것이 없다는 것을 알고는 금세 가 버리는 것이다.

우리는 오징어가 더 오래 머무르도록 하기 위해 전자 해파리 옆에 미끼 오징어를 달았다. 이 방법은 대박이었다. 2m나 되는 육중한 훔볼트가 전자 해파리에 이끌려 와서 미끼 오징어를 움켜쥐고 비틀어 빼내려고 했고, 그러는 동안 훔볼트오징어의 몸은 빨간색과 흰색으로 연신 바뀌었다. 오징어는 잠수정이 흔들릴 정도로 미끼를 꽉 잡은 채 쉽게 포기하지 않았다. 그 덕분에 많은 영상을 얻을 수 있었다.

한 번은 훔볼트오징어가 서로를 공격하는 장면을 촬영하기도 했다. 그것은 훔볼트오징어의 동족 포식을 찍은 최초의 기록이었다! 큰 오징어가 작은 오징어를 움켜쥐고 검은 먹물 연막을 뿜어 전리품을 감추려고 했지만 소용이 없었다. 훨씬 더 큰 오징어가 급습하여 잠깐 실랑이를 벌이다가 먹이를 훔쳐 달아났다. 이 모든 과정은 클로즈업으로 촬영되었고, 경이로운 영상이었다. 다만 너무 짧은 것이 문제였다. 이야기로 만들어지려면 훨씬 더 많은 것이 필요했다.

◆ ◆ ◆

우리에게는 아직 할 일이 많았다. 나는 올라에게 훔볼트오징어

이야기를 제대로 하려면 생물발광이 시각적 커뮤니케이션에서 담당하는 역할을 알아내야 한다고 설득했다. 우리가 본 모든 스트로보 효과, 즉 몸의 색깔 변화는 칠흑 같은 어둠 속에서 일어난다면 아무런 의미가 없는 일이기 때문이다. 이에 훔볼트오징어뿐 아니라 플랑크톤의 생물발광도 촬영하기로 했다. 또 이 지역 해저에 대규모로 서식하는 심해 해삼 에니프니아스테스의 생물발광도 함께 촬영하기로 했다.

우리의 계획은 오전 10시에 진수해 도중에 오징어를 만나지 않는 한 곧장 해저로 하강하는 것이었다. 해저에서 에니프니아스테스를 촬영한 후에는 천천히 상승을 시작하고, 오징어 떼를 만나기를 희망하며 수심 50m 간격으로 발광 플랑크톤을 촬영할 계획을 세웠다. 우리에게 주어진 시간은 8시간이었다.

다시 한번 첫 번째 잠수 때처럼 토비와 내가 딥 로버에, 롤라와 휴가 트리톤에 탑승했고, 앨런 스콧(이후 앨로 표기)이 트리톤을 조종했다. 해저까지는 1시간 남짓 걸렸다. 앨이 컴퓨터와 씨름하는 동안 토비와 나는 주변을 정찰했다. 그런데 이전에 잠수했을 보았던 그 많던 에니프니아스테스가 어디에도 보이지 않았다. 대신에 큰 새우들이 카펫처럼 깔려 있었다. 퇴적물이 움푹 패인 곳마다 자리를 차지하고 있던 새우들은 우리가 UFO처럼 먼지를 일으키며 떠오르는 모습을 황금빛 눈으로 쳐다보았다.

치밀하게 준비했던 촬영 계획이 수포로 돌아간 게 분명했다.

앨이 필요로 하는 기능 중 몇 가지는 수동 조작이 가능했지만 생물발광을 촬영하려는 시도는 좌절만 안겨 주었다. 추진기는 제어할 수 있었으나 조명을 원하는 대로 켰다 껐다 할 수 없었기 때문이었다. 그럼에도 불구하고 우리는 두 대의 잠수정으로 거의 4시간 동안 바닥을 헤매고 다니면서 에니프니아스테스를 찾았고 결국 몇 마리를 발견했지만 이전의 보았던 것 같은 장관은 아니었다.

두 대의 잠수정이 오징어를 찾아 부상하기 시작한 것은 우리에게 주어진 8시간 중 3시간이 남았을 때였다. 하강하는 동안 본 오징어가 단 한 마리밖에 없었던 만큼, 큰 기대를 갖지는 않았다. 그래도 이번 잠수가 완전히 무위로 돌아가면 안 된다는 생각으로, 해파리 같은 것이 천천히 움직이는 모습이 보일 때마다 멈추어서 그것을 촬영했다.

산소최소층에 도달했을 때는 오후 6시가 가까워 오고 있었고, 트리톤과 딥 로버의 배터리는 거의 방전되었다. 곧 물 밖으로 나가야 한다는 뜻이었다. 그런데 우리를 뒤따르는 트리톤을 기다리고 있을 때였다. 갑자기 아래쪽에서 훔볼트가 튀어 올라와서 전자 해파리 아랫면을 공격했다. 수심 211m, 산소최소층의 한가운데였다. 훔볼트오징어는 특정 대사 경로를 차단함으로써 매우 낮은 산소 농도에서도 생존할 수 있는 놀라운 능력을 가졌지만, 산소최소층에서는 적극적인 사냥을 포기하여 산소 요구량을 더 줄일 것이라는 것이 이제까지의 추정이었다. 그러나 그 가설은 틀렸다. 이것이 적극적인 사냥이 아니면 무엇이란 말인가?

이 한 장면만으로도 이번 잠수의 보람이 있었지만 나를 놀라게 한 것은 그 오징어가 끝이 아니었다. 우리가 계속 상승하여 샛비늘치가 밀집해 있는 층—여전히 산소최소층이었다—으로 들어갔을 때, 지금껏 어디에서도 보지 못한 숫자의 훔볼트가 나타났다. 수백 마리의 훔볼트오징어가 샛비늘치를 적극적으로 사냥하고 있었다. 우리는 백색광 조명을 켜고 있었지만 오징어들은 개의치 않을 뿐만 아니라 오히려 먹잇감을 찾는 데 우리 조명을 이용하고 있는 것으로 보였다. 그 광란의 현장은 실감이 나지 않을 정도였다. 트리톤이 내가 탄 딥 로버 우현 아래쪽에서 촬영을 하고 있었으므로 우리가 할 일은 그쪽으로 조명을 밝힌 채 가만히 지켜보는 것밖에 없었다. 부족함이 없는 액션신이었다. 어느 쪽으로 카메라를 들이대든 오징어가 물속을 미끄러지듯 헤엄쳐 먹잇감을 공격하는 모습을 찍을 수 있었다.

훔볼트오징어는 앞으로 갈 때나 뒤로 갈 때나 동일한 속도를 유지하는 것 같았다. 그들은 거대한 지느러미를 펄럭이면서 후진하다가 표적을 발견하면 즉각 거꾸로 헤엄쳤다. 오징어들은 저마다 먹잇감에 접근해 촉완을 뻗었는데, 때로는 궤적을 이리저리 수정하기도 하고, 지그재그로 헤엄치며 마지막 순간에 촉완을 구부려 물고기를 가로채기도 했다. 때로는 놓치기도 했지만 한 번에 명중

하는 때도 있었고, 펼친 다리 안쪽으로 사라진 물고기를 다시 꺼내 가는 녀석도 있었다. 또 때로는 물고기에게 부분적인 타격만 입혀서 반짝이는 비늘이 흩날리기도 했다. 백발백중의 사냥꾼은 아니었지만 공격은 샛비늘치가 점점 드물어지는 가운데서도 끈질기게 계속되었다.

우리는 그곳에 10분 넘게 머물렀고, 그것은 대규모의 크릴새우 떼를 끌어들이기에 충분한 시간이었다. 크릴새우는 불빛에 이끌리는 나방처럼 우리의 조명을 보고 달려들었다. 크릴새우 떼가 너무 빽빽해서 오징어를 보기 힘들 정도였다. 그때 갑자기 오징어 한 마리가 우리 쪽으로 곧장 헤엄쳐 오더니 다리와 촉완을 넓게 펼쳐 바구니 모양을 만들었다가 다시 입 쪽으로 말아서 팝콘을 먹듯 크릴새우를 흡입했다. 오징어가 그런 식으로 먹이를 먹는 모습은 처음 보았다. 사실 그 어느 누구도 보지 못했을 게 분명했다. 그때 더 많은 오징어가 다가왔고, 똑같이 크릴새우를 퍼먹었다.

나는 이 장면을 기록하고 싶었지만 트리톤은 조명이 비추는 곳에서 오징어의 샛비늘치 사냥 장면을 촬영하느라 너무 멀리 있었다. 니콘 카메라가 있기는 했는데 하필 바로 그 순간에 작동을 멈추었다. 배터리가 다 된 것 같아서 교체를 하는 와중에도 시선은 잠수정 앞에서 벌어지는 장면에 고정될 수밖에 없었다. 점점 더 많은 오징어가 몰려들어 새우 먹기 대회라도 하듯 크릴새우를 퍼서 입에 밀어 넣고 있었다. 카메라는 여전히 말을 듣지 않았고, 나는 한참 지나서야 배터리가 아니라 꽉 찬 메모리카드가 문제라는

아무도 본 적 없던 바다

사실을 깨달았다. 내가 정신없이 여분의 메모리카드를 찾는 동안 토비는 아이폰을 꺼내서 30초짜리 영상을 촬영했고, 여기에 네 번의 바구니 공격 장면이 찍혔다. 수만 달러짜리 카메라 장비로 촬영해야 할 최고의 자연사 다큐멘터리 장면을 아이폰으로 찍다니! 나중에 안 사실이지만 다행히 트리톤 주변에서도 동일한 광란이 일어나고 있었고, 그들도 이 기이한 행동을 촬영했다.

우리가 약 15분에 걸쳐 오징어를 촬영하고 있을 때 갑자기 오징어들이 우리의 시야 왼쪽에서 오른쪽으로 쏜살같이 헤엄쳐 달아났다. 뭔가에 몹시 놀란 것 같았다. 나중에 배로 복귀하여 승조원들과 이야기를 나누다 보니, 오징어들이 도망칠 즈음에 칠레 군용 헬리콥터 한 대가 윙윙거리며 날아가고 고속 군함 한 척도 그 뒤를 따라 24노트에 육박하는 속력으로 지나갔다는 사실을 알게 되었다.

오징어는 귀가 없지만 평형낭이라는 기관이 있어서 500헤르츠 미만의 낮은 주파수를 감지할 수 있다. 이빨고래류는 하루에 900kg이 넘는 오징어를 먹을 수 있으므로, 그 소리를 들을 수 있다면 반드시 피해야 할 것이다. 그런데 이빨고래가 먹이를 찾거나 서로 소통할 때 사용하는 초음파 음향의 주파수는 17,000헤르츠에 달해서 오징어가 감지할 수 있는 범위를 한참 벗어난다. 사실 최근에 밝혀진 바에 따르면, 우리의 가청 영역에 있다면 인간의 고막을 파열시킬 만한 데시벨의 초음파 펄스도 오징어에게는 들리지 않고, 해를 입히지도 않는다.

이빨고래처럼 확실한 포식자가 내는 소리에도 무감각한 오징 어를 그렇게 겁에 질리게 만든 것이 무엇이었을까? 반드시 피해 야 하는 포식자이면서 소리를 내는 존재는 어쩌면 이빨고래만큼 탐욕적으로 오징어를 먹어 치우는 인간이 아닐까? 훔볼트오징어 는 엔진 소음을 피하도록 학습하거나 진화한 것일까? 이 동물의 적응력이 뛰어나다는 것은 분명하다. 그들은 상황에 따라 먹이를 물고기에서 크릴새우로, 심지어 동족으로도 바꿀 만큼 다양한 먹 이 전략을 갖고 있다. 그들은 산소 농도가 극도로 낮은 환경도 견 딜 수 있으며 사실 기후변화의 수혜자인 측면도 있다. 북태평양 동부였던 훔볼트오징어의 서식 범위가 캘리포니아 중부 해안을 따라 북쪽으로 확장되어 최근에는 알래스카만에서도 발견된 적이 있다. 극한 환경에 대한 적응력 덕분에 급격히 변화하는 세계에서 도 끝까지 살아남을 후보가 된 그들이기에, 모터 구동 어선을 탐 지해 피할 방법을 개발했다고 해도 전혀 놀랍지 않았다.

갑판으로 돌아온 나는 흥분이 가시지 않아 공중부양을 할 지경 이었다. "이 오징어들만큼 환상적이고 신비로운 생물이 또 있을까 요!" 우리는 훔볼트오징어를 그들의 성역에서 관찰할 드문 기회 를 누렸고, 그 경험은 다른 탐사에서도 자주 그랬듯이 답을 주기 보다는 더 많은 질문을 하게 만들었다. 우선 나는 무엇이 오징어 를 그렇게 놀라게 만들었는지 미치도록 알고 싶었다. 그것이 소리 였다면, 우리가 오징어를 보았을 때와 보지 못했을 때 우리의 지원선이 내는 소음에 다른 점이 있었는지 궁금했다. 또 내가 생물 발광의 섬광이라고 생각한 것은 진짜 생물발광이었을까? 오징어의 몸 전체에서 빛을 발하던 섬광은 어떤 메시지를 담고 있는 것일까? 물속에서 빛을 낼 수 있다는 것이 그들의 행동에 어떤 영향을 끼칠까? 그 순간 나는 이 놀라운 해역 한 곳만 연구하면서 평생을 보내도 행복할 것 같았다.

◆ ◆ ◆

"한 조각의 바다가 어떻게 작동하는지를 더 잘 이해한다는 것은 어떻게 지구라는 우주선이 움직이는지를 이해하는 것과 직접적으로 관련된다." 발명가, 건축가, 시스템이론가, 미래학자 등 다양한 직함을 가진 벅민스터 풀러의 이 표현은 한정된 자원을 가진 하나의 생물계에 산다는 것이 무엇을 의미하는지 보여 준다. 우리가 우리의 생명 유지 장치를 복구할 수 없을 정도로 망가뜨렸다면, 아슬아슬한 순간에 보급선이 나타나 우리를 구해 줄 가능성은 없다. 그렇기에 우리 세계가 어떻게 작동하는지를 이해하는 것이 중요하지만, 우리는 그렇지 않은 역사를 이미 숱하게 경험했다. 우리 인간은 우리가 가진 것의 가치를 그것이 사라지고 나서야 깨닫는 실로 불행한 경험을 반복해 왔다. 전 세계적인 어업 붕괴는 그 수많은 예 중 하나일 뿐이다.

내가 직접 경험한 사례로 메인만의 조지스뱅크를 들 수 있다. 코드곶에서 동쪽으로 불과 110km밖에 떨어져 있지 않은 조지스뱅크는 매사추세츠주보다 더 큰 해저대지로 2개의 주요 해류—북쪽에서 내려오는 차갑고 영양분이 풍부한 래브라도 해류와 남쪽에서 올라오는 따뜻한 멕시코 만류—가 만나는 덕분에 한때는 바닷속의 에덴동산이라고 할 만큼 생명체들이 풍성한 곳이었다. 해류가 만나는 이곳의 풍부한 플랑크톤은 청어, 대구, 황새치, 해덕대구, 대서양각시가자미, 가리비, 바닷가재에서부터 돌고래, 상괭이, 거북, 고래, 각종 바닷새 등 다양한 해양생물들의 생태계를 먹여 살렸다.

분명 북아메리카 원주민들도 이곳 바다의 풍요로움을 누렸을 것이고, 콜럼버스가 아메리카 대륙을 발견했다는 시점보다 거의 반세기 전에 이 풍성한 어장을 발견했다고 주장한 스페인 북부 출신의 바스크인 뱃사람들도 그랬을 것이다. 하지만 이 어장은 고대의 역사가들이 바구니로 물고기를 퍼낼 정도였다고 기록할 만큼 생명체들이 넘쳐나던 바다에서 남획으로 이어지는, 전 세계 여러 어장의 역사를 뒤따랐다. 남획으로 어장량이 감소하자 사람들은 항공기와 음파탐지기로 외해의 어군을 악착같이 찾아냈고, 핵심적인 해저 서식지를 훼손하는 대규모 저인망으로 바닥에 사는 물고기까지 포획했다. 대구 어업에 사용되는 초대형 공선은 17세기라면 선박 한 척이 한 철 내내 잡아야 했던 어획량(약 100톤)을 단 1시간 만에 잡을 수 있게 해 준다. 정부 기관들은 어장량이 위험할

　　　　　　　　　　　아무도 본 적 없던 바다

정도로 고갈되고 있다는 경고를 들었지만 근시안적인 상업적 이익에 굴복했고, 결국 조지스뱅크 어업은 필연적인 붕괴의 운명을 맞았다.

우리는 모두 황금알을 낳는 거위 이야기를 알고 있다. 어느 날 한 농부가 황금알을 낳는 거위를 발견한다. 농부는 그 거위알을 팔아 부자가 되지만 부유해질수록 욕심이 늘어나고, 결국 황금을 한꺼번에 꺼내려고 거위 배를 가른다. 하지만 아무것도 찾지 못하고 부의 원천만 영원히 잃어버린다. 조지스뱅크의 경우, 그 거위는 1990년대 초에 죽었고, 늦어도 한참 늦은 1994년 말에 어획 금지에 관한 법률을 제정했다.

사람들은 시간이 지나면 어장이 회복될 것이라고 추정했을 것이다. 생명의 거미줄에 구멍을 내 놓고 원래대로 복구될 것이라고 기대하는 셈이다. 하지만 그 틈새는 원래대로가 아니라 훨씬 덜 바람직한 다른 것으로 메꾸어질 때가 많다. 생태계는 안정성 유지를 위해 피드백 루프에 의존한다. 이 피드백 중 하나 이상이 근본적으로 변하면 생태계가 점점 불안정해지고, 그러면 아주 작은 변화가 매우 큰 결과를 초래할 수 있게 된다. 이를 티핑 포인트라고 한다.

나는 1989년의 첫 존슨-시-링크 잠수 때 조지스뱅크 바로 북쪽의 윌킨슨 분지에서 티핑 포인트를 넘어서면 어떤 일이 벌어지는지 목격했다. 우리는 잠항을 시작하자마자 이곳이 해파리가 지배하는 생태계가 되었다는 것을 확연히 알 수 있었다. 그곳은 빗해파리와 관해파리로 가득했다. 그 덕분에 생물발광이 장관을 이루기는 했지만 어장의 회복에는 중대한 걸림돌이 될 터였다. 어류와 해파리가 플랑크톤을 두고 경쟁해야 할 뿐 아니라 해파리가 어류의 알과 치어를 잡아먹기 때문이다.

조지스뱅크 어장 파괴에는 여러 요인이 작용했다. 어류 남획만 문제가 아니었다. 해파리의 포식자인 장수기북이나 황새치 등 중요한 피드백 루프들도 제거되었다. 또한 육지로부터 유입된 영양염류와 하수는 산소 농도를 낮추어 어류보다 해파리에게 유리한 환경이 만들어졌다. 바다가 점점 더 많은 이산화탄소를 흡수함에 따라 일어난 pH 저하, 즉 산성화도 어류에게는 나쁘지만 해파리에게는 좋은 일이었다. 수온과 해류 패턴의 변화도 해파리에게 유리했다. 결국 해파리의 생존 확률이 어류에 비해 압도적으로 높아졌고, 어업 압력[전체 개체수 대비 어업에 의해 잡히는 개체수 비율-옮긴이]을 줄이는 것만으로는 생태계를 다시 균형 상태로 되돌리기에 충분치 않게 되었다. 이러한 복잡성을 좀 더 일찍 알았다면 어획 금지 조치를 제때 시행해서 거위를 구할 수 있었을 것이다.

이것이 바로 전 세계에서 훔볼트오징어가 가장 많이 잡히는 페루와 칠레 해역을 탐사하고 이해하는 데 시간과 돈을 투자해야만 하는 이유다. 아직은 잘 버티고 있는 것으로 보인다. 그 이유 중 하나는 비교적 최근에 부상한 어장이라는 데 있다. 과거에는 오징어의 경제적 중요성이 높게 평가되지 않았고, 그래서 사람들이 건드리지 않았다. 오징어를 잡는 주된 방법이 낚싯바늘을 사용하는 전통 어업 방식이라는 점도 한 요인이었다. 이는 오징어 어획량뿐 아니라 그 외의 부수적인 어획—오징어 그물처럼 덜 선택적인 어구를 사용하면 의도하지 않은 해양생물까지 마구잡이로 잡은 다음 불필요한 것은 바다에 다시 내버리게 된다—을 줄이는 효과도 있었다.

예나 지금이나 정부는 생태계가 붕괴한 다음에야 비로소 (그마저도 안 하는 때도 많지만) 막대한 연구비를 투입한다. "해결해! 원래대로 되돌려 놔!"라는 대중의 원성이 있어야 반응하기 때문이다. 그러나 붕괴되기 전에 어떻게 작동하는지 연구해 놓지 않는다면 되돌릴 방법을 어떻게 알겠는가? 우리는 해양 생태계의 수리 매뉴얼은 고사하고 정말 쓸모 있는 조작 매뉴얼을 개발하려면 선결되어야 할 장기적인 연구나 관찰도 해 본 적이 없으며, 하물며 바다를 제대로 탐사해 본 적도 없다.

더구나 인간은 지구의 생명 유지 장치를 제어하는 복잡한 레버, 기어, 스위치에 가만히 손을 올려놓고 있는 것이 아니라 트램펄린에서 노는 아이처럼 아무 생각 없이 펄쩍펄쩍 뛰고 있다. 뛰는 동안은 재밌었지만, 재앙은 이미 닥쳐오기 시작했다.

지구에 사는 모든 동물의 신호 체계를 훨씬 뛰어넘는 인간의 이 소통 능력을 생각할 때 놀라운 점은 정작 이 시대의 가장 중요한 정보, 즉 우리가 자연계를 학살하고 있으며 그러면서 우리 자신의 존재까지 위협하고 있다는 사실은 전달하지 못한다는 것이다.

위험에 대한 두려움을 실천으로 옮기는 사람도 있지만, 대개는 위험을 너무 멀게 느낀다. 우리의 과제는 임박한, 그러나 당장은 아닌 기후변화에 의한 파멸의 위험을 대출금 상환이나 케이블 요금 납부가 밀리는 것처럼 가까이 있는 문제로 느끼게 하는 것이다. 여러 가지 문제가 닥치면 더 압박감이 느껴지는 문제부터 생각하기 마련인데, 대개는 그게 덜 중요한 문제다. 이 상황을 반전시키려면 우리의 관점을 부정적인 측면에서 긍정적인 측면으로 이동시킬 필요가 있다. 육아 안내서마다 써 있듯이, 자녀에게 하기 싫은 일을 하라고 잔소리를 하거나 어르고 달래는 것은 역효과만 내기 일쑤이며, 그보다는 긍정적인 동기 부여가 더 효과적이다.

아동심리발달학자 앨리슨 고프닉에 따르면, 자연은 우리가 우리 자신에게 유익한 일을 하게 만들기 위해 '재미있게 만들기'라는 전략을 쓴다. 고프닉은 오르가즘이 재생산에 긍정적인 강화 요인으로 작용하듯, 이 세계가 어떻게 작동하는지 알아냈을 때 느껴지는 놀라움과 기쁨이라는 감정도 그만큼 강력하다는 도발적인 주장을 펼친다. 그러면 이제 우리가 퍼뜨릴 메시지는 정해졌다. 탐험이 섹스보다 낫다. 똑같이 짜릿한데 다른 부담은 없으니까.

두 살짜리 자녀의 탐험 본능 때문에 집에 온갖 안전장치를 구비해 본 적이 있다면 고프닉이 말하는 강력한 추진력이 무엇인지 바로 이해할 수 있을 것이다. 고프닉에 따르면 어린아이의 호기심과

아무도 본 적 없던 바다

놀라움의 감정은 너무나 강렬해서 "세계의 원리를 알아내기 위해 죽음의 위험도 마다하지 않는다." 나와 내 동료들의 경험에 비추어 볼 때, 이 감정의 강도는 나이가 들어도 사그라들지 않는다. 또한 이 감정은 누구나 활용 가능하며 그 어느 때보다 바로 지금 필요하다.

이제 이렇게 질문해야 한다. 우리는 탐험을 그저 착취를 위한 과정으로 여기는 근시안적인 태도가 어떤 결과를 초래하는지 지난 역사를 통해 충분히 배우지 않았는가? 이제는 지구의 마지막 개척지와 우리의 미래에 어떻게 접근해야 하는지에 대해 더 현명해질 필요가 있다. 즉, 우리에게 가장 귀중한 자원이 석유나 광물이 아니라 생명이라는 것을 확신하고 완전히 수용해야 한다.

인간에게는 관점을 바꾸는 놀라운 능력이 있다. 우리는 세포의 내부 작용이나 원자보다 작은 입자의 역학에 초점을 맞출 수도 있고, 시야를 확장하여 무한한 우주를 상상할 수도 있다. 필요에 따라 초점을 조정하는 능력이 바로 우리의 초능력이다. 바로 지금 지구에 사는 우리가 미래를 보장받으려면 무엇이 생명을 가능케 하는가에 초점을 맞추어야 하며, 이는 우리가 새로운 눈으로 생명을 바라볼 수 있어야 한다는 것을 의미한다.

생물발광은 우리가 볼 수 없었던 베일 뒤의 생명체를 훤히 관찰할 수 있게 해 준다. 지구상에서 가장 넓은 서식 공간은 깊고 광대한 어둠으로 보이지만, 반짝이는 단 하나의 작은 섬광은 그곳에서 생명이라는 비범한 실험이 이루어지고 있음을 알려 준다. 생물발광 덕분에 와편모충류처럼 작은 생물—직경이 40미크론 미만이어서 현미경 없이는 볼 수 없다—을 몇 미터 떨어진 곳에서도 볼 수 있다는 것은 너무나 놀랍고 더없이 감사한 일이다! 사실 대부분의 해양동물은 꼬리표처럼 저마다의 독특한 생물발광 형태를 갖고 있어서 우리가 생명체를 보는 완전히 새로운 수단을 제공한다. 삶의 목적이 생명의 본질을 이해하는 데 있다면 살아 있는 빛은 그 목적지로 가는 길을 밝게 비추어 줄 수 있을 것이다.

마치며

: 지구를 사랑한다면 낙관주의자

환경주의자가 되려면 낙관주의자가 되어야 한다. 내가 변화를 만들 수 있다고 믿어야 한다. 그렇지 않다면 애쓸 필요도 없으니까.

2005년에 나는 비영리 환경단체인 '해양 연구 및 보전 협회 ORCA' 설립을 도왔다. 하버브랜치연구소가 잠수정 프로그램을 접기 시작하면서, 나는 건강한 바다를 지키려면 점점 더 시급해지는 몇 가지 문제에 집중할 필요가 있다는 것을 깨달았다. 그 즈음에 내 눈길을 끈 두 편의 기념비적인 연구 보고서가 있었다. 두 보고서는 공통적으로 해양이 위기에 처해 있다고 말하고 있었고, 위험을 해결하려면 고급 모니터링 기술이 반드시 필요하다는 점을 강조했다.

병원에서는 모두가 모니터링의 중요성을 안다. 내가 병명을 모른 채 응급실에 가면 의사들이 제일 먼저 하는 일은 심장이나 폐

같은 여러 생명 유지 기관의 작동을 모니터링하는 것이다. 뭐가 잘못되었는지 알아내고 어떤 치료를 해야 상태를 호전시키거나 더 악화시키지 않을 수 있는지 판단하기 위해서다.

우리도 지금보다 나은 예측을 위해 모니터링을 강화해야 한다. 기후가 점점 예측불가능해지는 현 상황에서, 해수면 상승, 폭풍해일, 홍수, 쓰나미, 허리케인을 더 잘 예상할 수 있다면 수많은 생명을 구할 수 있을 것이고, 누구를 내피시켜야 하고 어디에 물막이용 모래주머니를 쌓아야 하는지를 정확히 알 수 있다면 많은 예산을 절약할 수 있을 것이다. 이른바 환경 정보 활동이라고 불리는 이것은 급변하는 세계에서 모든 나라가 미래의 경제 및 보안을 위해 할 수 있는 효과적인 투자 중 하나다.

ORCA 출범 당시의 내 생각은 비용 대비 효과 측면에서 더 향상된 모니터링에 중점을 두어 환경 정보 수집을 위한 기술적 솔루션을 개발하는 데 주력하자는 것이었다. '정박형 아이-인-더-시'와 '킬로이'—2차 세계대전 당시에 점령지마다 '킬로이 다녀감'이라는 낙서를 남겼던 미군 보병들처럼 이 시스템이 모든 곳에 확산되기를 바라는 마음으로 지은 이름이다—라는 첨단 해안 수질 모니터링 시스템 개발이 바로 그러한 목적 아래 추진된 사업이었다. 킬로이는 선박 계류장에 설치하여 다양한 수질 및 오염 수치를 인터넷에 송신하는 소형 태양광 구동 시스템으로 구상되었다. 하지만 2008년의 경제 침체 때문에 우리의 사업 추진은 더디어졌다.

아무도 본 적 없던 바다

주 정부 및 연방 정부의 모니터링 프로그램 예산이 최소화되면서 킬로이를 팔아 해양 보전 연구 자금으로 쓰려던 내 계획은 무산되었다. 플랜 B가 필요했다.

내가 킬로이로 하려던 일은 오염의 근원을 추적하여 오염을 막을 방법을 찾는 것이었으므로, 나는 비용을 훨씬 덜 들이면서도 동일한 일을 할 수 있는 방법을 궁리하기 시작했다. 그러다 보니 내가 사는 지역의 바다에 흘러들어 오는 오염물질에 의해 생물 유기체들이 어떤 영향을 받고 있는지에 관해 생각해 보게 되었다.

나는 플로리다 동부 해안을 따라 250km에 걸쳐 있는 인디언 리버 라군 인근에 사는 행운을 누리고 있다. 이곳은 무성한 맹그로브 숲으로 둘러싸여 있으며 경이로운 야생동물들이 서식하는 얕은 석호로, 한때는 미국 최고의 생물 다양성을 자랑하는 하구였다. 데이비드와 내가 이곳에 처음 이사 온 1989년에는 아침마다 지붕 위에서 장밋빛 저어새가 날아다니는 모습을 볼 수 있었고, 매너티가 집 앞 선창에 올라와 마당의 호스에서 나오는 물을 마셨으며, 수달이 선창에 올라 말뚝에 등을 긁고, 해 질 녘에는 숭어가 물을 차는 소리가 들려왔다.

강의 하구는 바다의 종묘장 같은 곳이다. 외해에 사는 많은 동물들이 산란기가 되면 풍부한 먹이와 은신처가 있는 맹그로브 뿌리나 해초지를 찾아 이곳으로 오기 때문이다. 텃새와 철새, 그 밖의 많은 육상 야생동물에게도 자양분을 제공한다. 그래서 강 하구는 지구상에서 산호초와 열대 우림 다음으로 생물 다양성이 풍부한 서식지에 속한다. 중점적으로 보호해야 할 핵심적인 해양 생태계를 고른다면 강 하구도 그중 하나가 되어야 한다.

하지만 처음 이곳에 왔을 때 흔했던 야생동물의 목격이 이제는 몹시 드문 일이 되었다. 수질은 나빠지고 해초도 많이 사라졌으며, 어쩌다 나타나는 돌고래는 로보진균증이라는 콜리플라워를 닮은 곰팡이 병변을 보인다. 커다란 섬유유두종으로 쇠약해져 가는 바다거북을 본 적도 있다.

유출된 하수와 오수 정화 시설뿐 아니라 농장과 잔디밭에서 땅으로 흘러들어 가는 오염물질도 이 하구를 오염시키고 있다. 나는 독성물질이 정확히 어디에서 오는지 알아내고 싶었다. 특정 화학물질에 대한 검사를 하려면 돈이 많이 들며, 화학물질의 정체를 모르면 그 비용은 더 올라간다. 그래서 나는 지표로 삼을 수 있는 살아 있는 시스템, 말하자면 석탄 탄광의 카나리아 같은 것을 찾기 시작했다. 예상했겠지만 내가 선택한 것은 생물발광세균이었다. 나는 이미 시판되고 있는 마이크로톡스라는 장치로 생물검정을 시도했다. 그것은 무해한 발광세균을 이용하는 장치였다. 이 세균의 광 출력은 호흡사슬과 연결되어 있어서, 호흡을 저해하는 독성물질—대부분의 독성물질은 호흡에 영향을 끼친다—은 광 출력을 방해하게 된다. 나는 마이크로톡스로 이 하구 바닥에서 채취한 퇴적물 표본의 독성을 조사하고 싶었다. 이를 시도한 연구자들

아무도 본 적 없던 바다

이 이미 있었지만 신뢰할 수 없다는 결론이 나와서 대부분의 데이터가 폐기된 상황이었다. 나는 같은 실수를 반복하지 않기 위해 탐험가다운 도전 정신을 가진 베스 폴스를 영입했고, 그녀는 방법을 찾아냈다.

오염물질은 물보다 퇴적물에서 훨씬 더 오래 잔류하므로, 우리는 생물발광 생물검정으로 오염물질이 침전해 있는 위치, 즉 하구에서 오염물질이 가장 집중되어 있는 장소를 특정할 수 있었다. ORCA는 이 결과를 대중과 정책 입안자들에게 알리기 위해 오염 지도를 만들었다. 이 지도는 일기도처럼 생겼다. 일기도에서는 기온이 높으면 빨간색, 낮으면 파란색이지만 우리 지도에서는 독성이 있으면 빨간색, 없으면 파란색이다. 독성물질이 무엇인지까지는 알 수 없지만, 적어도 지도를 보면 우리의 표본 수집과 오염 물질 제거를 위한 노력이 어디에 집중되어야 하는지 알 수 있다. 이 방법을 이용하면 시간과 돈을 엄청나게 절약할 수 있다. 그래서 모든 종류의 오염물질에 대해 퇴적물을 채취하고, 지도를 활용하여 오염물질 배출 저감 조치의 영향을 측정하는 등 방법론을 대폭 확장했다. ORCA에서 내건 '오염을 매핑하면 해결책이 나온다'라는 슬로건은 이런 접근 방식을 한마디로 요약한 것이다.

우리는 운 좋게도 지역 사회의 여러 지원을 받을 수 있었다. 지역의 고등학생들은 초기부터 데이터 수집 분석에 참여했고, 더 최근에는 ORCA에서 훈련받은 시민 과학자들도 함께하고 있다. 시민을 참여시키면 프로젝트에 몇 배의 힘이 실린다. 수집할 수 있는 데이터의 양이 크게 증가할 뿐만 아니라 지식으로 무장한 강력한 하구 보호 지지자가 생기기 때문이다.

그러나 그 시민들과 그리고 믿어지지 않을 만큼 열심인 ORCA 팀원들과 대화하다 보면 우리의 생태 불안을 절감하게 된다. 우리에게 만연해 있는 이 감정은 관심을 꺼 버리고 포기하게 만들 수 있다는 점에서 비생산적이다. 그래서 나는 지난 몇 년 동안 어떤 이야기를 하면 사람들이 미래를 희망적으로 보게 만들 수 있을지 고민해 왔다. 나는 내가 태생적으로 낙관주의자가 아닌데 결혼을 하면서 달라졌다는 농담으로 이야기를 시작한다. 내 남편 데이비드는 내가 만나 본 사람 중 최고의 낙관주의자 중 하나다. 사실 막 결혼했을 때만 해도 그가 현실을 잘 모른다고 생각했다. 그도 그럴 것이, 때로는 그 낙관주의가 합리적이지 않을 때도 있었기 때문이다. 하지만 그가 무조건적인 낙관론자인 것은 아니다. 단지 최악의 상황에 대비하지만 최선의 상황을 기대하는 사람이다.

그가 말똥이 가득한 속에서도 기어이 조랑말을 찾아내고야 마는 모습[낙관주의자와 비관주의자에 대한 오래된 일화로, 옛날에 성격이 전혀 다른 쌍둥이 형제가 있었는데 비관적인 아이는 장난감을 선물해도 장난감이 망가질 것만 걱정하고, 낙관적인 아이는 말똥을 선물해도 말똥이 있으면 조랑말도 있을 거라며 기뻐했다고 한다–옮긴이]을 수년 동안 숱하게 보면서 나도 낙관주의자가 되었다. 낙관주의자만이 해결책을 찾을 수 있다. 그래서 내가 이제는 절망감을 설파하기를 중단하고 조랑말을 찾을 도구를 개발하여 차세대 탐험가들에게 힘을 실어 주는데 집중하자고 말하는 것이다.

나는 사람들에게 내가 말하는 낙관주의의 뜻을 명확히 전달하기 위해 스톡데일 패러독스를 언급하곤 한다. 이것은 제임스 콜린스의 경영서 『좋은 기업을 넘어 위대한 기업으로』에 나오는 이야기로, 콜린스는 이 책에서 제임스 스톡데일 장군과의 인터뷰를 소개했다. 스톡데일은 베트남전쟁 때 전쟁 포로가 되어 악명 높은 포로수용소에서 7년 반을 보냈다. 그는 극심한 고통과 입에 담기도 힘든 고문에도 무너지지 않았을 뿐만 아니라 수용소에 있는 다른 포로들의 사기도 꺾이지 않게 도왔다. 스톡데일은 자신의 대처 전략을 이렇게 설명했다. "나는 결국 끝이 오리라는 믿음을 잃지 않았고 내가 이곳에서 나갈 수 있을 뿐만 아니라 결국은 승리할 거라 믿었습니다. 이 경험을 나중에 돌아보면 다른 어떤 것과도 맞바꾸지 않을 내 인생의 결정적인 사건이 되리라는 것을 추호도 의심하지 않았습니다." 고통에 무너지고 견디지 못한 포로들에 관해 묻자 그는 이렇게 대답했다. "간단합니다. 그들은 낙관주의자들이었어요. 그들은 이렇게 말했지요. '크리스마스까지는 나가게 될 거야.' 하지만 아무 일도 일어나지 않은 채 크리스마스가 지나가 버립니다. 그러면 또 이렇게 말하죠. '부활절까지는 나가게 되겠지.' 하지만 부활절도 또 그냥 지나갑니다. 그다음에는 추수감

사절, 그리고 다시 크리스마스. 그러다 보면 결국 절망에 빠져 생을 포기하고 맙니다. 이건 매우 중요한 교훈이에요. 결국 승리하리라는 믿음과 그게 무엇이 되었든 당면한 가혹한 현실을 직시하는 자세는 결코 서로 모순되는 것이 아닙니다." 이를 스톡데일 패러독스라고 명명한 것은 희망이 보이지 않는 무자비한 현실과 결국은 승리할 것이라는 흔들림 없는 믿음 사이에서 균형을 잡는 이 능력의 이중성 때문이며, 이것이야말로 내가 말하고 싶은 낙관주의의 형태이다.

최근에는 영화 《마션》의 마크 와트니에게서 내가 말하는 낙관주의를 더 쉽게 설명하는 방법을 찾았다. 솔직히 이 영화의 아이러니를 완전히 이해하지는 못했지만, 탐험가 정신이 무엇인지를 확실히 보여 준 환상적이고 영리한 영화가 아닐 수 없다. 와트니의 상황─화성에 버려지고 사람들은 이미 그가 죽었을 것이라고 생각하는─은 절망적이라는 말로도 충분하지 않아 보이지만, 그는 자신이 처한 상황에 관해 자신을 기만하지 않는다. 그는 현실을 직시하고 우선순위에 따라 계속 도전하면서 문제를 해결해 나간다.

이제 다음 두 가지 생각을 전하며 이 책을 마무리하고 싶다. 낙관주의는 싸워서라도 지킬 만한 가치가 있다. 우리는 계속 시도해야 하고 승리하리라는 믿음을 버리지 말아야 한다. 그리고 마크 와트니의 말을 인용하자면, 엄청나게 불리한 이 상황에서 우리에

아무도 본 적 없던 바다

게 남은 방법은 단 한 가지다. "빌어먹을 과학으로 빠져나가는 수밖에."

감사의 글

오래전, 생물발광에 관해 소개하기 위해 책을 한 권 썼다. 제목은 『빛의 수프』였다. 저작권 대리인을 통해 여러 출판사에 원고를 돌렸는데 한결같이 "더 개인적인 서술이 필요하다"라고 했다. 나는 과학자가 1인칭 문장을 쓰면 안 된다고 훈련받았으므로 어떻게 해야 할지 알 수 없었고 원고는 잊혀졌다.

저작권 대리인 팔리 체이스가 내 연구를 다룬 〈뉴욕 타임스〉 기사를 보고 내 연락처를 수소문해 책을 쓸 생각이 있는지 물어 온 것은 2011년 12월이었다. 당시에 나는 단호하게 거절했다.

1년 반이 지나 대왕오징어 다큐멘터리가 방영된 후에 그가 다시 연락했다. 그는 나를 설득하는 데 성공했고, 나는 『빛의 수프』 원고를 보내 주었다. 그는 칭찬을 곁들였지만, 결국 똑같은 얘기를 했다. "더 개인적인 서술이 필요해요." 내 대답도 변하지 않았

아무도 본 적 없던 바다

다. "그렇게 쓸 방법을 모르겠어요."

그는 나를 독려하거나 참고할 책을 추천하는 이메일을 40통 넘게 보낼 만큼 친절하고도 끈질겼고, 2015년 여름, 나는 결국 한번 해 보겠다는 답을 보냈다. 그에게 책의 개요와 몇몇 장의 샘플을 보내기를 여러 번 반복한 끝에, 2017년 초에 이르러서야 이제는 출판 제안서에 담을 수 있겠다는 답을 들었다.

다시 말해, 이 책은 팔리 체이스가 없었다면 만들어지지 않았을 것이며, 그에게 가장 먼저 감사의 말을 전할 수밖에 없다.

팔리뿐 아니라 랜덤하우스의 애니 샤노도 원고를 쓰는 내내 인내심을 가지고 나를 도와주었다. 특히 애니는 "설명하지 말고 묘사할 것"이라는 주문을 수도 없이 했는데, 비판과 격려를 적절히 섞을 줄 아는 최고의 편집자였다. 내가 첫 번째 원고를 어떻게 수정해야 할지 막막해할 때 애니가 준 도움과 팬데믹과 임신이라는 상황 속에서도—실제로 분만실에 가면서도 원고를 놓지 않았는데, 다행히 건강한 딸을 출산했다—두 번째 원고를 훌륭하게 편집해 준 노고에 대해 깊이 감사하고 존경한다.

나의 멋진 남편 데이비드는 매번 원고를 읽고 많은 조언을 해 주었으며, 필요할 때마다 격려를 아끼지 않았고, 요리를 포함해 모든 집안일을 도맡아 내가 글을 쓸 시간을 확보할 수 있게 도와주었다. 내가 부탁한 것도 아니고 그가 먼저 제안한 일이었다. 사실 이전에 남편이 했던 요리는 복불복(적어도 요리에 관한 한 낙관주의가 과도한 것 같기도 했다)이었으므로 처음에는 그 제안을 선뜻 받아들이기 힘들었는데, 데이비드는 점차 일류 셰프로 진화했다. 최근에 한 인터뷰에서 내가 지금까지 한 가장 현명했던 결정이 무엇이냐는 질문을 받았는데, 나는 주저 없이 "남편과 결혼한 것"이라고 대답했다. 그는 내 날개를 밀어주는 바람이요, 내 지느러미를 밀어주는 물결이다.

그 외에 이 책이 나오기까지 도움을 준 사람으로 전반부의 원고에 귀중한 조언을 해 준 줄리 그라우, 에니 샤노가 출신 휴가를 긴 동안 그 자리를 훌륭하게 채워 준 부편집자 로즈 폭스, 문장을 다듬기 위해 많은 고민을 해 준 교정·교열 편집자 윌 팔머, 가치 있는 학술적 피드백을 제공해 준 태미 프랭크, 첫 네 장에 대해 통찰력 있는 논평을 보내 준 리처드 도킨스를 꼽을 수 있다.

나와 독서 모임을 함께하며 문장력 연마에 도움을 주고, 초고에 대한 확신이 전혀 서지 않을 때 격려를 보내 준 로빈 다나하워, PJ 뎀프시, 그리운 얀 페어만, 미셸 리니얼, 리 하피, 수 반 다이크, 웬디 윌리엄스에게도 감사하다.

독일 유보트 사령관 라인하르트 하르데겐의 인용문을 제공해 준 미 해군 소장 토머스 Q. 도널드슨 V에게도 특별한 감사를 전한다.

이 책에 실린 대부분의 이야기는 대규모 협업의 산물이다. 그것은 너무나도 많은 이름이 생략되었다는 뜻이다. 여러 프로젝트에 참여한 모든 잠수정 승조원, 지원선 승조원, 동료 연구자, 그 외에 핵심적인 역할을 담당한 모든 동료에게 감사하다. 여기에 다 나열

아무도 본 적 없던 바다

하기에는 너무 많은 사람들의 노고가 있었지만, 중요한 순간에 중요한 일을 해 준 몇 사람의 이름은 꼭 언급해야 할 것 같다. 멜 브리스코, 메리 채프먼, 토니 시마글리아, 앤드루 클라크, 래리 클라크, 데이브 쿡, 제리 코르소, 짐 에크먼, 워런 폴스, 마저리, 핀들리, 허브 피츠 기번, 제프리 프리먼, 스티브 해덕, 존 행키, 피터 헤링, 페이지 힐러-애덤스, 조지 존스, 패트릭 레이히, 재닌 메이슨, 에드윈 매시, 진 매션, 해리 미저브, 밀브리 포크, 에릭 리스, 빈 라이언, 마이크 슈로프, 크리스 티체, D. R. 위더, 찰리 옌치. 내가 전에 고맙다는 말을 하지 않았다면 이 지면을 빌려 모두에게 고마움을 전하고 싶다.

아무도 본 적 없던 바다

1판 1쇄 인쇄	2023년 7월 30일
1판 1쇄 발행	2023년 8월 10일

지은이	에디스 위더
옮긴이	김보영

발행인	황민호
본부장	박정훈
책임편집	김순란
기획편집	강경양 김사라
마케팅	조안나 이유진 이나경
국제판권	이주은 한진아
제작	최택순

발행처	대원씨아이㈜
주소	서울특별시 용산구 한강대로15길 9-12
전화	(02)2071-2017
팩스	(02)749-2105
등록	제3-563호
등록일자	1992년 5월 11일

ISBN	979-11-7062-904-7 (03400)